航|空|航|天|新|兴|领|域|高|等|教|育|教|材

航天装备质量管理概论

INTRODUCTION
TO QUALITY MANAGEMENT OF AEROSPACE EQUIPMENT

主　编　朱　军
副主编　侯兴明　薛　勇

国防工業出版社
·北京·

内 容 简 介

本书以了解和掌握航天装备质量管理知识方法，提升航天装备质量管理能力素质为目的。围绕航天装备质量管理全要素全过程，主要介绍了航天装备质量管理基础理论、航天特色质量管理方法以及航天装备建设全寿命阶段的质量管理等内容。全书由“基础篇—方法篇—全寿命管理篇”三个模块13章构成。基础篇介绍了航天装备质量管理概述、航天装备质量管理体系、航天装备质量文化和航天装备质量管理发展；方法篇介绍了质量管理方法基础，以及航天装备质量策划、控制与保证、评价与改进等航天特色质量管理方法；全寿命管理篇介绍了航天装备论证、研制、试验、使用维修、退役报废全寿命阶段质量管理内涵与任务、质量管理的主要内容与要求，以及各阶段质量管理的特色内容。

图书在版编目（CIP）数据

航天装备质量管理概论 / 朱军主编 ；侯兴明，薛勇副主编. -- 北京 : 国防工业出版社, 2025.3. -- ISBN 978-7-118-13668-5

Ⅰ. V441

中国国家版本馆 CIP 数据核字第 2025X23X20 号

※

国防工業出版社 出版发行

（北京市海淀区紫竹院南路 23 号　邮政编码 100048）

河北文盛印刷有限公司印刷

新华书店经售

*

开本 787×1092　1/16　**印张** 17½　**字数** 396 千字

2025 年 3 月第 1 版第 1 次印刷　**印数** 1—1500 册　**定价** 120.00 元

国防书店：（010）88540777　　书店传真：（010）88540776

发行业务：（010）88540717　　发行传真：（010）88540762

前　　言

质量是人类生产生活的重要保障，是航天装备生成发展的保证。质量管理贯穿航天装备论证、研制、试验、使用维修、退役报废等全寿命的每个过程、每个组织和每个岗位。60 多年来，航天装备领域始终秉承“严肃认真、周到细致、稳妥可靠、万无一失”的方针，创新和发展航天装备质量管理理论，探索和实践质量管理规律，建立和完善具有航天特色的质量管理模式、方法和工作体系，为航天发射、载人航天、深空探测等任务和我国航天事业发展发挥了重要的作用。

“探索浩瀚宇宙，发展航天事业，建设航天强国，是我们不懈追求的航天梦。”当今世界，新一轮科技革命和产业变革深入发展，质量强国、航天强国战略深入实施。新形势和新任务对航天装备质量提出了新的、更高的要求，要求继承中发展、发展中创新；牢固树立科学的理念和全寿命管理理论，固化和推广成功经验，深化航天装备质量精细化管理，完善航天装备质量管理体系；创新质量管理方法工具，优化质量管理机制模式，确保航天装备满足航天任务需要。

本书以“基础理论-方法技术理论-全寿命管理理论”为主线，包括三篇 13 章。第一篇“基础篇”主要解决理论基础、体系基础、文化基础和发展基础等问题，包含航天装备质量管理概述、管理体系、质量文化和质量管理发展 4 章；第二篇“方法篇”，主要解决航天装备质量管理相关方法、技术和工具，包含质量管理方法基础、航天装备质量策划方法、质量控制与保证方法技术和质量评价与改进方法技术 4 章；第三篇“全寿命管理篇”，主要解决航天装备全寿命过程质量管理理论问题，包括航天装备论证质量管理、研制质量管理、试验质量管理、使用维修质量管理、退役报废质量管理 5 章。

本书立足于航天装备质量管理实际，吸收国内外、军内外装备质量管理理论研究成果与实践经验紧密结合航天装备质量管理实践和发展需求，借鉴相关领域最新成果，具有基础性、系统性、指导性、创新性等特点，对于构建航天装备质量管理理论体系、提升航天装备质量管理能力、促进航天装备质量管理人才素质能力提升具有一定理论与实践价值。

本书由朱军任主编，侯兴明、薛勇任副主编，陆云峰、呼凯凯、廖兴禾、廖学军、李巧丽、魏金弟、罗剑、高化猛、张琳琳、王小乐、郭凯、张强、李兵等参与了本书的编写。本书的编写得到北京跟踪与通信研究所的孙宝升研究员、航天标准化研究所的李跃生研究员及航天工程大学的万刚教授、洛刚副教授等专家的大力支持。本书主要用于装备质量管理相关课程教学，也可以为军地装备质量管理人员提供理论方法支撑和实践参考。

由于笔者水平有限，书中难免有疏漏和不足之处，敬请读者批评指正，以便进一步完善。

主编

2024 年 6 月于北京

目　录

第一篇　基　础　篇

第二篇 方 法 篇

第三篇 全寿命管理篇

第一篇 基 础 篇

“探索浩瀚宇宙，发展航天事业，建设航天强国，是我们不懈追求的航天梦。”坚持质量至上，把握航天装备质量管理基础理论，是实现航天装备高质量发展的基础和保证。航天装备质量水平是一个国家科技水平、综合国力、航天事业发展的综合体现，也是质量管理体系、质量管理理论、质量文化、质量持续发展的反映。

第一章　航天装备质量管理概述

航天装备质量管理是航天装备高质量快速发展的重要保证，是实现航天强国、航天梦的重要基石。本章系统介绍航天装备质量管理基本定义与内涵、特点与规律、职能任务与要求、原则等基本理论，为后续系统学习掌握全寿命质量管理理论、方法等奠定基础。

第一节　航天装备质量与质量管理

概念是认识事物的基础，形成共识的保证。航天装备质量管理内涵丰富，为系统把握航天装备质量管理内涵，需要从产品、装备、质量等基本概念出发，再融入航天装备特色质量及质量管理的特性，有助于深刻理解与掌握航天装备质量及其质量管理要求。

一、产品、装备与航天装备

（一）产品

产品伴随着人类社会的起始而产生，自从人类有了需求，就有了产品。从古代的手工产品到当代高度精密的科技产品，其具体形式在不断变化，但内在概念具有一定的延续性。按照国际通行的定义，产品指的是在组织和顾客之间未发生任何交易的情况下，组织生产的输出。其中，组织是指在一定的环境中，为实现某种共同的目标，按照一定的结构形式、活动规律结合起来的、具有特定功能的开放系统。简单来说：组织是两个以上的人、具有共同的目标和按照特定的人际关系构成的群体。

产品是广义的概念，既可以是交付给顾客的最终产品，也可以是半成品或采购产品；通常，产品分为硬件、软件、服务和流程性材料。硬件和流程性材料通常被称为货物或物品。硬件计量时具有计数的特性（如 1 把椅子、4 个轮胎）。流程性材料（加工材料）通常也是有形的，且具有连续特性，其数量具有计量特性（如 1 桶润滑油、1 袋水泥、1 捆钢材）。软件由信息构成，通常是无形的，可能的形式有方法、交易或文件化信息。服务也是无形的，是指供方和顾客之间的界面上的活动以及供方内部活动所产生的结果。

产品是输出的一种形式。产品与服务概念同属于过程输出，与服务的区别是“是否与顾客接触”。产品是指在供方和顾客之间未发生任何必然交易的情况下，可以实现产品的产生。但是，当产品交付给顾客时，通常包含服务因素。组织的产品交付往往与服务同时存在。

相对应地，服务指的是至少有一项活动必须在组织和顾客之间进行的输出。服务是输出的一种形式，与产品的区别在于其至少有一项活动必须在供方和顾客之间的接触面上完成。服务是无形的输出。有些服务活动的过程和活动的结果是同时发生和同步运行的。服务的对象是顾客。有形产品的提供和使用可能成为服务的一部分，但有形产品在这里仅被视为服务的手段或外壳。服务具有同时性、无形性、非重复性、异质性、易逝性、非储存性、非运输性等特性。通常，服务是需要由顾客体验的，在接触过程中，组织和顾客可能由人员或物体来代表。

（二）装备

装备是一种特殊的产品。装备是武装力量用于实施和保障军事行动的武器、武器系统、信息系统和保障系统，主要指武装力量编制内的航天器、舰艇、飞机、导弹、雷达、坦克、火炮、车辆、工程机械，以及技术设备、器材等。装备体现为一系列的战术技术指标，如射程、精度、尺寸、数量等。

（三）航天装备

按照装备的定义，航天装备可理解为用于实施和保障航天任务的设备、设备系统及器材等的统称，主要包括航天测试发射、航天测控、航天保障等各类装备，是完成各项航天任务的物质技术基础。

航天装备具有以下特点：①系统复杂、综合集成、技术含量高；专用装备多，多为单台独套，装备维修差别大、困难大；②研、试、改、修一体，研制成本高、技术要求高、安全风险高、战略作用强；③质量与可靠性要求高，航天装备使用频度很高，长期运行，对装备质量、性能要求很高；④航天装备分布广泛，地域的差异、环境的不同，对装备的环境适应性要求也很高。

二、质量与航天装备质量

（一）质量的定义

在古代和近代，产品靠工匠手工生产，缺乏标准化的控制，其质量的优劣主要取决于生产者的技术水平和责任心，好的质量来源于能工巧匠。20 世纪后，工业化大生产的迅猛发展使标准化的质量管理成为必须，把质量仅寄托于直接生产者已不合时宜，科学的质量管理开始实施，并伴随着质量管理理论研究和业界实践，人们对“质量”这一质量管理学最基本的概念逐步形成较为一致的理解。

当前，国际标准化组织将质量定义为：客体的一组固有特性满足要求的程度。

1.“客体”

“客体”是指可感知、可以想到的任何事物（物质的或非物质的），它是质量定义中特性的载体。“客体”可以是物质的，如一台发动机、一张纸、一颗卫星、一枚火箭等；也可以是非物质的。非物质的可以体现在意识中，如风险意识、质量意识、质量文化、创新力、策略等。但是非物质的不单指意识，它广泛存在于一切事物（如一次航天发射项目计划、一台文艺晚会、一类服务）中。质量管理的对象是客体，各项活动的对象也是客体。客体不仅指产品本身，即产品（或事物）的特性要满足要求，并且产生产品（或事物）的过程也要满足要求，同时产生产品的人、机（机器、设备）、料（材料）、法（方法）、环（环境）各要素均要满足要求。如一个生产零部件的工厂，虽然近 3 年生产的零部件均为合格产品，但在质量管理体系外审时被开出了严重不符合项，原因是该厂质量管理体系文件规定零部件的生产过程为：首先车间工程师审核零部件的设计图纸，然后才能启动生产。工厂错误的做法是省略了审核图纸这一关键环节，直接进入生产，即零部件的生产过程未满足质量管理要求。

2. “特性”

质量是存在于客体（物质的或非物质的）内的固有特性与要求相比较所达到的满足的程度。质量是若干固有特性的表现，这些表现的符合性是人们的关注点。通过满足要求的程度，确定其好坏、优劣。质量不仅可以指产品的质量，也可以指服务、过程或体系的质量。质量是针对客体的质量，即质量是包括针对产品、服务、过程、个人、组织、体系、资源等以及非物质形态在内的客体的固有特性满足要求的程度。

产品和服务的质量不仅包括其预期的功能和性能，而且涉及顾客对其价值和利益的感知。组织的产品和服务质量取决于满足顾客的能力，以及对相关方有意和无意的影响。在进行质量的比较时，应注意在同一“等级”的基础上进行。等级高并不意味着质量一定好，等级低也并不意味着质量一定差。人为赋予的特性不属于“质量”所关注的范畴，如价格、所有者等。

不同的产品与服务有不同的质量特性，其中：

硬件类别的产品质量特性，可归结为：①性能，反映了综合顾客和社会的需要对产品所规定的功能，可分为使用性能和外观性能；②可信性，反映了产品可用性及其影响因素——可靠性、维修性和保障性；③安全性，反映了产品在储存、流通和使用过程中不发生产品质量差而导致的人员伤亡、财产损失和环境污染的能力；④适应性，反映了产品适应外界环境变化的能力；⑤经济性，反映了产品合理的寿命周期费用；⑥时间性，反映了在规定时间内满足顾客对产品交货期和数量要求的能力，以及适应随时间变化的使用方需求的能力。

软件类别的产品质量特性，可以归结为性能、安全性、可靠性、保密性、专业性和经济性等方面。

服务类别的产品质量特性可归结为：①功能性，反映了某项服务所发挥的效能和作用；②经济性，反映了使用方为得到不同的服务所需费用的合理程度；③安全性，反映了为了保证服务过程中使用方的生命不受到危害、健康和精神不受到伤害、货物不受到损失的能力；④时间性，反映了在时间上能够满足使用方需求的能力，包括了可靠性（使用寿命），以及及时、准时和省时等内容；⑤舒适性，反映了在满足功能性、经济性、安全性和时间性等方面质量特性的情况下，顾客接受服务过程的舒适程度；⑥心理性，反映了顾客在接受服务过程中满足精神需求的程度；⑦环保性，反映了服务过程中要考虑国家与环境的绿色环保、可持续发展的要求。

3. 要求

对质量的要求可以是明示的（如合同中明确规定的），也可以是通常隐含的（组织和相关方的惯例或一般做法，所考虑的需求或期望是不言而喻的），或必须履行的需求和期望（如安全）。要求不仅要满足顾客的要求，还要考虑满足产品相关方的要求，如满足国家、社会、上级领导、组织成员、供应商、投资者等的要求。顾客和其他相关方对产品、服务、体系或过程的质量要求是动态的、发展的和相对的，并且随着时间、地点、环境的变化而变化。

（二）质量概念的演进

1. 符合性质量

“符合性质量”以“符合”现行标准的程度为衡量质量的标准，“符合标准”就是合格的产品质量。在供不应求的时代，生产力水平比较低下，市场上产品严重匮乏，不能满足人们的需求，合格产品的标准/规范由生产产品的厂家来制定，符合生产厂家的标准的产品就是合格产品，即使存在质量问题也可以进入市场，顾客对于合格产品的标准/规范的要求是没有话语权的。如 1984 年以前，青岛电冰箱总厂将产品分为一等品、二等品、三等品、等外品，那时中国处于改革开放初期，市场上各类商品严重不足，只要商品还可以使用，就可以堂而皇之送入市场，甚至等外品都可以上市销售。1985 年 4 月，张瑞敏对仓库中的 400 台冰箱进行检查，发现有 76 台具有不同程度的质量问题，当时许多人表示这 76 台冰箱都是小瑕疵，按照当时工厂标准不是不合格产品，绝对可以在市场上销售出去。但为了给全厂树立质量意识，张瑞敏抡起铁锤，将 76 台冰箱全部砸毁。

2. 适用性质量

“适用性质量”以适合顾客需要的程度为衡量质量的依据。从使用角度定义产品质量，认为产品的质量就是产品的适用性，即“产品在使用时能够满足顾客需要的程度”。供大于求的时代之后，生产力水平逐渐提高，市场上产品逐渐丰富，产品的数量已经可以满足人们的需求，合格产品的标准/规范不能由生产产品的厂家来制定，什么是合格的产品必须由顾客来评判，存在质量问题的产品在市场上已经没有销路了。不仅如此，厂家对产品的配套服务质量也影响到产品的质量。

3. 质量概念由狭义向广义延伸

进入质量的新时代，产品的质量要满足产品各相关方的要求，即不仅要关注顾客的要求，还要关注产生产品的组织人员、产品材料供应商等各相关方的要求。

（三）航天装备质量

航天装备质量具有一般产品质量的特性，可理解为航天装备的各种特性满足要求的程度。航天装备质量不仅指装备本身的质量特性，还包括装备形成的过程质量、装备的保障服务质量等都应满足要求。

航天装备质量直接影响到航天任务成功与否，影响着国家军事、经济的发展。航天装备战略地位高、造价高、单台独套多、非标设备多、全寿命联系紧密，所处环境的特殊性（如航天器在轨维修难度大）等因素，决定了航天装备对质量的高度依赖性，也使质量管理成为航天装备无论在建设过程还是使用过程中的基础工程与重点工作，质量要求始终贯穿航天装备建设、使用、维修以及任务保障等全环节。当前，航天装备范围及使命任务的拓展，对其质量提出了更新、更高的要求。

（四）航天装备质量特性

航天装备质量特性分为专用质量特性、通用质量特性和其他特性，如图 1-1 所示。

航天装备专用质量特性也是装备的性能特性，是指航天装备满足使用目的所具备的技术特性，反映不同航天装备类别和自身特点的个性特征，如火箭发动机

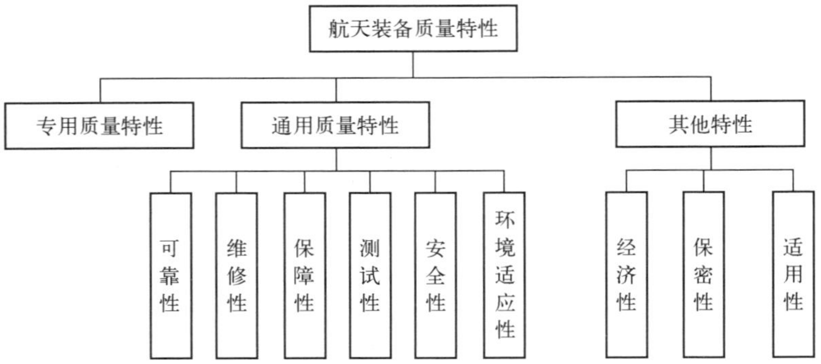

图 1-1　航天装备质量特性

点火燃烧时间，雷达的工作半径、测角精度、测距精度、测角修正系数等，望远镜的光学视场（望远镜可探测的区域大小）、天文定位精度（通过天文定位得到的卫星位置与实际位置的误差）、探测能力等。航天装备通用质量特性是反映不同航天装备均具有的共性特征，主要包括可靠性、维修性、保障性、测试性、安全性、环境适应性等。其他特性（经济性、保密性和适用性等）虽然不属于航天装备专用质量特性和通用质量特性，但是也非常重要。其中：航天装备的经济性是指装备的寿命周期费用，即在预期的装备寿命周期内，为装备的论证、研制、生产、试验鉴定、使用与保障、退役所付出的一切费用之和，航天装备投入高，少则上千万元，多则几十亿元，甚至上百亿元，一旦出现质量问题，损失巨大；保密性是指航天装备在全寿命过程中都要严格遵守保密要求，涉及装备的任何相关信息都不得随意泄露；适用性是指航天装备满足航天装备使用单位在航天领域的科学研究、试验和任务的需要。

航天装备通用质量特性、专用质量特性和其他特性，都是航天装备质量特性的重要组成部分，三者相辅相成。通用质量特性是在专用质量特性发挥过程中表现出来的，具有很强的依附性。如果通用质量特性水平低，装备故障多、维修难，专用质量特性也不能很好地发挥作用。

本节主要介绍航天装备的通用质量特性。

1. 可靠性

可靠性是指，航天装备在规定的条件下和规定的时间内，完成规定的功能的能力。规定的条件，包括航天装备使用的环境条件（如温度、湿度、盐雾、冲击、辐射、太空磁暴等）、使用的应力条件（如工作电流、电压、应力）、工作方式（如连续工作、间断工作、状态转换等）、维护方法（如修复性维修、预防性维修、预测性维修和改进性维修等）、贮存时间和贮存条件（如卫星、火箭等的贮存时间和贮存条件）等。规定的时间，是指装备执行任务所需的时间，可以用时间尺度来描述。规定的功能，就是装备应具备的技术指标，技术指标是在装备论证和研制过程中明确的。可靠性反映的是航天装备无故障工作的能力，是体现装备持续遂行任务能力的关键要素。常用的参数有平均故障间隔时间、故障率、使用寿命、贮存寿命、平均预防性维修间隔时间等。

航天装备可靠性分为基本可靠性、任务可靠性、固有可靠性、使用可靠性。基本可靠性是指航天装备在规定的条件下，无故障的工作能力，反映了装备对维修资源的要求。任务可靠性是指航天装备在规定任务剖面内完成规定功能的能力，反映了装备对任务成功率的要求。固有可靠性是通过设计和制造赋予航天装备的，并在理想的使用和保障条件下所具有的可靠性。使用可靠性是航天装备在实际的环境中使用时所呈现的可靠性，反映了装备设计、制造、使用、维修、环境等因素的综合影响。

航天装备可靠性要求高，在定性要求上：要求航天装备的可靠性设计中采用成熟的技术和工艺，尽量降低装备的复杂性；元器件进行降额设计；考虑冗余设计；具备较好的容错、容差、防瞬态过应力、耐环境能力；加强航天装备空间防护的设计；等等。在定量要求上：要提出任务的可靠度，如卫星在轨可靠度，发射飞行可靠度；明确装备寿命，如在轨航天器寿命、火箭贮存寿命等。

航天装备可靠性实施重点：制定与贯彻可靠性设计准则、重视故障库建立、充分开展可靠性试验、重视Ⅰ类（灾难级别）与Ⅱ类（致命级别）故障模式的识别与控制。

2. 维修性

维修性是指，航天装备在规定的条件下和规定的时间内，按规定的程序和方法进行维修时，保持或恢复到规定状态的能力。规定的条件，包括航天装备发生故障时的星地运行状态，空间环境条件和故障处理所需的人员、设施设备、技术资料等资源。规定的时间，是航天装备修复时间的量化要求。规定的程序和方法，是航天装备故障处理流程、步骤和具体指令。维修性反映的是装备通过维修恢复功能的能力，是提高装备完好性的重要因素。常用的参数有平均修复时间、平均预防性维修时间、主要零部件平均更换时间、重构时间、维修工时率等。

航天装备的维修性分为任务维修性、固有维修性、使用维修性。任务维修性是装备在规定的任务剖面中，经维修能保持或恢复到规定状态的能力。固有维修性是通过设计和制造赋予装备的，并在理想的使用和保障条件下所呈现的维修性。使用维修性是装备在实际的使用维修中表现出来的维修性，反映了装备设计、制造、安装和使用环境、维修策略等因素的综合影响。

航天装备的维修性要求高，特别是航天器在轨维修难度较大，因此在定性要求上：航天器的在轨故障通过地面或自主处理恢复；装备维修可达、方便实施；装备的通用化、系列化、组合化，减少维修备品备件的种类与数量；装备功能结构模块化，提升维修效率；防错设置，减少维修出现差错；维修安全设置，防止出现维修中人员伤亡、装备损坏。在定量要求上：要提出装备平均修复时间，平均预防性维修时间要求。

航天装备维修性实施重点：迭代优化维修性设计、发展航天器在轨维修、制定与贯彻维修性设计准则、开展维修性验证。

3. 保障性

保障性是指，航天装备的设计特性和计划的保障资源能满足平时的装备完好性和任务使用强度要求的能力。通俗地讲，就是装备设计要易于保障，配套的保障资源要合理充分。常用的保障性参数有任务前准备时间，再次出动准备时间，备件、设备的利用率和满足率等。

航天装备的保障性在定性要求上：按照两级维修体制，实施装备保障性设计；装备应具备自校准、自标定功能，简化使用、维护维修操作；减少保障资源品种、规格，满足“三化”要求；推进保障仿真、故障预测和健康管理。在定量要求上：要提出装备保障性综合参数，如装备使用可用度、固有可用度；保障性设计参数，如展开与撤收时间、平均故障间隔时间、平均修复时间、故障检测率等；保障资源参数，如保障人员数量及技术等级、保障设备利用率、备件利用率；等等。

航天装备保障性实施重点：充分开展保障性分析工作、同步开展保障资源规划设计、持续开展保障性试验评价。

4. 测试性

测试性是指，航天装备能及时准确地确定状态（可工作、不可工作或性能下降），并隔离其内部故障的一种能力。装备的可靠性、维修性、保障性和安全性都与故障诊断、检测密切相关。航天装备分布域广，维修、保障的不可达特点对测试性的要求更高，需要及时准确获得各类装备（包括运行在深空的航天器）的状态，要求装备设计得易于测试。测试性常用参数有故障检测率、故障隔离率和虚警率等。

航天装备的测试性在定性要求上：装备应具有较好的自我测试能力，经加电可用性检查后，可靠度满足指标要求；根据不同航天装备结构、运用场景、航天任务与科研试验要求，合理选择机内测试、自动测试和人工测试，综合权衡设置测点，及时准确诊断装备故障；机内测试应覆盖影响航天任务与科研试验功能的关键故障；测试设备与测试单元应充分考虑通用化、系列化、组合化设计。在定量要求上：要明确故障检测率、故障隔离率和虚警率。

航天装备测试性实施重点：在装备论证研制阶段制定测试性方案不可或缺；加强测试性设计；注重收集分析运用各种情况条件下装备的测试信息，提高装备可用度。

5. 安全性

安全性是指，航天装备具有不导致人员伤亡、系统毁坏、重大财产损失，不危及人员健康和环境的能力。例如，航天飞船的宇航员逃生系统，火箭的抗坠毁设计、安全自毁系统等，都充分体现了安全性的要求。安全性要求是对装备在使用中可能造成人身伤亡或设备损坏事故出现概率的限制要求。常用的参数有事故概率、损失概率、安全可靠度等。如苏联联盟 11 号飞船因返回舱中一个与外界连接的活门提前误打开，造成 3 名航天员死亡，事故发生的原因是安全性设计不到位。航天装备的安全性在定性要求上：用非量化形式描述航天装备的安全性设计要求。在定量要求上：航天装备的安全性设计中采用安全性参数、指标，用于制定装备的安全性要求。

航天装备安全性实施重点：在论证研制阶段安全性设计必不可少、风险管理技术的运用、关注各类航天任务与大型试验安全性设计。

6. 环境适应性

环境适应性是指，航天装备在可能遇到的各种环境下，能实现其所有预定功能、性能和不被破坏的能力。环境适应性反映的是装备适应各种环境的能力。在轨航天器运行环境特殊，可能会受到太阳辐射、太空高低温、太空磁暴、空间碎片等的环境影响。环境适应性通常采用环境因素（温度、湿度、振动、冲击等）的应力强度、作用时间与装备性能参数的组合进行描述。

航天装备环境适应性在定性要求上：采用成熟的环境适应性设计技术；考虑适当的环境适应性余量，选用耐环境能力的结构、材料、元器件与工艺；采取防止瞬态过应力作用的措施；环境防护设计，如冷却措施、减震措施、防护涂（镀）层、密封设计等；环境防护措施写入维护手册。在定量要求上：采用环境应力强度与暴露持续时间表征，围绕保证航天装备战备完好性和任务持续性要求，留出适当裕度（耐环境余量）。

环境适应性对可靠性、维修性、保障性、测试性提出环境约束要求。环境条件改变，可能会产生新的故障机理，引发新的故障，直接影响装备可靠性。例如，电子元器件在空间环境下，受空间辐射影响，可能导致内部短路、击穿，引起非金属材料的变异或内部放电，从而干扰、破坏电子元器件或造成程序混乱。

通用质量各个特性之间，存在相互约束、相互支撑、相互协调的关系。

三、质量管理与航天装备质量管理

（一）质量管理

管理指的是组织中的管理者通过实施计划、组织、领导、协调、控制等职能来掌握他人的活动，使他人与管理者共同实现既定目标的过程。“质量管理”即关于质量的管理活动。朱兰将质量管理定义为：适用性的管理、市场化的管理。费根堡姆将质量管理定义为：为了能够在最经济的水平上并考虑到充分满足顾客要求的条件下进行市场研究、设计、制造和售后服务，把企业内各部门的研制质量、维持质量和提高质量的活动构成一体的一种有效的体系。当前，国际标准化组织对质量管理定义为：在质量方面指挥和控制组织的协调的活动。质量管理包括制定质量方针和目标，以及通过质量策划、质量控制、质量保证和质量改进，实现质量目标。

1. 质量方针

质量方针由组织的最高管理者正式提出的该组织总的质量宗旨和方向。确立质量方针是组织最高管理者履行“领导作用”最重要的职责。在确定质量方针时需要考虑以下因素：基于组织使命、愿景、指导原则及核心价值观建立的战略方向；组织成功所需的改进程度及类型、期望或渴望达到的顾客满意度、利益相关方的需求及期望、实现预计结果所需资源、利益相关方的潜在贡献。建立质量方针所需开展的活动，应确定以下事项：①组织的宗旨、环境，以及组织使命、愿景、指导原则及价值观之间应保持一致，如组织的质量方针应该体现组织的使命、任务及特色；②质量方针为建立质量目标提供的框架是什么？拟实现的质量目标应如何表述？将使用什么准则来评价目标是否实现？③质量方针应该对履行满足要求提出承诺；④能够用来证实组织履行其持续改进承诺的绩效度量及分析。

最高管理者应依据明确的组织的战略方向，充分考虑影响组织运营的内部、外部的环境因素，考虑顾客要求、法律法规要求、各利益相关方的需求和期望，针对组织的过程、产品和服务的性质和特点，在识别了风险和机会的基础上，建立质量方针。质量方针应针对组织的产品和服务，清晰表述组织在质量方面的意图和方向，并成为制定质量目标的原则和基准。所有的质量目标都应溯源到质量方针，质量方针通过质量目标的实现而得以实施。

2. 质量目标

质量目标指的是在质量方面所追求的目的。质量目标的建立和质量目标达成的策划，可帮助组织达成组织目标的一致性。组织需在过程或各职能级别中设立合适的质量目标，以确保战略方向和质量方针的实施。需认真考虑以确保目标在过程和各职能级别是可行的。质量目标应：

（1）和质量方针保持一致。即质量方针可被用于作为设定目标的标杆。例如，成为“行业最佳”，则组织需决定对其而言怎么样才是“行业最佳”的表现。这要求理解组织的环境，进行组织内外部环境分析以判定组织目前的地位。设立为提高顾客满意度及目前地位所必要的绩效和目标。

（2）可测量。如必须实现的某个时间段或某个量值。

（3）对完成情况进行监控和/或评审。如实现目标的进度报告、顾客反馈、管理评审等。

（4）考虑了适用的要求并与产品/服务符合并提升顾客满意度的相关要求。例如：规定产品的功能或性能需求；按时按量按质交付，产品满足规范或服务水平协议。

（5）进行必要的沟通。例如，将目标发送给组织内各部门的会议，识别研制产品要求的相关会议等。

（6）进行适当的修订。对于影响达成目标能力的变动，组织需考虑并采取必要行动，以确保新事宜或需求得到处理。

（7）可考虑使用SMART（Specific具体、Measurable可衡量、Achievable可实现、Relevant相关、Time-bound有时间限制）原则来设立目标，即设立具体的、可度量的、可达到的、相关的、有时限的目标。也可使用平衡计分卡、商用智能表（一种实现组织度量信息数据和关键绩效指标数据可视化的工具）等监控目标的其他方法。

在设立质量目标时，可考虑组织目前的能力和制约因素、顾客反馈以及其他事宜。对绩效进行评价以判断目标是否实现良好的管理实践。质量目标应进行必要的更新，如对目前质量目标进行变更或修订，以及增加附加或新的目标。

3. 质量策划

质量策划，致力于制定质量目标并规定必要的运行过程和相关资源以实现质量目标。每个组织可以在制定质量目标的基础上，依据组织的质量方针，在不同层级进一步细化制定各层级各部门的质量目标，同时确定实现质量目标应采取的措施和必备的条件（相关资源）。

4. 质量控制

质量控制，致力于满足质量要求。质量控制的目标是就是确保产品、过程或体系的质量满足组织自身、顾客、社会、法律法规等方面的要求。质量控制范围应涉及产品质量形成的各个阶段、环节和要素，应对影响质量的人、机、料、法、环、信等进行全面控制，及早发现质量隐患，采取相应的措施，防止质量问题发生。

5. 质量保证

质量保证，致力于提供质量要求得到满足的信任。质量保证分为内部质量保证和外部质量保证，内部质量保证是在组织内部向各层级人员提供足够的质量信任，如在组织中建立质量管理体系；外部质量保证是向顾客、上级、第三方、社会等提供足够的质量信任，如将组织的相关质量认证资质、证书等提供给顾客、上级、第三方、社会等，获取他们对组织质量方面的信任。外部质量保证建立在内部质量保证基础上。

6. 质量改进

质量改进，致力于增强满足质量要求的能力。一方面，质量已成为组织的核心竞争力，为了增强组织的竞争能力，需要不断进行质量改进；另一方面，随着技术提升、时代变革，质量要求也在发展变化，只有对质量进行持续改进，才能跟上时代要求。因此，质量管理必须持续开展质量改进活动，才能追求卓越的质量。

（二）航天装备质量管理

航天装备质量管理是指为了确保航天装备质量满足规定要求而进行的指挥和控制组织的协调的活动。航天装备质量管理就是航天装备建设和使用相关的部门和单位，在装备建设、使用全寿命过程中，依据法规、标准及各项制度，所展开的质量管理和质量监督活动。质量是航天事业的生命，质量管理工作贯穿航天装备建设和使用全过程的每个阶段、每个环节、每个岗位。航天装备质量管理涉及航天装备论证、研制、生产、试验鉴定、使用、维修保障和退役报废等全寿命周期的相关组织，在不同的阶段承担着质量管理的不同职责。

航天装备质量管理主体，即在装备质量管理活动中具有决定性影响的要素，一切质量管理职能都要通过管理主体发挥作用。航天装备质量管理主体包括与航天装备建设和使用相关的单位和人员。航天装备质量管理客体是装备质量管理活动的基本要素之一，指能够被一定管理主体影响和控制的客观事物。管理客体既可以是航天装备及其装备建设相关的人员、经费、设施设备、信息、时间等各种不同资源，也可以是生产、采购、科技、文化等各种不同的活动。航天装备质量管理目的是质量管理活动的直接指向，使航天装备建设获得较高的工作效率和较好的军事、社会、经济效益。管理是人类一种有目的的活动，航天装备质量管理目标指航天装备建设相关单位进行质量管理活动所要达到的满足航天装备各项任务的预期结果。严格意义上说，管理目标与一般所说的目标在含义上有所不同：一般所说的目标，往往只考虑要达到的预期结果，而不过多地考虑如何达到这一结果的问题；而管理目标不但要考虑预期的结果，而且要考虑如何才能达到这一预期结果的一系列问题。航天装备质量管理职能和方法指质量管理活动所发挥的功能和所应用的各种方法和技术等，这是管理活动必不可缺少的要素。航天装备质量管理信息即质量管理活动不可缺少的资源，管理信息系统则是整个管理系统不可缺少的“神经系统”，当代，随着科学信息化和智能化技术的迅速发展，质量管理信息在管理活动中的地位越来越重要。航天装备质量管理环境即任何管理都存在于一定的环境之中，环境不仅是管理系统建立的客观基础，而且是它生存和发展的必要条件。质量管理具有不断地与外界环境进行政治、经济、军事、技术、信息交换的性质和功能，国内外政治、经济、军事、政策方针、技术、信息、文化等大环境的变化，以及组织内部体制、人员素质、知识与技术水平、核心竞争力、组织文化等内部环境，都能够影响到质量管理行为的改变。质量管理环境决定着管理的性质，决定着管理主体、管理客体、管理目的的性质，也直接决定着管理方式、管理方法的具体采用，是任何一种管理活动都必须考虑的因素。以上质量管理要素有机结合，相互作用，从静态上构成了质量管理系统和管理组织，从动态上构成了质量管理活动。

航天装备质量管理活动包括对装备质量形成、保持、改进的全过程、全要素进行的计划（策划）、指挥、组织、协调、控制、监督等活动。20 世纪 20 年代，世界著名古典管理理论学家法国亨利·法约尔对管理角色及相关行动作了经典的定义，他指出："管理，就是实行计划、组织、指挥、协调和控制。计划，就是探索未来、制订行动计划；指挥，就是使其人员发挥作用；组织，就是建立企业的物质和社会的双重结构；协调，就是连接、联合、调和所有的活动及力量；控制，就是注意是否一切都按已制定的规章和下达的命令进行。"

航天装备质量管理活动的基本思想，立足于质量管理的系统性，从回答管理是什么和管理者应该怎么做这两个问题入手，构建的一个全面的质量管理活动体系。计划（策划）是第一个要素。计划（策划）强调"质量管理应当预期将来"，在质量管理活动中计划（策划）是最重要也是最艰难的工作，各种计划（策划）并不少见，但是要做出好的计划（策划）并不容易。指挥也是质量领导力，是领导者（或领导团体）凭借个人（或集体）素质的综合作用，在一定条件下对航天装备建设与使用相关单位及下属人员质量理念及行为所产生的人格凝聚力和感召力，是保持航天装备建设与使用相关单位卓越成长和可持续发展的重要驱动力。组织包括航天装备质量管理组织结构和人员配备两个方面，质量管理需要有专业的机构和专业的人员去组织实施。协调是让航天装备质量管理的活动与其他业务工作之间、各部门之间的业务和质量管理都能协调、平衡，达到协调的标志：一是每个部门的工作都与其他部门步调一致，使组织的所有工作都有条不紊地、有保障地进行；二是各部门内部的各个分支及所属单位对各自在完成任务方面必须承担的工作和相互之间应提供的协助都有精确的了解；三是各部门及所属各分支的计划安排能够随情况变化而及时调整。控制就是要保证具体实施情况与计划相吻合，控制的目的在于及时指出工作进程中的缺点和错误，以便加以纠正并避免重犯；有效控制应在有效的时间内及时实施，并且应该伴随有效奖惩；在控制中，要避免越权控制，更要尽可能地明确控制的权限。

组织实施质量管理的根本愿景是实现其成功，因此理解质量管理如何产生结果并将组织导向成功，能够帮助大家更为深刻地理解质量管理的内涵。质量管理重点关注：①持续提供符合顾客要求以及适用的法律法规要求的产品和服务的能力。为实现其价值以及相关方要求的结果所需要的相互作用的过程和资源，能够使最高管理者通过考虑其决策的长期和短期影响而优化资源的利用，提供一种针对预期和非预期的结果确定所采取措施的方法。旨在促进组织满足法律法规和监管要求，满足相关方的需求和期望，以实现顾客能接受的产品和服务；②增加顾客满意度的方法。在质量管理活动中，通过分析顾客和利益相关方需求，增加组织提升顾客和其他相关方满意的概率；③应对与其环境和目标相关的风险和机遇。通过理解组织的环境，分析影响预期目标的因素，规定相关的过程，并使其持续受控，实现预期结果。

（三）航天装备质量管理理论体系

质量是航天事业的生命，航天装备质量管理理论伴随中国航天的伟大发展历程、航天质量管理技术的不断创新、在航天装备建设过程中质量管理的实践经验不断凝练形成，覆盖航天装备论证、研制、生产、试验鉴定、使用、维修保障和退役报废等全寿命过程的每个阶段、每个环节、每个岗位，反映各类航天装备的特色质量管理理论与实践内容。

航天装备质量管理理论分为三个部分：基础理论、应用理论和技术方法。

1. 基础理论

基础理论主要是从航天装备质量管理实践中不断总结、凝练、提升，再到实践中检验的一般规律的研究，对航天装备质量管理实践活动有广泛的适用性和指导意义。其包括航天装备质量管理理论基础、历史发展，以及指导思想、原则、体系构建的框架。

2. 应用理论

应用理论主要是对航天装备全寿命周期质量管理活动和各类航天装备专业质量管理活动的研究，主要研究航天装备质量管理实践层面的问题。应用理论分为 2 个维度：一是航天装备全寿命周期质量管理实践性理论，主要研究全寿命周期各阶段质量管理主要工作内容、装备研制与使用单位质量管理职责分工、质量管理要求、阶段成果及要求。二是各类航天装备专业质量管理理论，专业质量管理理论又由各类航天装备通用质量管理理论和特有质量管理理论两部分组成。

3. 技术方法

要提升航天装备质量，技术方法不可缺少，目前航天领域广泛采用质量管理技术方法，有从国外引进的，也有航天人创新的技术方法。这些方法在航天装备全寿命阶段质量管理过程中发挥了极大的作用。质量管理技术方法分为 6 部分：一是航天装备质量管理技术方法体系，二是航天装备质量管理特色技术方法，三是国内外一般质量管理技术方法的航天特色应用，四是质量管理技术基础方法，五是航天装备信息管理技术，六是新的技术方法手段在航天装备质量管理中的应用。

质量管理基础理论、应用理论和技术方法三者相辅相成，缺一不可。基础理论是对航天装备建设与使用中相关质量管理的本质规律的基本认识，是阐述航天装备质量管理最基本、最普遍问题的系统理论；应用理论是指在研究具体航天装备质量管理活动中获得的能够指导航天装备质量管理实践的原理或理性认识；技术方法是能够用于解决航天装备质量管理活动中具体技术问题的理论、技术和方法。其中，质量管理基础理论和技术方法是航天装备领域应用理论的基础和支撑，三者构成航天装备质量管理理论体系，指导和牵引新时代航天装备质量管理实践发展。

四、现代质量管理发展阶段

自从有了人类，人类就踏上了追求产品质量之路。随着人类的发展、科学技术的提升，质量管理理论也在不断拓展。

（一）早期质量管理思想

历史文献记载，我国早在周朝时期，就有了青铜制刀枪的质量检验制度。《周礼 · 考工记》写道：“审曲面势，以饬五材，以辨民器。”到 1073 年北宋时期，为了加强对兵器的质量检验，专设了军器监。当时军器监总管沈括著写的《梦溪笔谈》(图 1-2)，就描述了兵器生产的质量要求，如弓的质量标准就十分具体，要求弓体轻巧而强度高，开弓容易且弹力大，多次使用，弓力不减弱；天气变化，无论冷热，弓力保持一致；射箭时弦声清脆、坚实；开弓时，弓体正、不偏扭；等等。在质量问题处理方面，官府监造的产品一般都由生产者自检后，再由官方派人员验收，而且秦、汉、唐、宋、明、清朝都明确了对产品质量问题的处罚措施，如笞刑、没收、罚款和对官吏撤职、降职等处罚规定。位于中国江苏省南京市的明城墙，修建于明朝初年，为世界第一大城，有近亿块城墙砖，砖上大多有“砖文”，标识此砖烧制的地方、监制官员名和烧制者（窑匠）人名，“砖文”的用途就是便于砖出现质量问题后的“问责”（图 1-3）。可以说，这是早期质量管控的思想、行为和实践。

图 1-2　沈括及其《梦溪笔谈》

图 1-3　明城墙与砖文

（二）质量管理理论的形成与演进

资产阶级工业革命成功之后，机器工业生产取代了手工作坊式生产，质量管理也得到了迅速发展。在 20 世纪，质量管理一般可以分为 3 个主要阶段：质量检验阶段、统计质量控制阶段以及全面质量管理阶段，各个阶段也都出现了具有代表性的质量管理理论。

1. 质量检验阶段

第二次世界大战之前可以称为质量检验阶段。这一阶段主要是通过严格检验来保证工序间和出厂产品的质量。质量检验所使用的手段是各种各样的检测设备和仪表，它的方式是严格把关，进行百分之百的检验。然而，由谁来执行检验则有一个变化的过程。依据检验执行者的不同，又可以将质量检验阶段划分为 3 个不同时期。

第一个时期是 20 世纪之前，产品的检验主要依靠手工制造者的经验来把握产品质量，这个时期被称为“操作者的质量管理”。

第二个时期是 20 世纪初，美国出现了以泰勒为代表的“科学管理运动”，强调工长在保证质量方面的作用，于是执行质量管理的责任就由操作者转移给工长。这个时期被称为

“工长的质量管理”。

第三个时期是1918—1940年，由于企业的规模扩大，这一职能又由工长转移给专职的检验员，大多数企业都设置专职的检验部门并直属厂长领导，负责全厂各生产单位和产品检验工作。这个时期被称为“检验员的质量管理”。

专职检验的特点是“三权分立”，检验活动与其他职能分离，出现了专职的检验员和独立的检验部门，即有人专职制定产品标准、有人负责按照标准生产制造产品、有人专职按照标准检验产品质量。专职检验既是从产品成品中挑出废品，保证出厂产品质量，又是一道重要的生产工序。通过检验，反馈质量信息，从而预防今后出现同类废品。但这种检验的缺点是：其一，专职检验属于“事后检验”，无法在生产过程中完全起到产品质量预防、控制的作用，废品一经发现，已“既成事实”，一般很难补救；其二，由于是“事后检验”，质量问题不能即刻发现，容易出现扯皮、推诿，缺乏系统优化的观念；其三，对成品进行百分之百的检验，这样做在经济上并不合理（增加检验费用，延误出厂交货期限），从技术上考虑也使这种检验不可能（如破坏性检验），在生产规模扩大和大批量生产的情况下，这些缺点尤为突出。

2. 统计质量控制阶段

第二次世界大战到20世纪50年代，称为统计质量控制阶段。由于质量检验阶段以“事后检验把关”为主的质量管理不断暴露弊端，这些弊端利用检验的方法无法消除。同时，第二次世界大战的爆发，前线对军用物资的需求不断扩大，但是，产品的百分之百检验成为军用物资生产中的薄弱环节，军火生产常常延误交货期，影响前线军需供应。此时，美国政府和国防部组织一些著名的统计学家和质量管理专家开始研究运用数理统计学的原理来解决这一问题。美国贝尔电话实验室的工程师休哈特提出了统计过程控制理论——应用统计技术，对生产过程进行监控，减少对检验的依赖。这种新方法解决了质量检验事后把关的不足。1924年5月16日诞生了世界上第一张控制图，就是运用数理统计的原理发现产品出现质量问题的先兆，及时采取措施。1930年，贝尔电话实验室的另两名成员道奇和罗米格又提出了统计抽样方法，并设计“抽样检验表”，解决了全数检验和破坏性检验在应用中的困难。1940年以后，美国贝尔电话公司应用统计质量控制技术取得成效；美国军方在军需物资供应商中推进统计质量控制技术；美国军方制定了战时的三个质量管理标准，三个标准均以休哈特、道奇和罗米格的理论为基础。

由于采取质量控制的统计方法在生产质量检验工作中所取得的效果显著。很多国家，如日本、墨西哥、印度、挪威、瑞典、丹麦、西德、荷兰、比利时、法国、意大利以及英国等，都开始积极开展统计质量控制活动，并取得巨大成效。

统计质量控制阶段的特点是利用数理统计原理，“变事后检验为事前控制”的方法，使质量管理的职能由专职检验人员转移给专业的质量控制工程师承担。这标志着将事后检验的观念改变为预测质量事故的发生并事先加以预防的观念。

但在这个阶段，由于存在过分强调质量控制的统计方法，将质量控制完全交给数理统计专家，忽视其组织管理工作，使得人们误认为“质量管理就是统计方法”，并且由于数理统计方法理论比较深奥，因而对质量管理产生了一种“高不可攀、望而生畏”的感觉，认为是“质量管理专家的事情”。这在一定程度上限制了数理统计方法的普及、推广。

3. 全面质量管理阶段

20 世纪 60 年代，科学技术日新月异，社会生产力迅速发展，市场竞争日益激烈。质量管理出现了很多新情况，主要表现在以下几个方面：一是人们对产品质量的要求更高。过去，对产品的要求一般注重产品的使用性能，现在又增加了耐用性、美观性、安全性、可信性、经济性等要求。二是在生产技术和质量管理活动中广泛应用系统分析的方法。它要求用“系统工程”的观点分析研究质量问题，把质量管理看成处于较大系统（如企业管理，甚至整个社会系统）中的一个子系统。三是管理科学理论又有了一些新发展，其中突出的一点就是重视人的因素，提出人的“柔性管理”和“员工参与管理”，强调要依靠广大员工搞好质量管理。四是“保护消费者权益”运动的兴起。20 世纪 60 年代初，许多国家的广大消费者为保护自己的利益，纷纷组织起来同伪劣商品的生产销售企业抗争。美国著名质量管理专家朱兰认为，保护消费者权益运动是质量管理学在理论和实践方面的重大发展动力。五是随着市场竞争，尤其是国际市场竞争的加剧，各国企业越来越重视产品责任和质量保证问题。于是，仅依赖质量检验和运用统计方法是很难保证与提高产品质量的。同时，把质量职能完全交给专门的质量控制工程师和技术人员，并且主要限于产品的制造过程，已经难以适应新形势的需要。许多企业开始了全面质量管理的实践。

1961 年，美国通用电气公司的质量经理费根堡姆在其《全面质量管理》一书中，首次提出全面质量管理的概念。他指出：为了生产具有合理成本和较高质量的产品，以适应市场的要求，只注意个别部门的活动是不够的，需要对覆盖所有职能部门的质量活动进行策划。该书强调执行质量职能是公司全体人员的责任，应该使企业全体人员具有质量意识和承担质量责任。全面质量管理是为了能够在最经济的水平上并考虑到充分满足用户要求的条件下进行市场研究、设计、生产和服务，把企业各部门的研制质量、维持质量和提高质量的活动构成一体的有效体系。

综上所述，20 世纪质量管理发展的 3 个阶段的质的区别是：质量检验阶段靠的是事后把关，是一种防守型的质量管理；统计质量控制阶段主要在生产过程中实施控制，通过控制偏差而实现预期的目标，是一种预防型的质量管理；而全面质量管理阶段，保留了前两者的长处，以满足顾客的要求为目标，对产品生命周期的整个过程，实施管理。是一种“全组织、全过程、全员参加”的质量管理。

五、质量专家论质量管理

在质量管理发展历程中，出现了许多质量管理的名家大师，形成了质量管理领域有影响力的理念与思想，推动质量管理的发展与进步。

（一）朱兰及其质量管理理论

约瑟夫·莫西·朱兰（Joseph Moses Juran），是世界著名的质量管理专家，也是 20 世纪最伟大的现代质量管理领军人物之一，他将毕生的精力投入质量管理中并取得了巨大的成就，被誉为质量领域的“首席建筑师”“质量之父”。

1904 年，朱兰出生于罗马尼亚，1912 年随家庭移居美国，1917 年加入美国国籍，1924 年毕业于美国明尼苏达大学，获得电气工程学士学位，毕业后任职于著名的西方电气公司芝加哥霍桑工厂。

1925 年，美国贝尔实验室在霍桑工厂试验新研发的抽样统计和控制图技术，朱兰被选中加入检验统计部门，负责应用和传播贝尔实验室的创新统计质量控制技术。1928 年，朱兰晋升为部门负责人。1935 年，朱兰在《机械工程》杂志上发表了他的第一篇与质量有关的文章。1937 年，朱兰搬到西部电气纽约总部，担任首席工业工程师。

朱兰提出了质量的“适用性”，认为产品质量具备适用性，即产品在使用期间能满足使用者的要求。他还预言“21 世纪是质量的世纪，质量必将走上世界历史的舞台。”

1. 质量管理三部曲

朱兰提出了质量管理三部曲，也称为“质量三元论”。朱兰认为质量管理是由质量策划、质量控制和质量改进 3 个阶段构成的一个逻辑过程，如图 1-4 所示。

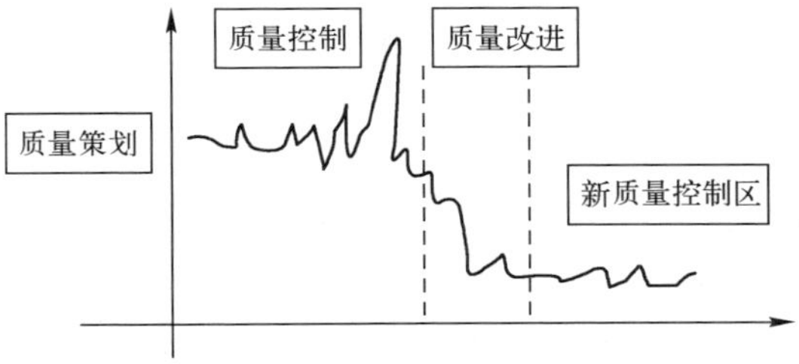

图 1-4　质量管理三部曲

质量策划，是为实现质量目标进行准备的过程。要识别顾客，明确顾客要求，开发具有满足顾客需求特征的产品，建立符合顾客和相关方要求的产品质量目标，建立能够实现这些目标的产品生产或提供服务的过程。

质量控制，是为实现质量目标，采取测量纠偏措施实现质量要求的过程，是质量管理三部曲中的重要环节。首先要制定控制标准，选择测量单位，确立绩效标准，衡量实际找出偏差，采取纠偏措施。质量控制为掌握何时采取必要措施纠正质量问题提供参考和依据。

质量改进，是突破原有质量策划，实现新的质量水平的过程。

朱兰的质量管理三部曲中的三个步骤既有各自的目标，又相互联系。它作为一个实现质量管理目标的成功阶梯，还需要积极向上的领导力、环境以及对质量的有力支持等条件才能保证其有效地施行。

2. 质量螺旋曲线

朱兰在 20 世纪 60 年代提出质量螺旋曲线，也称为质量环。质量螺旋曲线以一根螺旋曲线表示产品质量的形成过程：质量螺旋曲线始于市场营销和市场调研，对市场的需求进行识别，根据市场的需要进行产品的开发和设计，制定产品标准，明确生产产品的工艺，同样也终结于市场营销和市场调研，根据市场对其产品的反馈信息，评价市场的需要是否已得到满足。质量螺旋曲线正是对产品质量的产生、形成和实现过程进行的抽象描述和理论概括，如图 1-5 所示。

从质量螺旋曲线可以看到：

质量螺旋曲线中从营销市场调研直至产品研制生产完成，销售、使用后处理和再循环的一系列活动，一环扣一环，互相制约，互相依存，互相促进。质量螺旋曲线不断循环，每经过一次循环，就意味着产品质量的一次提高。

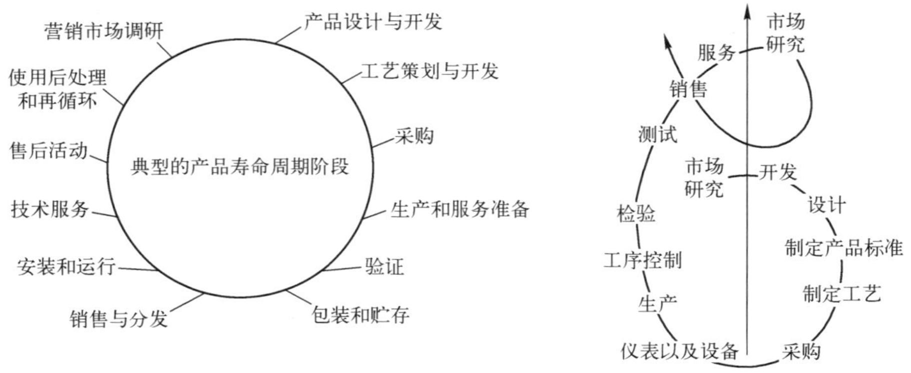

图 1-5　质量螺旋曲线

（二）戴明及其质量管理理论

戴明（W. Edwards Deming）（1900—1993）博士是世界著名的质量管理专家，他因对世界质量管理发展做出的卓越贡献而享誉全球。以戴明命名的“戴明品质奖”，至今仍是日本品质管理的最高荣誉。作为质量管理的先驱者，戴明学说对国际质量管理理论和方法始终产生着异常重要的影响。他认为，“质量是一种以最经济的手段，制造出市场上最有用的产品。一旦改进了产品质量，生产率就会自动提高”。

1900 年 10 月戴明出生于美国艾奥瓦州，1928 年获耶鲁大学物理学博士学位。1940 年，在人口统计的准备工作中，戴明采用统计过程控制代替了正常的办公运作，这样把一些过程的生产效率提高了 6 倍。1946 年，日本科学家与工程师联盟（JUSE）成立后，戴明开始与此组织建立联系，并由此逐渐成名，应 JUSE 之邀为日本人讲述他的统计方法。1956 年，美国质量协会授予戴明“休哈特奖章”。20 世纪 70 年代末，戴明开始同美国主要组织合作，但是直到 1980 年 6 月，“如果日本可以，为什么我们不能?”一文被国家广播电台（NBC）广播之前，戴明的著作相对来讲还是默默无闻的。之后，戴明一举成名，在质量界享有很高的声誉。1986 年他的第一本畅销书《转危为安》(*Out of Crisis*）出版。1993 年 12 月 20 日，戴明博士以 93 岁的高龄在华盛顿的家中与世长辞。

1. 戴明十四要点

戴明博士主要观点——质量管理“十四要点”成为 20 世纪全面质量管理（TQM）的重要理论基础，其主要内容如下：

（1）创造改善产品与服务的长久目标。最高管理层必须明确组织的价值观、使命和愿景，从而为管理层和员工提供长期为之努力的方向。也就是把改善产品和服务作为长久目标，坚持经营，这需要在所有领域加以改革和创新。为了履行这一宗旨，最高管理层必须具有长远的眼光，投入各种资源，勇于创新，并承担起提供工作岗位和改善公司竞争地位的责任。

（2）接受新的理念。组织必须树立顾客驱动的观念，以雇员和管理层的合作为基础，进行持续不断的改进。绝对不容忍粗劣的原料、不良的操作、有瑕疵的产品和松散的服务。

（3）理解检验。停止依靠大批量的检验来达到质量标准，正确的做法是改良生产过程，从开始就将质量融入产品中，一次做对，消除检验。

（4）废除价低者的做法。离开质量谈价格毫无意义，要着眼于总成本最低，立足于长期的忠诚和信任，与供应商建立长远的关系，并减少供应商的数目。与供应商建立长期的合作关系可以增强供、需双方的联系，增进与顾客的沟通，并提供合乎要求的产品。

（5）持续改进。通过永不间断地改进生产及服务系统，提高质量，降低浪费。

（6）开展培训。制订有计划的岗位培训，建立于可接受的工作标准上，使用统计方法来衡量培训工作是否奏效。

（7）进行领导。采用现代的督导方法：发现需要改善的地方，领导者应当采取行动，带领员工进行改进。

（8）驱除恐惧。管理者与员工之间建立相互信任关系，建造和谐氛围，鼓励员工大胆提出问题，表达意见，提出建议。

（9）优化团队努力。打破部门之间的壁垒，每个部门都不应只顾独善其身，而需要发挥团队精神。跨部门的质量改进活动有助于改善产品及服务质量，降低成本。

（10）取消对员工提出计量化的目标。废除针对一般员工的指标、口号、图像、海报等。因为很多改变往往是在一般员工控制范围之外的，无须为员工定下可计量的目标，但组织要永不间歇地改进。

（11）取消工作标准及数量定额。定额把焦点放在数量，而非质量。计件工作制更不好，员工为了追求定额，会不惜代价，甚至制造次品。

（12）消除妨碍基层员工工作顺畅的因素。任何导致员工失去工作尊严的因素必须消除，包括不明白何为好的工作表现。

（13）制订有效的教育及培训计划。由于质量和生产力的改善会导致部分工作岗位数目的改变，因此所有员工要不断接受训练及再培训，满足未来需要。

（14）采取行动。创造一个每天都推动以上 13 项的高层管理结构，带领全组织行动起来推动变革。

2. PDCA 循环

PDCA 循环最初是由统计质量控制的奠基人休哈特提出的，戴明博士将之广泛推广，所以又称戴明环（图 1-6）。PDCA 循环方法是质量管理领域最为经典的质量控制方法之一，是能使任何一项活动有效进行的一种合乎逻辑的工作程序。P、D、C、A 四个英文字母所代表的意义如下：

P（Plan）：计划，包括方针和目标的确定以及活动计划的制订。

D（Do）：执行，就是具体运作，实现计划中的内容。

C（Check）：检查，对照计划方案，检查贯彻落实情况和执行效果，及时发现问题和总结经验。

A（Act）：行动（或处理），把成功的经验加以肯定和总结，并予以标准化，或制订作业指导书，便于以后工作时遵循；分析失败和不足的原因，识别改进区域，在后续的质量改进活动中加以改进。对于没有解决的问题，留给下一个 PDCA 循环去解决。

PDCA 循环具有以下特点：

（1）大环套小环，小环保大环，一环扣一环。PDCA 循环好比一些小环外面罩个大环，小环保大环，推动大循环（图 1-7）。PDCA 循环作为质量管理的一种科学方法，适用于所有组织的各个环节和各个方面的工作。整个组织的质量管理活动构成一个大的管理循环（图1-7中最外面的大环），而在P（计划）、D（执行）、C（检查）、A（行动或处理）大循环的每个阶段，也可包含（套入）小的PDCA循环。例如，为了更好地落实组织在A阶段策划的整体的质量管理计划，在D（执行）阶段可以再套入小的PDCA循环（图1-7中大环包裹下的其中一个小环），即制定更低层次的、更具体的计划，并予以实施、检查和处置。通过小循环，保证大循环的运行，从而实现组织总的预定的质量目标。

（2）循环每运转一周就提高一步。循环好比一个运转的车轮，转动一次，前进一步，不停地运转，就不断地提高。这样循环往复，质量管理中存在的问题不断得到解决。质量管理水平就步步提高，如图1-8所示。

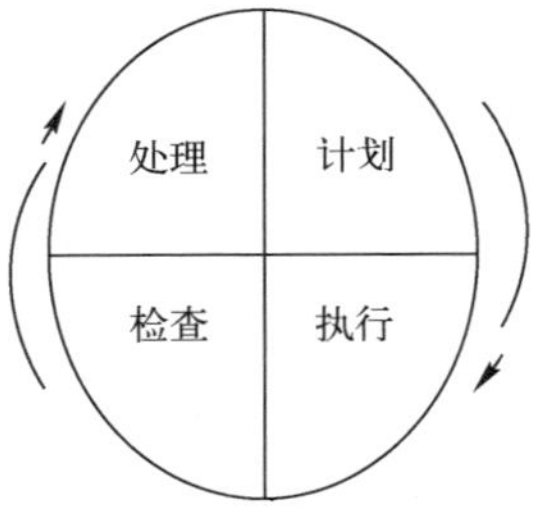

图1-6　PDCA循环

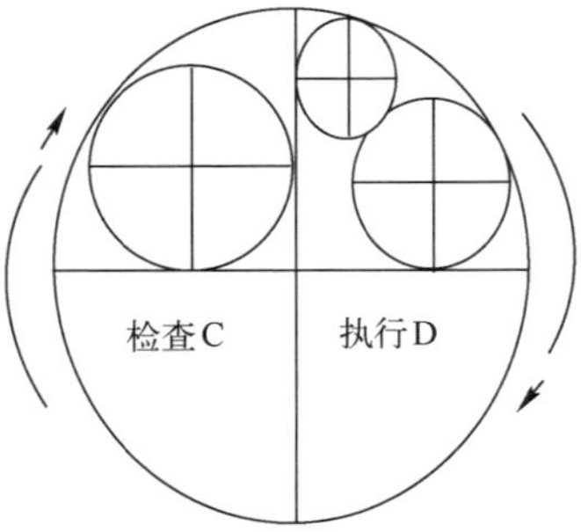

图1-7　大环套小环

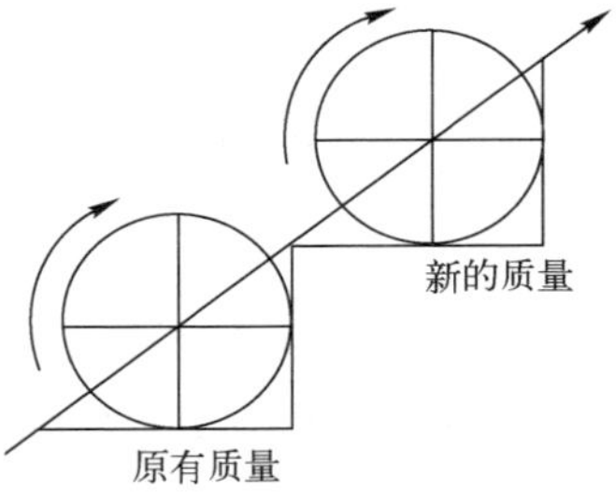

图1-8　质量水平阶梯式上升

（3）PDCA循环是综合性循环。把工作过程划分为4个阶段是相对的，而且各阶段之间又存在一定的交叉，因而它们是紧密衔接成一体的。工作正是在这样的循环往复中，经历从物质到精神，又从精神到物质两个消耗而逐步达到预定目标的。可见，PDCA循环的4个阶段，完全符合“实践—认识—再实践—再认识”的规律。

（三）休哈特及其质量管理理论

沃特·阿曼德·休哈特（Walter A. Shewhart）是现代质量管理的奠基者，美国工程师、统计学家、管理咨询顾问，发明了“质量控制图”，被人们尊称为“统计质量控制（SQC）之父”，如图1-9所示。

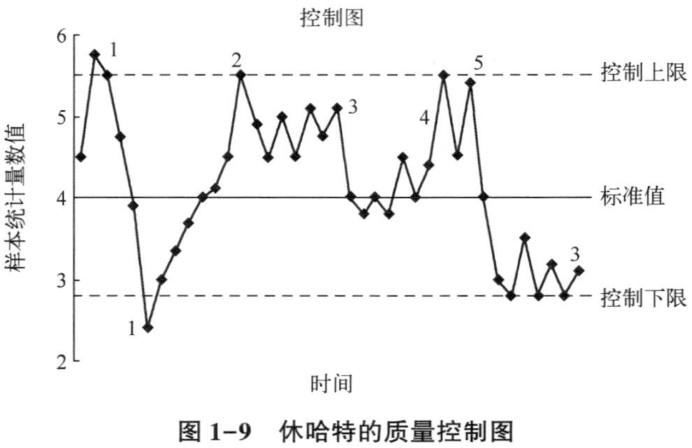

图1-9　休哈特的质量控制图

1891 年，休哈特出生于美国伊利诺伊州的新坎顿，1917 年获得加利福尼亚大学伯克利分校物理学博士学位。毕业后在西方电气公司工作，从 1925 年起在贝尔实验室工作，一直到退休。休哈特于 1924 年提出了控制图的概念，成为现在统计过程控制的基础。1931 年出版的《产品生产的质量经济控制》被公认为质量管理基本原理的起源。1939 年出版的《质量控制中的统计方法》深深地影响了质量界，包括著名的戴明和朱兰。

休哈特最早提出了“计划—执行—检查—行动循环”的观点，后被戴明和其他人广泛应用，进行质量改进项目的管理，也就是现在被大家称谓的 PDCA 戴明环。

（四）费根堡姆及其质量管理理论

阿曼德·费根堡姆（Armand V. Feigenbaum）是全面质量管理的创始人，他的主要观点为：用系统或者全面的方法管理质量，在质量管理过程中要求所有职能部门参与，而不局限于生产部门。在产品形成的早期就建立质量控制的体系，而不是在产品形成之后再做质量的检验和控制工作。他努力摒弃当时最受关注的质量控制的技术方法，而将质量控制作为一种管理方法；强调全面管理的观点，而质量统计和预防维护等方法只是全面质量控制程序的一部分。

阿曼德·费根堡姆的名言：质量并非意味着最佳，而是客户使用和售价的最佳。其代表著作为《全面质量管理》。

（五）克劳士比及其质量管理理论

菲利浦·克劳士比（Philip Crosby）被誉为世界上最具个人魅力、最具传奇色彩、最有企业家精神的管理大师之一，被誉为“本世纪伟大的管理思想家”“品质大师中的大师”“零缺陷之父”“一代质量宗师”。作为质量管理大师，他掀起了起源于美国，并进而影响世界的零缺陷管理狂飙突进运动；作为企业家，他开创了现代管理咨询在质量竞争力领域的新纪元；作为教育家，他建立了学院，培训的企业家、企业经理数不胜数；作为畅销书作家，他的名字就意味着畅销。

1926 年 6 月 18 日，克劳士比出生于西弗吉尼亚州的惠灵市。他曾参与第二次世界大战和韩战，其间一度在一所医疗学校工作。克劳士比的质量管理职业生涯始于一条生产线的品管工作，当时尝试多种方法后向主管说明他的理念：“预防更胜于救火。”他任职的简历为：1952 年任克罗斯莱公司质量部初级技术员、质量工程师；1957—1965 年加入马丁玛瑞埃塔公司，分别任高级工程师和质量经理；1965—1979 年任著名的 ITT 公司质量总监，1968 年升任 ITT 公司副总裁。在克罗斯莱公司的时候，他不遗余力地学习与质量相关的知识，几乎读遍当时所有的质量书籍，并且加入美国质量学会成为会员。在担任马丁玛瑞埃塔公司的质量经理时，克劳士比曾经提出“零缺陷”（zero defects）的观念与计划，并因此于 1964 年获得美国国防部的奖章。

1979 年他在佛罗里达创立了 PCA（Philip Crosby Associates，PCA）公司和克劳士比质量学院，并在其后的 10 年时间里把它发展成为一家在世界 32 个国家用 16 余种语言授课、全球最大的上市质量管理与教育机构。每天都有全世界各行各业的企业管理人员蜂拥而至，接受训练。因为他所倡导的质量改善方法经过世界上成千上万家优秀企业的验证，被认为是最有效的方法。让更多的人和组织分享成功的理念，是他创办质量学院的初衷。IBM 是 PCA 的第一个客户。后来他卖掉了 PCA 的一些股份，专心于“领导学”的写作与演讲。1991 年他自 PCA 退休，另行创立一家通过提供演讲和研讨会协助目前与未来的公司主管成长的公司——Career Ⅳ，Inc；1997 年，他又买回了 PCA 全部的股份，成立了现在的 Philip Crosby Associates Ⅱ，如今在全球的 20 余个国家成立质量学院。PCA Ⅱ服务的对象包括多国籍企业集团到小型制造公司与服务业公司，协助它们执行质量改善过程。

克劳士比于 2001 年 8 月 18 日在北卡罗来纳州高地市家中病逝，享年 75 岁。

克劳士比先生在全球已出版 15 本畅销书著作，《质量免费》(*Quality is Free*) 由于引发一场美国以及欧洲的质量革命而备受称赞，该书的销量已超过 250 万册，被译成 16 种语言。

克劳士比指出“零缺陷”的核心为：不论做什么事，第一次就把正确的事情做正确，确保无缺陷。反之将造成时间的浪费、资金的浪费、组织缺乏竞争力。

零缺陷的四项原则为：质量是符合要求，而不是“好”；产生质量的系统是预防，而不是“检验”；质量工作的准则是零缺陷，而不是“差不多”；质量是用不符合要求的代价（金钱）来衡量的。

（六）石川馨及其质量管理理论

石川馨于 1915 年出生于日本，是日本质量管理专家、东京大学教授，从 1947 年开始的 40 余年中，一直从事质量管理的研究、教育和推广工作，被誉为品管圈（QCC）之父、日本式质量管理的集大成者，他还是鱼骨图的发明者。

20 世纪 60 年代，石川馨先生创立了 QCC 活动，并逐渐扩展到全世界。关于 QCC 活动，他说“我的初衷是想让基层工作人员能够最好地理解和运用质量控制”，从而提出要让在生产或工作岗位上从事各种劳动的员工，围绕企业的经营战略、方针目标和现场存在的问题，以改进质量、降低消耗、提高人的素质和经济效益为目的组织起来，运用质量管理的理论和方法开展质量改进活动。QCC 活动实现“从上到下的管理”向“自下而上的管理”转移，发挥好基层每个人的作用，受到世界组织管理者的重视。

同时，石川馨认为全面质量管理（TQC）在日本就是全公司质量管理（CWQC）。其主要观点：日本的质量管理是经营思想的一次革命，其内容归纳为 6 项：①质量第一；②面向消费者；③下道工序是顾客；④用数据、事实说话；⑤尊重人的经营；⑥机能管理。

石川馨的主要著作为《质量控制》《质量控制指南》。

第二节　航天装备质量管理特点与规律

航天装备质量管理在长期发展历程与实践探索中，形成了特色航天质量管理理论和方法，并逐步形成航天装备质量管理特点与内在规律。

一、航天装备质量管理特点

20 世纪 60 年代，航天装备建设与使用单位就开始运用系统工程的原理和方法，在航天装备研制、生产、试验、使用、保障等全系统、全寿命活动过程中加强质量管理，在长期实践中形成了有别于其他行业的航天装备质量管理特点，可以概括为以下几点。

（一）特色鲜明，积淀深厚

航天装备质量管理伴随航天事业的发展和航天装备的进步而不断演化。从国防部第五研究院建立、1958 年航天发射场建设起，航天装备质量管理实践就开始了，经历了几十年发展，形成了一系列经验、做法和规章制度。1964 年，周恩来总理提出了“严肃认真、周到细致、稳妥可靠、万无一失”十六字工作指导方针，这十六字工作方针成为航天装备建设者的座右铭，也是质量文化的核心。随后，坚持“一次成功，系统管理，预防为主，实行法治”，追求各项工作一次做对、做好，力求装备论证、研制、生产、试验鉴定、使用、退役报废全寿命阶段中各环节、各零部件、各项操作全面优质，不断走向卓越。

（二）质量管控高度依赖技术手段

航天装备建设和使用全过程质量管理诸要素强调相互协调和整体优化，对装备实现的关键过程和产生质量问题的深层原因和薄弱环节都严格监督。要确保航天装备要素与整体、关键环节和全寿命都达到质量要求，仅靠经验是不够的，还需要科学的方法和技术，注重关键技术、工具手段的开发与推广应用，确保质量控制措施的落实。长期以来，航天领域较为重视质量技术的研究、创新和推广应用。既借鉴国外质量管理的先进技术，也创新了一系列航天特色的质量管理技术方法，元器件质量控制采用元器件“五统一”原则（统一选用、统一采购、统一监制验收、统一筛选复检、统一实效分析），形成元器件的全过程控制；实施软件工程化管理，将软件列入航天装备配套表，做好顶层设计分析，开发过程遵循标准规范；严格技术状态控制，注重分析状态变化的影响域及对装备质量的负面影响，验证更改措施的有效性，杜绝技术状态失控；加强关键环节量化控制，注重对关键件、重要件、关键工序等关键环节以及风险点的识别和控制；强化试验过程控制，强调试验任务清楚、岗位职责清楚、试验状态清楚、接口关系清楚、技术关键清楚、操作要点清楚、测试数据清楚、应急预案清楚；加强技术评审关，对各阶段开展技术评审，对重大过程实施独立评估、第三方同行专家专业把关；以及 FTA-FMEA 结合法、飞行时序动作分析与确认法、测试覆盖性、试验充分性等。尤其是近年实施装备质量提升工程，取得了一大批质量管控技术成果，攻破了一批影响质量的难题，对提升航天装备质量发挥了重要作用。

（三）注重风险管控

航天装备的论证、研制、生产、试验鉴定和使用保障具有技术复杂、协作面广、投入经费多、进度紧、质量要求高等特点，面临着比一般装备和服务高得多的技术风险、质量风险、成本风险和进度风险。航天装备建设与使用保障过程质量控制的一个核心就是与潜在的风险做斗争，基于风险的思维需要贯彻到航天装备全寿命各阶段及质量管理各层面，强调风险识别、分析和控制的系统性、科学性、全员性和主动性，强调采取预防为主和问题导向的工作思路，强调从已发生问题的“救火”到对潜在问题的“防火”。为此，航天装备质量管理高度注重识别和应对航天装备全寿命周期的各类风险，尤其是对技术风险、质量风险，主动采取各类有效的应对风险和利用机遇的措施。

（四）军民一体管理

航天装备系统复杂、技术难度大；装备建设与使用过程多、关键环节要求高，呈现出高风险、高动态、强耦合、强约束等特点。因此，航天装备质量管理必须采用系统工程的原理与方法，采用系统科学的管理手段，压实管理责任，运用“三位一体”（航天装备研制单位、军代表、使用单位）的质量监督结构，最大限度提高航天装备质量管理效率。无论是装备使用方还是装备承制方，在航天装备建设与使用全寿命各阶段，都承担着不同的质量责任，如航天装备研制生产阶段质量管理以航天工业部门为主体单位，使用方起到质量监督作用；使用阶段质量主要由使用方负责，出现质量问题航天工业部门协同解决，所以航天装备全寿命周期任何阶段的质量管理都需要多方联手，形成合力，建立质量管理体系，共筑对话平台。

（五）不断追求“零缺陷”质量目标

航天装备复杂，技术密集，精度高，任何一个元器件、零部件发生问题，甚至遗留的一点微小多余物，发错的一条指令，都会对航天任务造成重大影响。另外，航天装备建设及任务参与单位繁多、参与人员类型涉及面广，需要跨单位、跨专业、跨部门的相互协同，任何一个单位、部门、人员的工作，都直接关系着装备的质量，而不同单位装备质量管理能力、手段成熟度差距大，给质量管理规范化、标准化等带来较大难度。因此，航天装备质量管理要求严格、统筹难度大。必须通过追求工作的“零缺陷”来保证装备的“零缺陷”，以每项工作、每个零部件的“零缺陷”来奠定航天任务“万无一失”和“一次成功”的基础。

二、航天装备质量管理规律

航天装备质量管理活动和世界上的一切事物一样，具有自身固有的内在规律，揭示和把握航天装备质量管理规律对于完善航天装备质量管理理论、提高质量管理效能、指导质量管理实践、保证质量管理活动正确、高效运行具有重要意义。

规律也称法则，是客观事物发展过程中的本质联系，具有普遍性的形式。规律是事物本身固有的、深藏于现象背后并决定或支配现象的方面。规律的特点：一是必然性，规律是事物的必然联系，包括规律的存在、作用及规律作用的后果的不可避免性；二是重复性，规律是重复出现的，无论何时何地，只要条件满足，规律就能体现。

（一）质量领导力直接影响航天装备质量管理水平

航天装备建设和使用质量领导力是对航天装备质量负有领导责任的管理者（或团队），凭借其个人（或集体）素质的综合作用，建立质量愿景目标、控制战略实施和质量活动的能力，以及对组织和组织人员质量理念及行为所产生的感召力和实现卓越成长的驱动力。航天装备建设与使用单位的质量管理是一把手工程，由于航天装备承制单位、使用单位均具有高度严密的组织指挥体制的鲜明特点，以及装备建设和航天任务的高度系统性、整体性，要求必须严格实行统一指挥、统一制度、统一管理、统一纪律等原则。只有这样才能确保步调一致，才能使装备质量管理产生最大的整体效能。航天装备的科技含量高、复杂性大，风险性大，高度协调一致是必须始终履行的行为原则。因此，航天装备质量领导力是航天装备质量管理的核心，也是确保质量的原动力和根本保证。

（二）规范化管理是航天装备质量的保证

以先进质量管理理念和质量管理体系建设为基础，进而形成管理制度，强制推行，是航天装备领域质量管理工作的一个显著特征。1987 年，国务院中央军委批准发布《军工产品质量管理条例》，航天装备承制单位深入贯彻条例要求，建立了航天产品的质量保证体系，制定了相关制度和程序，使航天产品的质量保证体系全面、系统、扎实、稳步、有效开展。20 世纪 90 年代，我国开始全面引入国际标准化组织制定的质量管理和质量保证国际标准，即 ISO 9000 系列标准，我国等同采用这一国际标准，制定 GB/T 19001《质量管理体系　要求》国家标准，1996 年原国防科工委在 GB/T 19000 基础上组织制定了《质量管理和质量保证》国家军用标准，航天装备承制单位逐步推进了质量管理体系的建设；装备使用单位也在全面推行质量管理体系，质量管理工作步入系统化、规范化道路。

（三）内外部环境变化影响航天装备质量管理

从管理学的角度看，任何管理活动都不是孤立的活动，必须在一定的环境和条件下进行。航天装备质量管理活动内外部环境指社会系统以及航天系统的政策方针、组织体制、经济发展状况、生产活动、物质条件、传统文化等，它直接决定着航天装备质量管理的主体（航天装备建设与使用相关单位及人员）、管理客体（航天装备）、管理方式和方法的采用，以及管理的状态。从社会系统及航天系统的角度看，现实中的任何系统要素都对航天装备质量具有影响作用。如在“文化大革命”期间，航天装备质量管理工作也受到摧毁，质量检验成为被砸烂的对象，质量管理制度被废除，装备建设工作陷入混乱。20 世纪 90 年代，我国航天工业面临井喷式研制任务增加和跨越式技术难度提升，同时，市场经济使航天工业原有的管理体系及管理方式受到冲击，航天型号研制、生产质量问题频发。所以，航天装备质量管理中要特别注意处理好与大环境系统的关系，要从观念、组织体制、工作、制度规范、管理文化等方面搞好有机的融合。

（四）航天装备质量信息的充分共享是保证

质量数据是反映航天装备状况的重要信息，也是航天装备质量管理的基础资源。航天装备研制生产和装备使用现场的实时在线数据采集与传递，建立航天装备全寿命质量数据库，成为加强装备质量管理工作建设的重要环节。建立航天承制单位与装备使用单位的各种协作协调关系，统一技术体制、优化资源布局、实现信息互联互通，消除“信息孤岛”，发挥质量信息在装备技术改进、决策支持等方面的效能。

第三节　航天装备质量管理职能、任务与要求

航天装备质量管理职能、任务与要求是航天装备质量管理理论的重要内容，用于解决航天装备质量管理“干什么”这一重要问题，支撑和牵引着航天装备质量管理其他理论。

一、航天装备质量管理职能

质量管理职能是对组织为保证产品质量而进行的全部技术、业务工作和管理活动的总称。在一个组织内部，质量管理职能就是对在产品质量产生、形成和实现过程中各部门应

发挥的作用或应承担的任务和职责的一种概括。

目前，对航天装备质量管理的职能有不同的认识，职能更侧重于根本职责与主要功能，体现为一组知识、技能、行为和态度的组合。航天装备质量管理职能是航天装备质量管理的职责与功能，是质量管理应有的作用，可以反映人或机构完成职务的能力。美国质量专家朱兰博士提出的质量管理三步是指质量策划、质量控制和质量改进，管理学认为管理的五大职能是计划、组织、指挥、协调和控制。借鉴质量专家和管理学职能定义，结合航天装备质量管理的特点要求，航天装备质量管理职能主要体现为航天装备质量策划、质量组织实施和质量改进。

（一）航天装备质量策划

1. 内涵

质量策划就是质量管理活动的论证和计划。航天装备质量策划是围绕航天装备质量管理开展的质量论证、质量设计及质量计划的过程。制定质量目标并规定质量管理必要的运行过程和相关资源以达到质量目标，是质量管理首要且最重要的环节，也是过程质量控制的基础。只有充分开展质量策划，并且融入业务规划和管理规划，才可能确保整个质量管理的职责落实、资源获得和按程序要求实施。

质量策划是质量管理的一部分，是质量管理诸多活动中不可或缺的关键环节，也是连接质量方针和具体质量管理活动的桥梁和纽带；质量策划致力于设定质量目标，设计质量管理活动；质量策划要为实现质量目标规定必要的作业过程和相关资源。质量策划的结果主要是质量目标、质量活动、质量组织和质量计划等。

2. 主要内容

质量策划主要包括以下方面的内容：

（1）设计质量目标和计划。质量目标是在质量方面所追求的目的，质量策划的任务之一就是设定质量目标。质量计划就是为确定如何满足顾客需求分析中指定的质量目标和标准，以及要采取哪些必要行动。质量计划确认与实施有关的质量管理活动，包括质量控制、质量保证、持续改进措施等过程，以及在这些过程中所要采取的沟通、授权、明确职责、编制质量管理文件、质量检查、审计、报告和审查等措施。质量计划是确立组织目标，制定实现目标的策略。

（2）设计质量管理活动的需求。经过装备论证所确定的装备质量特性以及质量目标、质量要求和约束条件，首先要满足合同要求，适应航天任务的需求，其次要能充分利用装备建设与使用单位现有资源。通过识别使用单位的要求，特别是针对新形势新任务的要求，通过策划，落实控制过程和资源，以满足航天任务要求。

（3）设计装备建设和使用中质量管理所需的过程、资源和设施。通过策划，对装备建设和使用的每个过程及其相应的支持过程规定详细的资源、设施和作业指导文件。通常包括设计和开发过程、采购过程、工程分包过程、生产提供过程、监视和测量过程、资源提供过程、使用和保障过程等。

（4）设计所要求的验证、确认、监视和测量活动及装备的接收准则要求。过程及其结果是否受控、是否合格，必须进行监视、验证和确认。具体在哪个过程之后设立验证、确认、监视、检验和试验活动，必须在策划时就予以明确。

（5）设计各项活动的职责和权限。必须明确过程中的职责和权限及不同专业机构/人员的接口管理，以确保职责明晰、沟通有效。避免由职责不清、沟通不畅而引起的错漏遗缺、频繁的修改。

3. 要求

策划是质量管理的重要职能之一。策划包括质量目标的建立和管理体系的策划，也包括具体过程的策划，如产品实现的策划、设计和开发策划、生产和服务提供的策划以及监视、测量、分析和改进过程的策划，还包括内部审核的策划等。

要做好策划工作，管理者的魄力、决心、对未来的期望等条件是起决定性作用的因素，需要管理者有远大的理想和追求，扎实的质量管理理论基础和丰富的质量管理经验。此外，重要的策划人员的能力也是关键，而培训是提高人员能力的重要手段。

（二）航天装备质量组织实施

1. 内涵

组织是指根据工作的要求与人员的特点，组织岗位质量管理，通过授权和分工，将适当的人员安排在适当的岗位上，用制度规定各个岗位的职责和上下左右的相互关系，形成一个有机的组织结构，使整个组织协调运转。实施是指在计划的基础上，通过有序的组织、安排和管理，将质量计划付诸实现，包括过程的运行与控制、质量检验的实施、质量教育和培训等。质量组织实施就是组织人员、资源按照计划落实目标的过程。航天装备质量管理组织实施职能是在质量策划的基础上，组织开展装备质量管理活动，包括成立装备质量管理组织、落实质量要求、培养质量人员、开展质量检查、质量问题分析等具体职能。

2. 主要内容

组织实施职能主要包括以下内容：

（1）根据质量目标搭建质量管理组织结构、分配任务资源、明确权利义务等，建立组织结构，把质量管理分工的范围、程度、相互之间的协调配合关系、各自的任务和职责等用部门和层次的方式确定下来。

（2）维持与变革组织结构，以完成组织目标的过程。通过组织机构的建立与变革，将质量管理活动的各个要素、各个环节，从时间上、空间上科学地组织起来，使每个成员都能接受领导、协调行动，从而产生新的、大于个人和小集体功能简单加总的整体职能。

（3）实施各类质量管理活动。按照质量策划要求，落实各项工作、开展相关业务活动，开展全寿命的质量管理活动。

3. 要求

组织实施是质量管理的重点。要做好组织实施工作：一要聚焦目标加强计划、方案落实；二要明确具体的针对性的措施方法；三要加强质量管理相关信息化、自动化等手段建设；四要加强规范化建设，注重责权利相结合、分工协作和精干高效。

（三）航天装备质量改进

1. 内涵

质量改进是“增强满足要求的循环活动”，即不断通过一些活动来实现质量管理能力螺旋式上升；航天装备质量改进是指在控制的基础上，通过对质量管理工作的反思和分析，寻找存在的问题和不足之处，进而采取措施加以改进。航天装备质量改进的范围涉及装备论证、研产、试验鉴定、使用、维修和退役报废等全寿命阶段。

质量改进针对的是质量管理活动中各个过程的薄弱环节，通过改进使其完善、提高；质量改进是一个持续的过程，没有止境，应不断寻求改进机会，使装备质量和质量管理不断追求卓越。

2. 主要内容

航天装备质量改进的主要内容包括以下两方面：一是装备质量改进，包括装备本身质量的改进，装备研产、使用等的现场和工作标准的提高；二是装备质量管理体系的改进，如质量管理流程、制度改进，技术手段提升和机制完善等。

3. 要求

航天装备质量改进职能包括持续改进的计划、措施的实施和效果的评估等。

①选择改进对象；②确定改进的近期目标及长远目标；③围绕过程和对象进行质量分析，找出影响质量活动的因素，加以控制改进；④提出改进措施；⑤实施质量改进；⑥对改进结果进行评价分析；⑦进行下一轮质量控制和质量改进活动。

应从系统思想出发形成一个完整的质量改进体系。系统是由相互作用、相互依靠的若干部分组合而成的；必须将装备质量改进、工作质量改进、目标改进、资源改进等系统相结合，才能提高质量管理整体有效性。强调“预防为主”，防患于未然，通过全过程持续不断的有效控制，才能保证全过程的质量；必须通过对“过程”有效改进，处理好过程间接口的控制和改进，从而提高过程控制和改进的有效性；还要遵循 PDCA 循环工作程序，对每个过程的控制、每个薄弱环节的改进，按照循环方式形成闭环管理。

二、航天装备质量管理职责

质量管理职责是指组织中每个人员都应该对其产品及服务的质量负有责任，他们的职责是在自己的工作中严格遵守质量管理规定和标准，确保装备及服务的质量符合要求。质量职责是质量管理的基础，它要求每个组织成员都要有责任心和使命感，不断提高自己的工作水平和质量意识，为组织的发展和客户的满意做出贡献。

质量职能和质量职责的不同之处在于，质量职能是专门从事质量管理工作的部门或人员，他们的职责是制定和实施质量管理体系，监督和检查产品或服务的质量；而质量职责是组织中每个人员都应该具备的素质和责任，他们的职责是在自己的工作中严格遵守组织的质量管理规定和标准，确保装备及服务的质量符合要求。此外，质量职能部门制定的质量管理体系和标准是质量管理的基础，而每个员工的质量职责是贯彻执行这些体系和标准的关键。只有质量职能和质量职责相互配合、相互支持，才能够实现质量管理的目标和要求。只有明确质量职责才能真正做到质量工作事事有人管，人人有专责，把所有的质量职能活动切实落实到每个部门和工作岗位。一旦发现质量问题，还可以查清责任，总结正反两方面的经验，从而更好地保证和提高航天装备质量。

不同部门不同岗位质量管理职责不同，根据不同岗位制定不同标准，综合来看质量管理工作职责大致可以分为三大类：主责性工作、策划性工作和配合性工作。

主责性工作。主责性工作是指单位部门需独立完成的任务，是部门质量职责中最重要的部分，在衡量部门绩效中是占比最大的质量工作。根据一个组织的工作分工和规划发展需求，质量部门在组织中的主要职责是维持组织体系的有效运行，因此，质量部门的主责性工作为质量管理体系的建立与维护、目标的制定与监管、产品资质认证等工作。其中，体系的建立与维护，不仅是组织运行的基础，也是质量部门和其他部门开展质量工作的依据和准则，属于基础和中心。

策划性工作。策划性工作的性质是以质量部门为主体，主要工作方法是依据 PDCA 循环思维组织相关部门，共同开展实施具体的质量工作。质量部门作为组织体系运行的支撑部门，大多数与体系有关的工作均需要由质量部门牵头组织，具体的实施过程由其他业务、职能部门完成实现。例如，合格供方的管理、实物质量的提升、工序互检、合理化建议、质量培训等。质量部门作为策划者需要全程把控过程进展，协调过程资源，解决过程开展中的问题和困难，保证最终工作结果和质量。

配合性工作。其性质是辅助，在其他部门的主责任务开展中需要本部门参与配合完成的工作。这类工作的质量责任主体是组织的其他部门，主责部门负责项目工作策划、组织开展实施，质量部门参与其中与质量相关的工作内容，只对过程中的质量部分负责。如产品三方审核、招投标工作、内控、项目评审等。

不同岗位管理职责不同，不同部门管理职责也不同，还需要对职责按照组织架构进行分解。例如，一个组织最高管理者职责包括：①对建立和实施质量管理体系并持续改进质量管理体系做出承诺，负责质量管理体系的策划、更新、再策划；②确保法律、法规的要求在单位内得到贯彻与实施；③主持制定单位质量方针，确保质量目标的制定并分解落实；④按实际需要建立相应的组织机构，并规定它们的职责权限和相互关系；⑤组织开展单位的管理评审工作；⑥确保在单位建立适当的沟通，并确保对质量管理体系的有效性进行沟通；⑦确保必要的资源配置，保证质量投入，确保全体成员关注航天任务要求，并确定适宜的过程和通过持续改进满足航天任务要求，达到航天任务相关方满意；⑧确保质量管理部门独立行使职权；⑨对单位最终产品质量和质量管理负责；⑩与顾客沟通，确保顾客能及时获得装备质量问题的信息；⑪指定管理者代表；⑫签署发布《质量手册》。再如，某质量管理部门职责：①在最高管理者直接领导下，负责质量管理工作；②组织贯彻执行上级有关质量方针、政策、法规以及质量管理标准，协助有关部门做好质量宣传、质量意识的教育；③协调检查、评价各业务技术部门和基层单位的质量职责，实施本单位一级质量监督工作；④组织编制质量管理体系文件，制定单位质量管理工作计划，宣贯本单位质量方针和目标，审查会签有关技术文件，定期对单位质量目标实现情况进行评价；⑤分析和测量相关方反馈的信息，找出差距、制定纠正措施，并积极寻求改进机会；⑥参与新装备的方案论证、设计和工艺评审、大型试验、技术鉴定及产品定型工作，对研制、生产、使用过程组织实施有效的监控；⑦组织不合格品评审工作、质量管理体系内部审核工作并对纠正、预防措施实施监督检查，对管理评审的结果进行管理；⑧负责对关键过程和特殊过程进行监控；⑨组织做好质量信息管理工作，确定包括统计及统计技术在内的数据分析方法应用需求，正确指导其应用，负责质量成本的综合分析，以及质量管理体系运行记录的归口管理。

三、航天装备质量管理任务

航天装备质量管理任务是质量管理职能的具体化明确、专业化体现，是航天装备质量管理组织承担的责任和负担的工作。

（一）质量管理基本任务

航天装备质量管理的基本任务是按照有关法律、法规和标准，通过建立健全质量管理体系，对航天装备质量特性形成、保持、恢复和改进等过程实施控制和监督，开展质量保障条件、质量工程技术、标准、计量、质量数据资源等建设，保证航天装备的性能、效能和适用性等满足航天装备使用要求。其中：

“有关法律”主要是指全国人民代表大会或全国人大常委会通过的国家法律，如《中华人民共和国国防法》《中华人民共和国产品质量法》《中华人民共和国保守国家秘密法》《中华人民共和国标准化法》《中华人民共和国计量法》等；“有关法规和标准”主要是指国务院、中央军委颁布的法规，如《武器装备质量管理条例》《中华人民共和国认证认可条例》《武器装备科研生产许可管理条例》《国防计量监督管理条例》，以及军队、航天领域有关的装备科研、装备试验鉴定等法规文件、国军标、国标等。

“装备质量特性”是指装备与要求有关的一组固有特性，包括功能特性和通用质量特性（如可靠性、维修性、保障性、测试性、安全性、环境适应性等）以及其他特性；“装备质量特性形成过程”覆盖装备论证、研制、生产、试验鉴定、使用、维修等过程，涉及装备整个寿命周期过程。“装备质量特性保持过程”贯穿装备交付后的运输、贮存、使用和维护等过程；“装备质量特性恢复过程”是指在装备使用或出现故障后，通过各类保养和维修手段使装备恢复到原有技术状态的过程；“装备质量特性改进过程”是指在装备交付后，原有的功能特性与通用质量特性不能满足装备任务需要，而对装备进行改造的过程。

“质量保障条件建设”是指保障装备建设、使用质量所需的设施、设备、实验室、信息系统等硬件条件的建设；“质量工程技术建设”就是要加强以系统工程理论为指导，保证航天装备质量特性实现的各种技术手段的建设；“标准建设”就是要加强航天领域相关标准建设，实现标准对航天装备科研生产、试验鉴定、使用保障全过程、装备型号各层次、技术管理各专业的全覆盖；“计量建设”就是要不断提升计量科技创新能力和型号工程计量保障能力，建立专业布局合理、协调配套的法规体系、机构体系、技术体系、标准器具体系，确保航天装备测量数据的准确一致，为航天装备高质量发展奠定基础；“质量数据资源建设”是指根据航天装备质量管理需要，通过规范的元数据描述，按照一定的分类方法进行排序和编码的一组数据项，用于指导各部门各单位按照需求和统一标准开展装备质量数据建设，促进装备质量数据资源共享交换。

（二）质量管理具体任务

在质量管理基本任务的基础上，可以细化为以下具体任务。

1. 制定质量标准

（1）根据装备使用的目标、航天任务需求和行业最佳实践，制定详细的质量标准。

（2）与装备相关业务部门合作，确保质量标准的合理性和可行性。

（3）定期审查和更新质量标准，以适应不断变化的航天装备使命任务需求和技术进步。

2. 监控过程质量

（1）通过定期检查、抽样检测等方式，监控航天装备建设和使用全寿命过程中的质量。

（2）利用统计数据和质量管理工具，分析过程质量，发现潜在问题。

（3）及时向相关部门反馈过程质量信息，促进问题解决。

3. 评估装备质量

（1）对装备进行全面的质量评估，包括功能、性能、安全性等方面。

（2）与装备使用单位沟通，了解装备在实际使用中的表现，收集装备使用单位反馈。

（3）根据评估结果和装备使用单位反馈，制定改进措施，提升装备质量。

4. 实施纠正措施

（1）根据问题调查结果，实施针对性的纠正措施。

（2）监控纠正措施的实施效果，确保问题得到有效解决。

（3）对纠正措施进行总结和评估，为今后的质量管理工作提供经验。

5. 促进持续改进

（1）通过数据分析、质量审查等方式，发现潜在的质量改进机会。

（2）推动相关部门参与质量改进活动，提高整体质量管理水平。

（3）建立持续改进的文化和机制，使质量管理成为组织的核心竞争力。

6. 提供质量培训

（1）为全体人员提供质量意识和质量管理方法的培训。

（2）针对不同部门和岗位的需求，制订个性化的培训计划。

（3）通过培训提高全体人员的质量意识和技能水平，促进质量管理工作的深入开展。

7. 管理质量团队

（1）建立高效的质量管理团队，明确各成员的职责和分工。

（2）提供必要的支持和资源，确保质量团队能够顺利开展工作。

（3）通过定期评估和激励，提高质量团队的工作积极性和创新能力。

通过以上七个方面的质量管理主要任务，可以全面提升组织的质量管理水平，提高航天装备和航天任务的质量，增强装备使用单位满意度，为航天装备质量的长期发展奠定坚实的基础。

四、航天装备质量管理要求

1. 落实质量管理基本任务，明确本单位质量管理的范围、任务、分工和职责

装备论证、研制、生产、试验鉴定、使用和维修单位要结合基本任务要求，根据所承担装备建设与使用任务的性质和内容，明确本单位装备质量管理范围、任务，当涉及多个单位时，要明确各自的质量要求、分工和职责，以及相关单位的接口业务范围、质量要求和职责。

2. 落实质量特性规定和预期要求，制定完善装备质量控制、监督的程序和要求

装备论证、研制、生产、试验鉴定、使用和维修单位应当依据有关法律、法规的要求，理解规定的或者预期的装备性能要求，制定和完善装备质量特性形成、保持和恢复等过程的控制、监督程序与要求。装备性能要求应当以装备航天任务需求为依据。控制和监督的范围必须覆盖全部质量特性。

3. 落实全系统全寿命的质量管理要求，明确和细化本单位本系统装备的过程质量控制任务

全系统是指各种质量特性所依附的对象一般包括从原材料、元器件、零部件到航天装备，从硬件到软件，从主装备到保障系统，从单装备到装备体系的各个层次、各个方面，从装备质量管理的角度出发，必须从整体上对质量管理的对象进行宏观把握。

全寿命是指装备从论证开始，经过设计、研制、生产、试验鉴定、使用、维修直至退役报废的整个过程。装备质量在形成和发展过程中，与装备全寿命各阶段紧密联系，既有明确分工，又要紧密配合，尤其是论证、研制、生产阶段是装备质量形成阶段，是其使用与维修阶段的质量基础，对其后期质量影响更大，全面系统地组织各阶段的管理活动，保证装备质量提高。

装备论证、研制、生产、试验鉴定、使用和维修单位要对管理范围内的装备质量特性形成、保持和恢复等过程实施控制和监督。其中：对质量特性形成过程实施控制和监督，是为了确保交付的装备质量满足合同或协议要求；对质量特性保持过程实施控制和监督，是为了确保装备使用过程中具有持续满足使用要求的能力；对质量特性恢复过程实施控制和监督，是为了确保装备在使用中出现故障后及时得到修复，发挥原有或预期的任务能力。

4. 落实全方位质量管理要求，健全完善政府、使用方和承制方等的过程质量监督职责

政府、航天装备使用方、航天装备承制方与论证、研制、生产、试验鉴定和维修单位等，均须在法律法规约束下，依法从事有关工作，履行法律责任。航天装备全寿命周期管理及其质量管理的主体呈现多元化，既包括航天装备管理领导机构及其航天装备使用单位的各级装备管理部门，也包括航天装备管理的上级领导机构、政府与航天装备工作相关的职能部门、专业机构、社会组织，还包括航天装备研制、生产、试验鉴定等的相关单位。新时代要求航天装备质量管理必须归口统一管理，汇聚承制单位和使用单位航天装备质量管理相关部门的力量，形成管理合力。这就要求建立航天装备建设全系统、全寿命、全要素质量管理体系模式，质量管理的各层级、各要素、各环节有机耦合，调动各方积极因素，齐抓共管、综合协同，形成正向涌现效应。

5. 体系建设要求

新时代航天装备需要依法治装全覆盖，形成导向鲜明、科学严谨、先进适用、推动创新的质量管理体系，规范质量管理各项活动，促进航天装备管理形成一整套系列化标准化业务流程，推动航天装备各项活动秩序井然、行为规范，纳入法制轨道，实现航天装备质量管理方法科学、程序合理、标准完备、数据精确全面，满足航天装备科学管理的新要求。要从质量管理实际工作出发，把航天装备质量形成的各层级、各部门、各过程统一管理起来，提高相关人员的质量意识和素质，明确质量管理职责、任务和权限，建立航天装备使用方、承制方联合质量管理机构机制，围绕职能使命组织全系统全寿命质量保证规划和措施，对影响质量的各种技术和管理活动确立控制过程和标准，建立与健全各部门和各级各类人员质量管理工作标准和规范，对过程中发生的各种质量问题，及时发现并及时采取纠正措施，对航天装备实行全方位、全过程、全要素的质量管理。

第四节　航天装备质量管理原则

质量管理原则是世界各国质量管理和质量保证的经验的高度概括，渗透了现代质量管理的理念、思想、意识。世界公认的以顾客为关注焦点、领导作用、全员参与、过程方法、改进、循证决策、关系管理的质量管理七项基本原则超出了具体的技巧与方法范畴，成为主导质量管理活动的一种哲学思想，包含了质量管理实践的全部精华，构成了质量管理知识的理论基础，并成为人们未来行动中努力实践的一种追求。一个组织的质量管理能否成功的关键，就看它是否能将这些质量管理的原则、理念、意识和价值观渗透到组织中的各个层次和领域。总结航天装备质量管理方面的经验与教训，发现航天装备质量管理原则在一般性质量管理原则的基础上有其特色的内容，深入研究航天装备质量管理特色原则，对树立有益于装备建设与发展的质量管理原则、理念、意识和价值观具有普遍的意义。

一、以顾客为关注焦点

“以顾客为关注焦点”为基本原则之首，可见其得到全球的公认。在质量管理体系标准中将其解释为“质量管理的主要关注点是满足顾客要求并且努力超越顾客的期望”。

理论依据：组织只有赢得顾客和其他相关方的信任才能获得持续成功。与顾客相互作用的每个方面，都提供为顾客创造更多价值的机会。理解顾客和其他相关方当前和未来的需求，有助于组织的持续成功。

主要收益：增加顾客价值，提高顾客满意度，增进顾客忠诚，增加重复性业务，提高组织的声誉，扩展顾客群，增加收入和市场份额。

可开展的活动：了解从组织获得价值的直接和间接的顾客，了解顾客当前和未来的需求和期望；将组织的目标与顾客的需求和期望联系起来，将顾客的需求和期望在整个组织内予以沟通；为满足顾客的需求和期望，对产品和服务进行策划、设计、开发、生产、交付和支持；评测和监视顾客满意度，并采取适当的措施，确定有可能影响到顾客满意度的相关方的需求和期望，并采取措施，积极管理与顾客的关系，以实现持续成功。

航天装备的顾客为政府和航天装备的使用单位，是在国民经济和科学技术方面具有战略性地位的部门或组织，顾客往往是航天装备承制单位的战略合作伙伴，与其构成利益共同体。航天装备承制单位作为航天装备研制和服务保障的提供者，应该认识到航天装备的战略地位，将满足航天任务的需求作为一切工作的出发点和落脚点，了解甚至掌握航天任务当前和未来的需求与期望，为航天任务提供高质量、差异化和富有价值的航天装备及其服务保障。

航天装备建设的过程中，顾客的角色有时出现互换。如卫星等航天运载器的研制单位在实施卫星等航天运载器的发射与科研试验时，需要航天发射场和航天测控单位为其提供发射、测控服务，此时卫星等航天运载器的研制单位又称为航天发射、测控单位的顾客。因此，航天装备建设和使用单位应更专业、更长远地考虑顾客需求，满足甚至超越顾客需求，与顾客一起创造航天装备的更高价值。

二、领导作用

在质量管理体系标准中将其解释为“各层领导建立统一的宗旨和方向，并且创造全员参与的条件，以实现组织的质量目标”。

理论依据：统一的宗旨和方向，以及全员参与，能够使组织将战略、方针、过程和资源保持一致，以实现其目标。

主要收益：提高实现组织质量目标的有效性和效率，组织的过程更加协调，改善组织各层次、各职能间的沟通，开发和提高组织及其人员的能力，以获得期望的结果。

可开展的活动：各层领导在整个组织内就其使命、愿景、战略、方针和过程进行沟通，在组织的所有层次创建并保持共同的价值观和公平道德的行为模式，培育诚信和正直的文化，鼓励在整个组织范围内履行对质量的承诺，确保各级领导者成为组织人员中的实际楷模，为组织人员提供履行职责所需的资源、培训和权限，激发、鼓励和表彰人员的贡献。

航天装备质量工作对内涉及航天装备组织的战略和使命任务、组织机构、资源管理等，对外需要对国家及航天装备建设各相关方做出质量承诺和承担质量责任。所以，针对航天装备的研制、使用单位的体制状况，更加凸显质量工作是“一把手工程”。

三、全员参与

在质量管理体系标准中将其解释为“整个组织内各级人员的胜任、授权和参与，是提高组织创造价值和提供价值能力的必要条件”。

理论依据：为了有效和高效地管理组织，各级人员得到尊重并参与其中是极其重要的。通过表彰、授权和提高能力，促进在实现组织的质量目标过程中的全员参与。

主要收益：通过组织内人员对质量目标的深入理解和内在动力的激发实现其目标，在改进活动中提高人员的参与程度，促进个人发展、主动性和创造力，提高员工的满意度，增强整个组织的信任和协作，促进整个组织对共同价值观和文化的关注。

可开展的活动：与员工沟通以增进他们对个人贡献的重要性的认识，促进整个组织的协作，提倡公开讨论，分享知识和经验，让员工确定工作中的制约因素，毫不犹豫地主动参与，赞赏和表彰员工的贡献、钻研精神和进步，针对个人目标进行绩效的自我评价，为评估员工的满意度和沟通结果进行调查，并采取适当的措施。

航天装备质量管理是所有航天人的责任，需要充分发挥航天装备建设和使用所有相关组织、团队、人员质量管理的积极性、主动性、创造性，调动其责任意识、使命意识，将个人利益与国家命运、航天事业紧密相连，提高人员质量工作的自觉性，使每个航天人都成为自己所在岗位的质量责任坚守者。

四、过程方法

在质量管理体系标准中将其解释为“当活动被作为相互关联的功能连贯过程进行系统管理时，可更加有效和高效地始终得到预期的结果”。

理论依据：质量管理体系是由相互关联的过程组成的。理解体系是如何产生结果的，能够使组织尽可能地完善其体系和绩效。

主要收益：提高关注关键过程和改进机会的能力；通过协调一致的过程体系，始终得到预期的结果；通过过程的有效管理、资源的高效利用及职能交叉障碍的减少，尽可能提升其绩效；使组织能够向相关方提供关于其一致性、有效性和效率方面的信任。

可开展的活动：确定体系和过程需要达到的目标；为管理过程确定职责、权限和义务；了解组织的能力，事先确定资源约束条件；确定过程相互依赖的关系，分析个别过程的变更对整个体系的影响；对体系的过程及其相互关系进行管理，有效和高效地实现组织的质量目标；确保获得过程运行和改进的必要信息，并监视、分析和评价整个体系的绩效；对能影响过程输出和质量管理体系整个结果的风险进行管理。

在航天装备全寿命各阶段中，应确定装备建设和使用的质量目标，根据目标分解装备建设和使用的各项活动或工作，形成管理职责、资源管理、产品实现与测量等相关过程，确定过程的输入输出和过程测量标准；确定关键过程和相关过程，规定过程间的接口、过程与职能部门间的关系；识别过程的顾客与相关方；明确过程程序、依据标准、工作方法、所用资源、原材料、控制措施等。

五、改进

在质量管理体系标准中将其解释为“成功的组织总是致力于持续改进”。

理论依据：改进对于组织保持当前的业绩水平，对其内、外部条件的变化做出反应并创造新的机会都是非常必要的。

主要收益：改进过程绩效、组织能力和顾客满意度，增强对调查和确定基本原因以及后续的预防和纠正措施的关注度，提高对内外部的风险和机会的预测和反应能力，增加对增长性和突破性改进的考虑，通过加强学习实现改进，增强改革的动力。

可开展的活动：促进在组织的所有层次建立改进目标；对各层次员工进行培训，使其懂得如何应用基本工具和方法实现改进目标；确保员工有能力成功地制定和完成改进项目；开发和部署整个组织实施的改进项目；跟踪、评审和审核改进项目的计划、实施、完成和结果；将新产品开发或产品、服务和过程的更改都纳入改进中予以考虑；赞赏和表彰改进。

航天装备本身就是先进技术、先进管理的体现。在装备建设和使用过程中坚持科学的方法推行持续改进，使持续改进成为一种制度、一种文化。为航天装备建设所有人员提供持续改进的方法和工具的培训，鼓励所有人员采用质量管理（Quality Control，QC）小组、过程管理、精细化管理等方法实施航天装备建设与使用过程中技术与管理问题的改进。

六、循证决策

在质量管理体系标准中将其解释为“基于数据和信息的分析和评价的决策更有可能产生期望的结果”。

理论依据：决策是一个复杂的过程，并且总是包含一些不确定因素。它经常涉及多种类型和来源的输入及其解释，而这些解释可能是主观的。重要的是理解因果关系和潜在的非预期后果。对事实、证据和数据的分析可导致决策更加客观，因而更有信心。

主要收益：改进决策过程，改进对实现目标的过程绩效和能力的评估，改进运行的有效性和效率，增加评审、挑战和改变意见和决策的能力，增加证实以往决策有效性的能力。

可开展的活动：确定、测量和监视证实组织绩效的关键指标；使相关人员能够获得所需的全部数据；确保数据和信息足够准确、可靠和安全；使用适宜的方法对数据和信息进行分析和评价；确保人员对分析和评价所需的数据是胜任的；依据证据，权衡经验和直觉进行决策并采取措施。

航天装备作为技术复杂产品，研制、生产、试验鉴定、使用过程中会产生大量的数据，这些数据对提升航天装备质量至关重要，但是它们分属在研制、生产、试验鉴定、使用过程中的不同单位，需要破除单位、行业壁垒，打破数据孤岛，将航天装备全寿命各阶段、各单位的质量数据统筹管理、使用，加快航天装备质量数据信息系统的集成化、数字化、网络化建设，运用数据科学、精准地控制航天装备质量和证实质量状况，为航天装备管理决策提供依据。

七、关系管理

在质量管理体系标准中将其解释为“为了持续成功，组织需要管理与供方等相关方的关系”。

理论依据：相关方影响组织的绩效。组织管理与所有相关方的关系，以最大限度地发挥其在组织绩效方面的作用。对供方及合作伙伴的关系网的管理是非常重要的。

主要收益：通过对每个与相关方有关的机会和限制的响应，提高组织及其相关方的绩效；对目标和价值观，与相关方有共同的理解；通过共享资源和能力，以及管理与质量有关的风险，增加为相关方创造价值的能力；使产品和服务具备稳定流动的、管理良好的供应链。

可开展的活动：确定组织和相关方（如供方、合作伙伴、顾客、投资者、雇员或整个社会）的关系；确定需要优先管理的相关方的关系；建立权衡短期收益与长期考虑的关系；收集并与相关方共享信息、专业知识和资源；适当时，测量绩效并向相关方报告，以增加改进的主动性；与供方、合作伙伴及其他相关方共同改进活动；鼓励和表彰供方与合作伙伴的改进和成绩。

航天装备属于技术密集、知识密集、投资密集的产品，论证、研制、生产、试验鉴定、使用等活动需要国家部委、军队、科研院所、院校大学等众多不同体制、不同性质的单位密切协作。装备研制、维修保障所需原材料、元器件、仪器仪表、先进技术等的采购，分系统的外包等都需要选用合格的供方；航天发射任务需要得到发射场所在地区政府、周边的群众支持，航天装备建设相关方众多，需要协调处理好相关方的利益关系。

思　考　题

一、填空题

1. 按照装备的定义，航天装备可理解为用于实施和保障航天任务的________、________和________的统称。

2. 航天装备通用质量特性是反映不同航天装备均具有的共性特征，主要包括________、________、________、________、________和________等。

3. 航天装备质量管理理论分为________、________和________三个部分。

4. 在20世纪，质量管理一般可以分为3个主要的阶段：________、________和________，各个阶段都出现了具有代表性的质量管理理论。

5. 朱兰提出了质量管理三部曲，也称为“质量三元论”。朱兰认为质量管理是由________、________、________构成的一个逻辑过程。

二、简答题

1. 质量的定义是什么？
2. 质量管理的定义是什么？
3. 航天装备的质量特性有哪些？
4. 航天装备质量管理任务有哪些？
5. 简述航天装备质量管理的基本原则。
6. 试制定某单位质量管理职责。

第二章　航天装备质量管理体系

质量管理体系是现代质量管理理论和方法的综合集成，是实施全面质量管理、提升组织质量管理能力、保证航天装备质量的有效手段。本章主要介绍航天装备质量管理体系的内涵与要求、基于 ISO 9001 标准的质量管理体系和航天装备质量管理体系的建设。

第一节　航天装备质量管理体系的概念与建设要求

一、航天装备质量管理体系的概念

（一）质量管理体系的概念

质量管理体系是一个广义的概念。GB/T 19000—2016/ISO 9000：2015《质量管理体系　基础和术语》中质量管理体系被定义为：在质量方面指挥和控制组织的管理体系。在多个版本质量管理体系的国际标准中，对于质量管理体系的概念，一直明确为质量管理体系是组织若干管理体系中的一个。质量管理体系是为实现质量方针和质量目标，将影响产品质量的组织结构、程序、各项质量活动的过程和资源等因素综合起来，形成一个相互关联的或相互作用的有机整体，并应用过程方法使这些影响产品质量的因素处于受控状态。同时，质量管理体系能够证实组织是否具有稳定的提供满足顾客要求和适用法律法规要求的产品和服务的能力。质量方针、质量目标和影响质量的组织结构、程序、过程、资源等是质量管理体系的组成要素，这些要素有机结合就形成了一个能够保证稳定提供合格产品和服务的体系，这就是质量管理体系。

质量管理体系的适用范围很广，它的主体可以是企业、医院、学校等组织，也可以是有具体项目的、多个单位参与的重大项目组织。

（二）航天装备质量管理体系的概念

从事承担航天装备研制、生产和试验任务的组织，包括航天科技集团和航天科工集团、研究院、航天型号组织（如载人航天工程组织、月球探测工程组织）、航天装备使用组织等，具有质量方针、质量目标和影响质量的组织结构、文件、过程和资源等质量管理体系要素，即符合质量管理体系的组成要素，都有其质量管理体系。当然，航天科技集团和航天科工集团的质量管理体系、航天工程组织的质量管理体系不一定与国际标准提供的质量管理体系结构框架一致，且国际标准明确提出组织的质量管理体系不一定需要与其提供的质量管理体系结构、框架一致。

航天装备质量管理体系不局限于质量管理体系要求标准中表述的质量管理体系，也不是某个从事承担航天装备研究、生产或试验任务的组织的质量管理体系，而是面向我国航天领域、需求和发展，符合《中共中央　国务院关于开展质量提升行动的指导意见》的质量管理体系。

二、航天装备质量管理体系的建设要求

从事航天装备论证、研制、生产、试验鉴定、使用的组织所建立的质量管理体系受其规模、装备、目标和管理模式等方面的影响，其质量管理体系是不同的，但建立和完善质量管理体系的原理和目的是一致的。通过建立适合本单位装备和科研特点的质量管理体系，并持续改进质量管理体系和过程，以便对装备质量形成过程进行有效的控制，达到保证并不断提高产品质量的目的。

（一）适合航天装备特点

航天装备质量是增强国防实力，促进国民经济发展，获得经济效益的重要保证。现代航天装备属于高新技术密集、系统复杂、风险大、可靠性和安全性要求高的产品，需要严格执行研制、使用程序和开展系统工程管理。面对国际市场和国内市场的竞争，从事航天装备设计、开发、生产、试验鉴定、使用和提供技术支持的组织，需要建立适合航天装备特点的质量管理体系。质量管理体系应能保证有效地控制航天装备质量形成的全过程并能实现持续的质量改进，以不断提高顾客（使用方）和其他利益相关方（员工、所有者、分承制方、社会）的满意度。

（二）适应外部发展环境和落实国家发展战略

构建航天装备质量管理体系必须密切关注国际和国家外部环境的变化，及其国家发展战略要求对组织战略发展、航天任务及其质量工作的影响，体现国家利益至上的价值观，制定组织的质量战略和质量发展规划，明确未来一个时期组织质量工作的战略方向和目标，支撑组织的发展规划和管理机制调整，提升组织整体的质量管理能力。通过质量管理体系建设，使组织发展战略、质量战略和质量发展规划得以落实。

（三）以航天装备全寿命各阶段过程质量控制为中心

航天装备质量管理体系建设应紧密围绕航天装备任务，适应航天装备科研生产和使用、保障及其质量管理的需求和特点，解决组织质量管理体系同装备质量管理密切的问题，突破各生产厂、研究所、使用单位的质量管理体系不能及时和有效地解决型号研制生产使用全过程质量保证的困境，统筹协调各项相关工作和各方资源，使之覆盖装备全系统、全层级、全寿命，使职能管理、资源保障和测量评价等方面的质量管理体系要素都围绕装备建设与使用全过程质量控制这一中心。

（四）以提升航天装备质量保证能力为目标

构建航天装备质量管理体系不仅是保证目前航天装备质量，而且要从人员、设施、技术和管理等方面不断提升质量保证能力，要高度注重标准化、计量、检验和试验、工艺、质量技术研究与推广、元器件筛选、软件测评、维修保障等方面的技术体系建设，航天装备质量管理体系必须将产品保证能力建设融入其中，综合提升装备保证能力。

（五）按体系要素构建贯通各级质量管理体系的若干工作系统

注重航天装备质量管理体系要素在组织各层面之间的接口关系，注重质量要求在各层

面的逐级分解落实，形成组织自上而下相互协调的质量责任系统、质量管理组织系统、质量文件系统、质量专业队伍系统、质量技术支持系统、质量信息管理系统、质量监督评价系统等。

（六）要建立质量管理体系监督评价和持续改进机制

要确保组织航天装备质量管理体系的适宜性、充分性和有效性，需要充分利用组织现有的管理和技术条件，健全质量管理体系的监督评价、持续改进的机制，分级、分层次地开展质量管理体系监督、审核、成熟度评价等工作，通过行政渠道和依托质量专业技术机构，开展对组织质量管理体系、装备的质量监督，开展质量管理体系成熟度评价及最佳实践的挖掘、提炼和推广，对质量管理先进做法和成功经验进行总结和推广，不断完善组织的质量管理体系。

第二节　基于 ISO 9001 标准的质量管理体系

对于从事承担航天装备研制、生产和航天任务的单位而言，其质量管理体系大都是依据国际标准和国家军用标准而建立的，学习了解基于 ISO 9001 标准的质量管理体系对于把握航天装备质量管理体系的特点、要求非常重要。

一、质量管理体系标准

（一）质量管理体系标准产生与发展

国际标准化组织（ISO）是由世界各地 100 多个国家的标准机构组成的联合会，总部设在日内瓦，下设各种技术委员会，负责制定国际标准。1979 年，国际标准化组织成立了第 176 技术委员会（Technical Committee，TC），即 ISO/TC 176（国际标准化组织/质量管理和质量保证技术委员会），负责制定质量管理和质量保证领域的国际标准及相关文件。ISO/TC 176 制定的一系列关于质量管理的国际标准、技术规范、技术报告，统称 ISO 9000 族标准。

自 1987 年发布 1987 版 ISO 9000 族标准以来，ISO 9000 族标准经过了 4 次修订：

（1）第一次修订是在 1987 版的基础上提出了 1994 版标准。

（2）第二次修订是在 1994 版的基础上提出了 2000 版标准。

（3）第三次修订是在 2000 版的基础上提出了 2008 版标准。

（4）第四次修订是在 2008 版的基础上提出了 2015 版标准。

（二）ISO 9000 族标准构成

ISO 9000 族标准由一系列标准组成，根据 ISO 指南 72《管理体系标准的论证和制定指南》中的规定，可以将其分为三大类（表 2-1）。

A 类——管理体系要求标准。提供有关组织的管理体系的相关规范，以证明组织的管理体系是否符合内部和外部要求（例如，通过内部和外部各方予以评定）的标准。如管理体系要求标准（规范）、专业管理体系要求标准。

B 类——管理体系指导标准。通过对管理体系要求标准各要素提供附加指导或提供非同于管理体系要求标准的独立指导，帮助组织实施和（或）完善管理体系的标准。

C 类——管理体系相关标准。就管理体系的特定部分提供详细信息或就管理体系的相关支持技术提供指导的标准。

表 2-1　ISO 9000 族标准构成

类别	代号	名称	说明
A 类	★ISO 9001	《质量管理体系　要求》	ISO 9001 规定了质量管理体系的要求，可用于内部质量管理，也可作为认证的依据
	ISO 13485	《医疗器械　质量管理体系　用于法规的要求》	
B 类	★ISO 9004	《追求组织的持续成功　质量管理方法》	① ISO 9004 为超越 ISO 9001 的要求，为提高组织总体绩效提供指南。 ② ISO 9001 与 ISO 9004 可以一起使用也可单独使用，ISO 9004 提供了超出 ISO 9001 要求的指南和建议，但 ISO 9004 不是 ISO 9001 的实施指南
	ISO 10006	《质量管理体系　项目质量管理指南》	
	ISO 10012	《测量管理体系　测量过程和测量设备的要求》	
	ISO 10014	《质量管理　实现财务和经济效益的指南》	
	ISO 手册	《ISO 9001 在中小型组织中的应用指南》	
C 类	★ISO 9000	《质量管理体系　基础和术语》	ISO 9000 标准描述了质量管理体系的基本原理，并规定了质量管理体系术语
	ISO 10001	《质量管理　顾客满意　组织行为规范指南》	
	ISO 10002	《质量管理　顾客满意　组织处理投诉指南》	
	ISO 10003	《质量管理　顾客满意　组织外部争议解决指南》	
	ISO 10004	《质量管理　顾客满意　监视和测量指南》	
	ISO 10005	《质量管理体系　质量计划指南》	
	ISO 10007	《质量管理体系　技术状态管理指南》	
	ISO 10008	《质量管理　顾客满意　B2C 电子商务交易指南》	
	ISO/TR 10013	《质量管理体系文件指南》	
	ISO 10015	《质量管理　培训指南》	
	ISO/TR 10017	《统计技术指南》	
	ISO 10018	《质量管理　人员参与和能力指南》	
	ISO 10019	《质量管理体系咨询师的选择及其服务使用的指南》	
	ISO 19011	《管理体系审核指南》	

注：带“★”者是核心标准。

（三）国家和国家军用质量管理体系标准

我国一直采取等同采用的原则将 ISO 9000 系列标准转化为国家标准，在国内推广实施。2015 年 9 月 15 日，ISO 9001：2015 标准发布以后，国家质量监督检验检疫总局、国家标准化管理委员会于 2016 年 12 月 30 日将该标准等同转化，发布了 GB/T 19000—2016《质量管理体系　基础和术语》、GB/T 19001—2016《质量管理体系　要求》两项标准，这两项标准的实施日期均为 2017 年 7 月 1 日；国家军用标准 GJB 9001B—2009 版标准随之进行编制修订，改版为 GJB 9001C—2017。

GJB 9001C 标准采用“A+B”模式，其中“A”部分等同采用国家标准 GB/T 19001—2016《质量管理体系　要求》；“B”部分为武器装备质量管理特殊要求，与“A”部分章节条款变化相对应。在保持国家标准 GB/T 19001—2016《质量管理体系　要求》整体框架结构的基础上，应将 GJB 9001C 标准的“A+B”作为一个有机整体，是武器装备质量管理体系的全部要求。其中“A”部分以宋体字表述，与 GB/T 19001—2016 保持一致，“B”部分以楷体字表述，是武器装备质量管理的特殊要求，以与“A”部分区别。

二、ISO 9001 标准结构及基本遵循

（一）ISO 9001 标准结构

ISO 9001 标准采用了 ISO 指令附录 SL 中的高层次架构。高层次架构，是国际标准化组织为所有管理体系，包括质量、环境、职业健康安全管理体系等制定的结构模式。这个结构模式是：（1）范围；（2）规范性引用文件；（3）术语和定义；（4）组织环境；（5）领导作用；（6）策划；（7）支持；（8）运行；（9）绩效评价；（10）改进。

“组织环境”一章强调组织的质量管理体系是建立在每个组织特定的环境之下的，因此首先要“确定与其宗旨和战略方向相关并影响其实现质量管理体系结果的能力的各种外部和内部因素”，并对有关信息进行监视和评审；同时，相关方也会对组织提供满足顾客和法律法规要求的产品和服务的能力具有现实或潜在的影响，组织要确定有关相关方及他们的要求，监视和评审这些相关方及其相关要求。

“领导作用”一章明确了质量管理体系中领导特别是最高管理者应有的作用和承诺，以及如何制定和沟通质量方针，并确保组织相关岗位的职责、权限得到分配、沟通和理解。

“策划”一章从三个方面提出了组织策划质量管理体系应做到的要求：一是在策划体系时要考虑应对风险和机遇的措施，二是要对质量目标及其实现进行策划，三是要对质量管理体系有关的变更进行策划。

“支持”一章从资源（人员、基础设施、过程运行环境、监视和测量资源、组织的知识）和能力、意识、沟通、成文信息五个方面明确了质量管理体系有关的支持过程的要求。

“运行”一章描述的是产品和服务提供全流程质量管理体系有关的策划、实施和控制要求。组织需确定产品和服务的要求；建立关于过程（包括外包过程）以及产品和服务接收的准则；确定所需的资源；按准则实施过程控制；并确定、保持有关的成文信息，以便

确信过程已按策划进行并证实产品和服务符合要求。组织应建立、实施和保持适当的设计和开发过程，确保外部提供的过程、产品和服务满足要求，组织应对生产和服务提供过程进行控制，在适当阶段实施策划安排，以验证产品和服务的要求已得到满足，并对不合格输出进行识别和控制。

“绩效评价”是标准设定的对组织质量管理体系绩效和有效性进行评价的要求。组织须进行系统的策划，确定需要监视和测量什么，用什么方法进行监视、测量、分析和评价，以及何时实施监视和测量，何时对监视和测量的结果进行分析和评价等；组织应监视顾客对其需求和期望已得到满足的程度；应对监视和测量获得的适当的数据和信息进行分析与评价；应按照策划的时间间隔进行内部审核；最高管理者应按照策划的时间间隔对组织的质量管理体系进行评审。

“改进”是贯穿质量管理体系所有过程的条款，为应对顾客的需求期望和市场竞争的要求，组织需要不断改进产品和服务，采取措施以纠正、预防或减少不利影响，持续改进质量管理体系的绩效和有效性。

（二）过程方法

一组将输入转化为输出的相互关联或相互作用的活动称为过程。从这个角度来讲质量管理体系是由相互关联的过程组成的。过程方法就是系统地策划质量管理体系所需的诸多过程，识别和确定这些过程的顺序和相互作用，规定过程的运行方法和要求，控制过程运行，实现预期结果，并持续改进过程。

所有过程以及作为整体的质量管理体系都要遵循 PDCA 循环。ISO 9001 标准第 4 章至第 10 章内容在 PDCA 循环中的应用如图 2-1 所示。

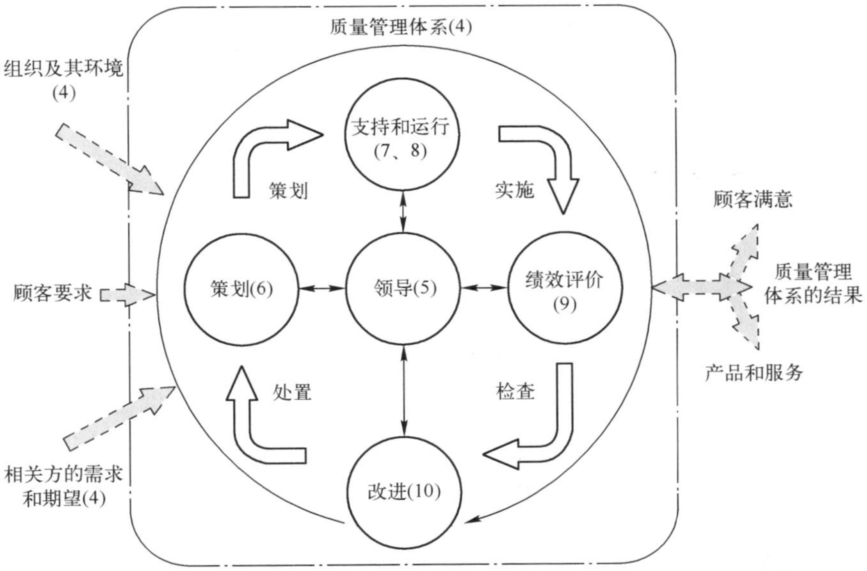

图 2-1　ISO 9001 标准第 4 章至第 10 章在 PDCA 循环中的应用

（三）基于风险的思维

基于风险的思维对质量管理体系有效运行是至关重要的。为了满足标准的要求，组织需策划和实施应对风险和利用机遇的措施。应对风险和利用机遇可为提高质量管理体系有效性、实现改进结果以及防止不利影响奠定基础。机遇的出现可能意味着某种有利于实现预期结果的局面，例如，有利于组织吸引顾客、开发新产品和服务、减少浪费或提高生产率的一系列情形。利用机遇也可能需要考虑相关风险。风险是不确定性的影响，不确定性可能是正面或负面的影响。风险的正面影响可能提供改进机遇，但并非所有的正面影响均可提供改进机遇。

三、质量管理体系文件

质量管理体系文件是依据质量管理体系策划和设计的结果，是质量管理体系的要求转化成的成文信息，通常包括质量手册、程序文件、作业指导书和质量记录四个层面的文件。

（一）质量手册

质量手册是组织质量管理体系手册的简称，是对质量管理体系做概括表述、阐述的文件，是组织开展质量策划、实施、保证和改进等活动的纲领性文件；对内是实施各项质量管理活动的基本法规和行动准则，对外是证明组织质量管理体系存在，并具有质量保证能力的文字表征和书面证据，同时，也是质量管理体系评价和审核的依据。

质量手册结构没有统一的要求，需要组织根据自己核心业务特点进行调整。

（二）程序文件

程序是为完成某项活动、实施某一过程所规定的方法和途径，描述程序的文件称为程序文件。在质量管理体系文件中是质量手册的直接支持性文件，每个程序文件都是针对质量管理体系中一个逻辑上相对独立的活动或过程而编制的。程序文件可以明确各方责任、协同各类资源、确定相关标准和准则，规范将输入转换成预期输出的路径，同时也是统一相关各方行动的手段。

程序文件结构没有统一的要求，需要组织根据自己的业务特点进行规范。为完整地展示程序文件的架构和内容要求，这里以物料质量控制程序文件为对象，给出带有一般性的程序文件通用模板。

（三）作业指导书

作业指导书是用于规范某一具体作业活动的文件，主要类型有工作计划、实施方案、应急预案、操作规程、管理规定、检查标准、放行准则等，处于质量管理体系文件的最底层。编制作业指导书的目的在于定义作业标准，规范人的行为，提供培训资料，提高工作效率。

作业指导书的形式不拘一格，可以是文本、图、表、动画、视音频等多媒体形式，以满足和方便使用为原则。其结构没有统一的要求，需要组织根据作业特点和人员培训等方面的要求有针对性地进行规定。此处以测试标定某某测量组件的岗位为例，阐述作业指导书的通用模板。

（四）质量记录

质量记录是对活动和活动结果的纪实，一方面可以为过程和体系得以有效实施和运行、产品和服务满足规定要求提供证据，另一方面可以为复盘质量问题、再现事故发生过程、还原事件真实场景提供线索和依据。

此处以运载火箭卸车工作为例，给出对质量状态和结果进行确认的记录，阐述质量确认的记录要素，呈现质量记录的基本属性。此外，该确认记录表还具有提示质量检查员开展相应工作的作用。

四、质量管理体系审核与认证

质量审核是指为确定质量活动及其有关结果是否符合计划安排，以及这些安排是否被有效贯彻，且能否达到预期目标所做的系统的、独立的检查。质量管理体系审核是质量管理体系建立和维持有效运行的重要措施和保证。组织质量审核和认证是质量部门的重要职责。质量审核一般可分为内部质量审核和质量管理体系认证。

（一）内部质量审核

内部质量审核是指组织依据某一质量管理体系标准来评价组织自身的质量管理体系，验证组织自身的质量管理体系是否持续满足规定的要求并且正在有效地运行的一种活动。组织一般依据 ISO 9000 系列标准和已制定的质量手册、程序文件进行审核。

内部质量审核作为一种重要的管理手段和自我改进的机制，能及时发现问题，采取纠正措施或预防措施，使质量管理体系不断完善，不断改进，并为外部审核做好准备。实施 ISO 9000 的组织都应经常开展内部质量审核工作，不断自我完善质量管理体系，改进产品和服务质量。

内部质量审核活动必须确定组织的质量管理体系满足审核准则的程度，需要对其适宜性、充分性和有效性进行审查。

适宜性是指质量管理体系如何适合于组织及其运行、文化与业务系统，表明质量管理体系适应不断变化的内外部环境的控制能力，包括质量管理体系对顾客及相关方要求、法律法规要求、组织的性质、规模、活动、过程、资源、组织结构、职责权限、追求等的适宜性。组织面临各种内外部的变化，如顾客需求和期望的发展变化、法律法规的颁布与修改、质量管理体系标准的换版、新技术的出现、职能使命及组织结构的调整、新设施设备的使用等，这就要求组织能够及时识别和分析这些变化，并对质量管理体系进行适当的变更，以使其保持与所处的客观情况相适应的能力。适宜性的评审应考虑方针、目标及质量管理体系的过程，以及成文信息要求是否符合当前的现状，特别是在内、外部环境变化时是否仍能符合实际。

充分性是指质量管理体系是否符合标准的要求并得到恰当的实施，表明质量管理体系全面满足管理要求的能力和本领，包括组织对过程识别和控制的充分性、组织机构的健全性、职责与权限明确的充分性、资源配置的充分性等。组织在建立质量管理体系过程中，或是面对内外部变化的情况对质量管理体系进行变更时，应针对自身质量管理体系的特点以及发展和变更的需求，充分识别质量管理体系所需过程及相互关系，并对有关的职责权限、接口关系、具体的控制方法等做出明确而充分的规定。

有效性是指质量管理体系是否正在实现预期结果，表明质量管理体系实现预期目标的能力，体现完成策划的活动并得到策划结果的程度。其包括方针、目标指标的实施、人员意识的提高、产品和服务的质量稳定性、顾客和相关方满意情况、过程控制效果、质量管理体系绩效、应对和解决风险机遇的能力和效果、自我完善机制的有效性等。对有效性的评审可以监测结果为依据，评价方针和目标的实现程度、顾客及相关方满意的程度、审核的结果、过程及质量管理绩效、各种改进措施的实施效果等。

（二）质量管理体系认证

质量管理体系认证是指由权威的、公正的、具有独立第三方法人资格的认证机构派出由合格审核员组成的检查组，依据质量保证模式标准对申请方质量管理体系的质量保证能力进行检查和评定，对符合标准要求的授予合格证书并予以注册的全部活动，是一种外部审核活动。

1. 认证申请

要求进行质量管理体系认证的供方（以下简称“申请方”），首先应根据认证机构的要求，填写申请书，提供所需的附件，向认证机构提出申请。申请书由认证机构统一印制发给申请方。认证机构收到申请方的正式申请后，对申请文件进行审查，包括填报的各项内容是否完整和正确，质量手册的内容是否大体上覆盖了相应质量保证模式标准的要求等。若经审查符合规定要求，决定接受申请，认证机构向申请方发出“接受申请通知书”，并通知申请方下一步工作安排、预交认证费用；若经审查不符合规定要求，认证机构将及时与申请方联系，要求申请方作必要的补充或修改，符合规定后，再发出“接受申请通知书”。如果确实不能符合规定的申请要求，决定不接受申请，认证机构将向申请方发出“不接受申请通知书”，说明不接受申请的理由，并退回有关的文件。

2. 检查和评定

对申请方质量管理体系的检查和评定是质量管理体系认证的关键环节，其基本任务是：申请文件的详细审查、申请方现场检查前的准备、申请方的现场检查和评定、提出检查报告。对于每个接受申请认证的申请方，均应任命组成一个检查组执行上述检查和评定任务，检查组可以是由认证机构中负责检查的部门直接任命组成，也可以由认证机构委托具有资格的其他的检查机构组成检查组执行检查和评定任务。

3. 审批与注册发证

认证机构对检查组提出的检查报告进行全面的审查。经审查，若批准通过认证，则认证机构予以注册并颁发注册证书。所谓注册，是指认证机构将通过认证供方的特点和已评定的能力范围登记在适当的注册本或表格中。注册证书一般包括：证书号，注册供方的名称、地址，所认证质量管理体系覆盖的产品范围，评价依据的质量保证模式标准，颁发证书的机构、签发人和日期。获准体系认证的供方可以利用认证机构的注册证书及准予使用的注册标志做广告宣传，表明本单位所具有的质量信誉。但注册标志不能标在产品上，也不能以任何其他会被误解为表示产品合格的方式使用。经审查，若需改进后方可批准通过认证，则由认证机构书面通知申请方需要纠正的问题及完成纠正的期限，到期再作必要的复查和评价，证明确实达到了规定的条件后，才可批准认证，并注册发证。经审查，若决定不予批准认证，则由认证机构书面通知申请方，并说明未予通过认证的理由。

（三）获准认证后的监督管理

为了使获准认证供方的质量管理体系在认证有效期（一般为3年）内持续符合相应质

量管理体系标准的要求，认证机构对其必须进行日常的监督管理，包括：供方通报、监督检查、认证暂停、认证撤销、认证有效期的延长。

1. 供方通报

认证合格的供方质量管理体系在运行中出现质量手册需作重大调整或修改、质量管理体系覆盖的产品结构发生了重大变化、供方负责人或质量管理体系管理代表发生变动或质量管理体系覆盖的产品发生了重大质量事故等较大变化时，供方需及时向认证机构通报。认证机构在接到供方的通报后，将视情况采取必要的监督检查措施。

2. 监督检查

监督检查是指认证机构对认证合格的供方质量管理体系的维持情况进行的监督性现场检查，包括定期和不定期监督检查。定期监督检查通常为每半年一次，不定期监督检查视需要临时安排。监督检查的程序与批准认证的初次现场检查相似，但在检查内容上有很大的精简，重点检查上次检查时发现缺陷的纠正情况、质量管理体系是否发生变化以及这些变化对质量管理体系有效性可能发生的影响、质量管理体系中关键项目的执行情况。

3. 认证暂停

认证暂停是认证机构对认证合格供方质量管理体系发生不符合认证要求的情况时，采取的警告措施。在认证暂停期间，供方不得使用体系认证证书进行宣传。认证暂停由认证机构书面通知供方，同时也指明消除暂停的条件。发生以下情况时，认证机构将作出认证暂停的决定：

（1）供方提出暂停；

（2）监督检查中发现供方质量管理体系存在不符合有关要求的情况，但尚不需要立即撤销认证；

（3）供方不正确使用注册、证书、标志，但又未采取使认证机构满意的补救措施。

供方在规定的期限内采取纠正措施并满足规定的条件后，认证机构可撤销认证暂停并通知供方。否则，将撤销认证注册，收回合格证书。

4. 认证撤销

认证撤销是指认证机构撤销对供方质量管理体系符合相应质量保证模式标准的合格证明。认证撤销由认证机构书面通知供方，并撤销注册、收回证书、停止供方使用认证标志。发生以下情况时，认证机构将作出撤销认证的决定：

（1）供方提出撤销认证；

（2）供方收到暂停通知后，未在规定的时限内采取纠正措施并达到规定的要求；

（3）监督检查中发现供方质量管理体系存在严重不符合有关要求；

（4）认证要求发生变更时，供方不愿或不能确保符合新的要求；

（5）供方不按规定向认证机构缴纳费用。

供方对撤销认证不满时，可向认证机构提出申诉。

5. 认证有效期的延长

在认证合格有效期满前，如果供方愿意继续延长有效期，可向认证机构提出延长认证有效期的申请。获准延长认证有效期的程序，原则上与初次认证相同，但由于连续性监督的因素，在具体的过程中将较初次认证过程大为简化。

五、一体化管理体系

（一）一体化管理体系的产生

进入20世纪以来，人类经济社会发展的规模和速度突飞猛进，在一波波科技革命浪潮的冲击下，新材料、新能源、新技术不断涌现，社会生产力极大提高，工业化、城市化进程不断加快，质量、环境、职业健康安全等问题受到越来越多的关注。对于组织来说，通过国际通行的质量、环境、职业健康安全等管理体系标准的认证，一方面可以帮助组织取得进入国际市场的通行证，尽快地在质量、环境及职业健康安全等方面全面实现与国际社会的有效接轨，减少重复验证和认可；另一方面组织通过各管理体系，能够更有效地提高航天装备质量，节能降耗，绿色环保，提升可持续发展的能力。

各类国际标准由于发布时间不同且以独立标准的形式存在，增加了组织认证和接受审核的次数，审核成本也因此而增加。而且多个管理体系如果独立运行于一个组织中，会带来如投入的人力多、重复的文件多、工作接口的矛盾、管理机构及职责的重复等问题，尤其是各管理体系之间存在较高的协调成本，致使组织整体的运营效率深受影响。为此，“一体化管理体系”的理念在近年来日益受到广泛的关注。

（二）一体化管理体系的概念内涵

一体化管理体系有时也称为“整合的管理体系”，是指对组织绩效的多方面进行管理，以满足两个或两个以上管理体系标准要求的、具有一定一体化程度的管理体系。管理体系可以是分别按照每个标准建立的单个管理体系组合而成的结合体系，也可以是共享单一体系文件、管理体系要素和职责的一体化管理体系。

一体化管理体系应当建立综合的方针和目标，也就是将各个管理体系的方针和目标综合成一体化管理体系的方针和目标，从而同时满足一个组织的多个不同相关方的期望或要求。

一体化管理体系需要将两个或两个以上管理体系进行有机整合，也就是遵循系统化原则，形成相互统一、相互协调、相互补充、相互兼容的有机整体，而不是多种管理体系的简单相加。

因为管理体系都是针对的同一个组织，因此各个管理体系之间不能相互独立，而是有某些相同或相近的要素。这些要素可以为一体化后的管理体系所使用，也为一体化管理体系的建立和运行提供了平台，因此在建立一体化管理体系过程中应当防止共有要素因管理体系呈现不同形式而被人为地分开。

（三）航天装备一体化管理体系的意义

目前，航天装备使用单位的各发射场已建立了质量安全环境一体化的管理体系，体系范围覆盖了发射场的所有工作和任务，将管理体系标准要求有效融入了各项工作和任务过程，实现了体系方法与“精细化”“零缺陷”“6S”等方法的有机结合。下面简要分析航天发射场建立实施质量安全环境一体化管理体系的意义。

1. 有利于提高科学管理水平

航天发射活动是集高技术、高投入、高风险于一体，同时涉及质量、安全、环境的系统性工程。质量、环境及职业健康安全管理体系标准采用过程方法，遵循 PDCA 循环和基于风险的思维，为航天发射场进一步规范其质量、安全、环境管理活动，有效克服传统管理的弊端提供了科学遵循的依据。在航天发射场推行质量、职业健康安全、环境管理体系标准，将有助于提高其科学管理水平。

2. 有利于航天发射任务圆满成功

质量管理体系标准系统提出了产品和服务的质量管理要求，在航天发射场引入质量管理体系，规范航天发射各系统、专业、岗位的质量管理活动，使航天发射任务的策划工作更系统、设计开发更规范、过程准则更明确、过程控制更严格、支持工作更充分、风险管控更科学，形成质量管理的长效机制，为航天发射任务的持续圆满成功奠定坚实的制度基础。

3. 有利于创造良好的安全条件

航天发射活动涉及供配电、推进剂、火工品、高压气体、特种设备、特种作业、包装储运、放射、辐射、噪声、振动、冲击、火灾、爆炸、自然灾害等多种危险源，工作过程中一旦发生安全问题，会不同程度地造成人身伤害、健康损害、财产损失、工作环境破坏，也会对航天发射质量、进度等带来不同程度的影响甚至导致箭毁人亡的灾难，损失难以挽回。在航天发射场引入职业健康安全管理体系，用以规范发射场的安全管理活动，将有效降低安全风险，保障人员安全与健康，保证设施设备、航天装备及其他财产安全，为航天发射活动的顺利进行奠定良好的安全基础。

4. 有利于预防污染和保护环境

航天发射活动要消耗大量推进剂、水、电、气、煤油等资源，废气、废液、废水、固废的排放处置会带来不同程度的环境影响。在航天发射场引入环境管理体系，有利于其运用生命周期观点，预防或减轻航天发射活动对环境的不利影响，遵守法律法规要求，采取有效措施，增强有益影响，提升环境绩效，是航天发射场有效预防污染、保护环境的制度保证。

5. 有利于航天发射场协调持续发展

航天发射活动与质量、安全、环境管理密不可分。质量问题可能引发安全问题，造成环境污染；安全问题可能影响发射质量，造成环境污染；环境污染也可能引发安全问题，影响发射质量。在航天发射场建立实施质量安全环境一体化管理体系，将为航天发射场的协调发展、持续发展提供系统化的解决方案。

6. 有利于强化法规制度落实

法规制度不但明确告诉人们什么可以做，什么不可以做，哪些行为是合法的，哪些行为是不合法的，还可以保障人们的权利和义务，矫正人们行为中偏离法规的行为，有着教育和预防的作用。质量、职业健康安全、环境管理体系都要求识别和遵守相关的法律法规要求和其他要求，对其遵守情况进行评价，对不符合要求的情况采取改进措施等。在航天发射场建立实施质量安全环境一体化管理体系，既是提高所属人员法规制度意识的有效方式，也是促进法规制度具体落实的重要抓手。

7. 有利于孕育特色文化

质量、职业健康安全、环境管理体系都要求工作人员知晓组织的方针、目标，自身对管理体系有效性的贡献和改进绩效的益处，以及不符合管理体系要求带来的后果。在航天发射场建立实施质量安全环境一体化管理体系，将有利于一体化管理体系要求入耳、入脑、入心，逐步将要求形成习惯，使习惯成为文化。

8. 有利于提升国际竞争实力

随着航天技术的快速发展和广泛应用，国际航天市场在合作范围越来越广的同时，竞争愈演愈烈，世界各航天大国都在通过合作与竞争加速提升自己的实力。在航天竞争与合作中，质量、环境及职业健康安全管理体系标准已被作为相互认可的基础，在航天发射场推行这些管理体系标准，可有效应对质量、安全、环境等方面的风险和机遇，既是其与国际航天接轨的主要方式，也是参与国际航天活动、增强竞争实力的重要途径。

第三节　航天装备质量管理体系的建设

一、新时代航天装备建设质量管理体系的产生与发展

2020 年，为激发组织内生动力、持续推进流程优化、保证结果质量，航天装备上级管理机构提出了以架构引领、流程主导、信息化支撑、要素融合为典型特征的新时代装备建设质量管理体系构建方法。通过新时代装备建设质量管理体系的实施，引导装备建设全寿命周期的各类型组织，从战略目标出发，建立完善的流程体系，以流程质量保证产品质量和工作质量，构建能够承接 GJB 900IC—2017《质量管理体系　要求》、GB/T 19004—2020《质量管理　组织的质量　实现持续成功指南》与 GB/T 19000—2016《质量管理体系　基础和术语》等标准的方法，实现装备质量管理的持续完善。

2021 年，根据新时代装备建设质量管理体系示范工程推进实施方案、实施指南、成熟度评价等一系列文件，确定了首批试点单位，此批试点单位严格按照《新时代装备建设质量管理体系实施指南》要求开展全过程的推进实施试点，总结经验，形成可进一步推广的实践标杆。在此之后开展了一系列培训活动，并确定了相关技术责任单位，航天装备上级管理机构高度重视新时代装备建设质量管理体系推进情况，组织安排了相应的专家参与整体试点工作。通过对新时代装备建设质量管理体系标准实施战略分析、架构设计前两个阶段的审查工作，表明试点各行业均有领先组织能够认识到新时代装备建设质量管理体系逻辑核心，有效开展了相应工作，但在持续深入开展相关工作方面缺少指引，在对问题研讨中，确认了进一步优化成熟度评价标准，开展由自评推进整体工作，从而广泛深入开展的路径。

2022 年，修订完成的新时代装备建设质量管理体系能力成熟度评价 2.1 标准正式发布，试点单位的工作重点从踏实推进新时代装备建设质量管理体系实施步骤向争取成熟度等级认证进行升级。

新时代装备建设质量管理体系包括组织、流程、职责、能力、角色、数据、标准、目的等多类要素。从技术业务视角来看，新时代装备建设质量管理体系采用架构和流程管理等系统工程方法，对复杂组织体系战略、架构和流程进行显性化分析、设计，并将支持架构、流程等运行所需的程序、活动、资源和工具等，综合集成到信息化系统中，以支撑并最终实现质量管理体系和质量管理工作高效可靠运行。从资源部署视角来看，新时代装备建设质量管理体系将质量管理人员胜任力管理和质量资源管理作为重要方面，在对人员胜

任力体系进行系统设计后，提升装备质量管理人员能力水平，同时驱动质量资源优化配置，促进质量管理相关流程、数据、标准等知识资源和相关工具、平台等信息化资源的共建共享。

二、实施步骤

新时代装备建设质量管理体系实施指南的核心内容以新时代装备建设质量管理体系的全寿命管理阶段为基础，明确了每个阶段的工作步骤、相关要素、角色、方法工具以及注意事项等。新时代装备建设质量管理体系全寿命管理是将组织质量管理体系的分析、设计、验证、执行、优化等全寿命周期过程进行统筹管理，共分为战略分析、架构设计、流程构建、资源部署、运行监控与体系改进六个阶段，并细分为 22 个步骤。各阶段的工作步骤如图 2–2 所示。

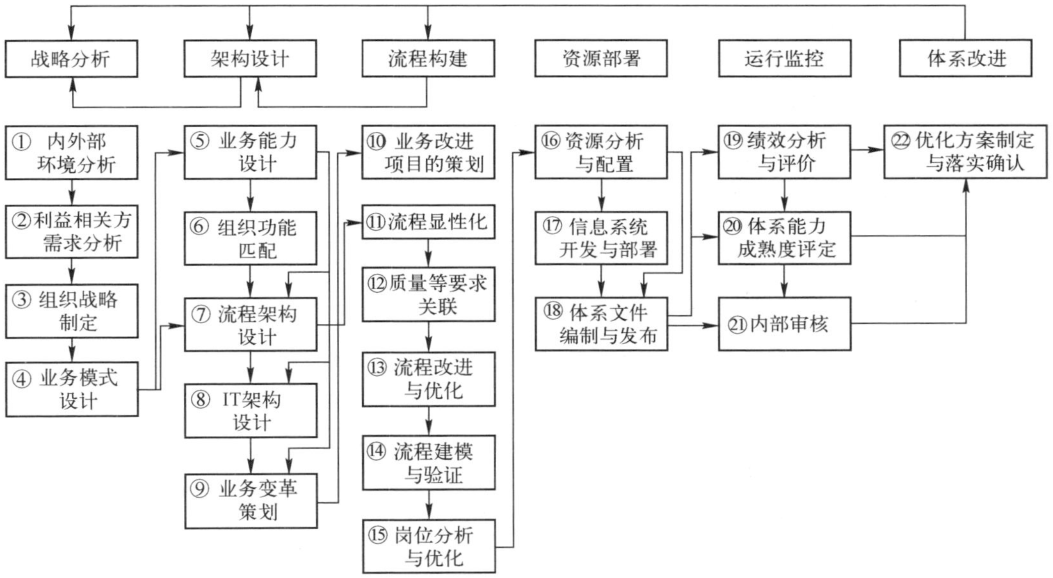

图 2–2　新时代装备建设质量管理体系全寿命管理阶段及工作步骤

通过体系建设全寿命管理的上述六个阶段的不断迭代和循环，完成对于体系的顶层设计（第一、二阶段）、落实执行（第三、四阶段），以及体系运行改进（第五、六阶段）。体系建设的六个阶段 22 个步骤，支撑了 GJB 9001C—2017《质量管理体系　要求》等标准关于装备质量的要求和 GB/T 19004—2020《质量管理　组织的质量　实现持续成功指南》关于组织质量的顶层要求的落实。

新时代装备建设质量管理体系工作步骤与相关质量管理体系标准中要素的对应关系见表 2–2。

实施指南的方法是通过战略分析与架构设计，向上实现与战略目标相对准；同时，过架构设计与流程构建，向下实现流程与 IT 结合，将战略、业务、流程与 IT 系统打通并使之持续协同演进。

表 2-2 新时代装备建设质量管理体系工作步骤与相关质量管理体系标准中要素的对应关系

阶段	步骤	GJB 9001C—2017 相关的要素	GB/T 19004—2020 相关的要素
战略分析	① 内外部环境分析 ② 利益相关方需求分析 ③ 组织战略制定 ④ 业务模式分析	4 组织环境 5 领导作用 6 策划	5 组织环境 6 组织特性 7.3 目标
架构设计	⑤ 业务能力设计 ⑥ 组织功能匹配 ⑦ 流程架构设计 ⑧ IT 架构设计 ⑨ 业务变革策划	8 运行 （有关产品实现的过程）	8 过程管理 （有关组织管理体系的全部过程）
流程构建	⑩ 业务改进项目的策划 ⑪ 流程显性化 ⑫ 质量等要求关联 ⑬ 流程改进与优化 ⑭ 流程建模与验证 ⑮ 岗位分析与优化	8 运行 （关于流程中通用要素的要求）	8 过程管理
资源部署	⑯ 资源分析与配置 ⑰ 信息系统开发与部署 ⑱ 体系文件编制与发布	7 支持	9 资源管理
运行监控	⑲ 绩效分析与评价 ⑳ 体系能力成熟度评定 ㉑ 内部审核	9 绩效评价 （产品实现过程相关的绩效评价）	10 组织绩效的分析与评价
体系改进	㉒ 优化方案制定与落实确认	10 改进 （有关产品/服务不合格引发的改进）	11 改进、学习和创新

（一）战略分析阶段

战略分析过程中需确保内外部环境分析与组织愿景、使命一致，组织内外部环境分析内容与综合分析内容一致，战略与业务模式匹配，核心利益相关方需求得到满足，战略方向具有合理性与可行性。具体步骤如图 2-3 所示。

（二）架构设计阶段

架构设计过程中需确保业务能力模型与组织战略目标和未来业务模式对准，符合组织的业务能力设计要求，进行恰当的标准化分析与处理，对业务能力进行分层分级的梳理，完备地体现业务能力，同一层级的业务能力之间颗粒度保持匹配，逻辑合理、表达清晰；确保组织单元目录及职责清单与组织战略目标和未来业务模式对准，符合组织设计要求进行恰当的标准化分析与处理，与组织的能力模型的设计一致；确保流程架构设计体现组织的战略发展要求，高阶流程体现组织价值创造逻辑并与核心价值流相一致，流程目标与组织的战略目标对准并具有可行性，引入合适的标杆参考内容并能够实现流程结构的整体优化；确保目标数据架构、目标应用架构、目标技术架构与组织战略目标和未来业务模式对准，符合 IT 架构设计要求，进行恰当的标准化分析与处理，进行恰当的综合分析与处理，与组织的能力模型的设计一致；确保业务变革路线图有利于业务能力提升并对准组织战略目标和未来业务模式，设计遵循组织变革路线图的设计要求，进行恰当的标准化分析与处理，进行恰当的综合分析与处理，具有清晰的逻辑和主线并合理划分维度，同一维度的项目之间颗粒度保持一致，贴合业务实际，融合组织、流程和 IT 方面的调整。具体步骤如图 2-4 所示。

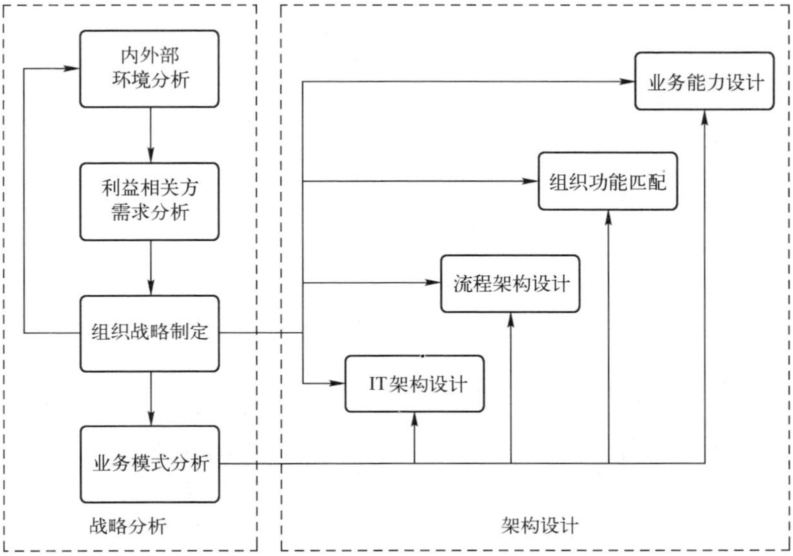

图 2-3　战略分析阶段步骤图

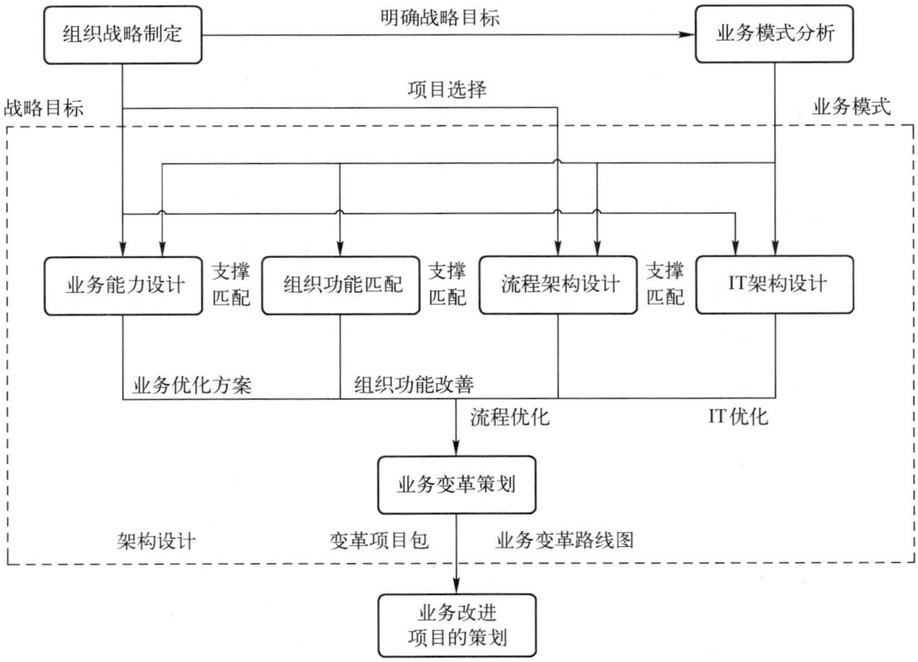

图 2-4　架构设计阶段步骤图

（三）流程构建阶段

流程构建阶段承接架构设计阶段的工作，其重点工作是完成目标流程的详细设计和相关岗位的优化工作。过程中需确保改进优化后的业务流程能够对准并满足利益相关方要求，有效落实业务改进和质量等要求，体现服务重心前移的原则，有助于内部运营效率有效性的提高，引入合适的流程参考内容，邀请客户充分参与，采用标准的建模规范进行模型表达。具体步骤如图 2-5 所示。

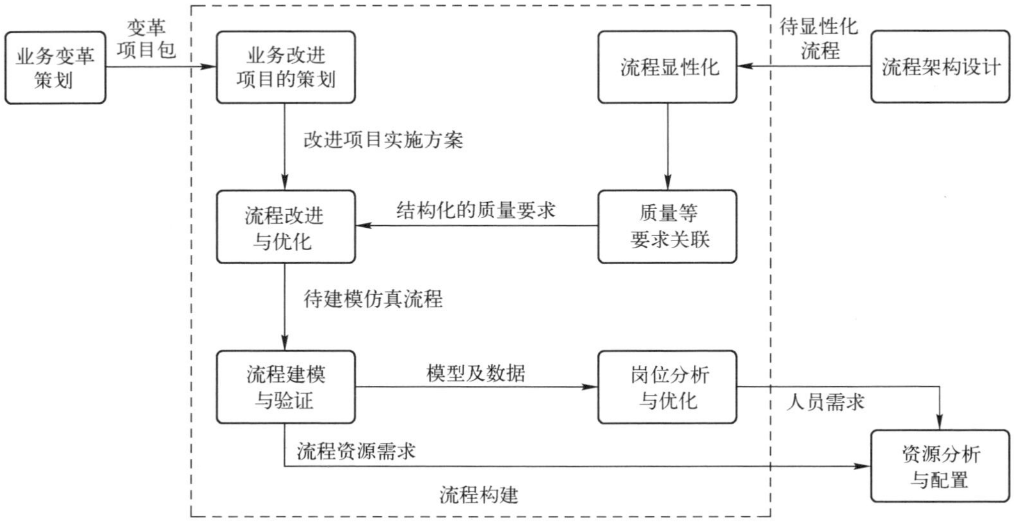

图 2-5 流程构建阶段步骤图

（四）资源部署阶段

资源部署阶段过程中需确保资源配置的有效性、资源配置方案的可实施性、资源获取的成本合理性、文件体系架构的合理性、对相应要求承接的有效性、体系设计构建内容基于文件架构部署的可行性等。具体步骤如图 2-6 所示。

（五）运行监控阶段

新时代装备建设质量管理体系需要持续不断地完善优化，在完成战略分析、架构设计、流程构建、资源部署阶段的工作后，新时代装备建设质量管理体系正式在组织内运行，此时应持续开展相关监控工作。运行阶段的主要目标是通过对已发布运行的新时代装备建设质量管理体系运行过程开展主动性监控。

此过程中需确保绩效水平能真实反映体系运行的状态，当前绩效水平能够支撑体系战略、业务能力以及流程目标的实现，体系能力成熟度评价能真实反映当前体系能力所具备的成熟度等级以及与目标成熟度之间的差距，在内部审核中能准确发现当前体系运行中的问题、风险以及改进机会等。具体步骤如图 2-7 所示。

（六）体系改进阶段

新时代装备建设质量管理体系的建设与优化是一项持续迭代优化的过程，应当充分借鉴业务流程提升（BPI）及业务流程治理的思想，通过逐步的优化，实现渐进式的流程再造。体系改进阶段的主要目标是分层级实施，支持不断变化的内外部环境与各层级目标实现。在明确业务流程改进项目目标后，组织应依据改进项目对组织的影响大小，评估该改进项目的变革程度，从而确定该改进项目应置于体系建设的哪一阶段，确定改进项目的项目路径。变革程度按照涉及组织利害程度可分为高、中、低三个层次。业务流程的持续改进需要从组织绩效的提升、质量管理体系能力成熟度的提升、满足顾客需求能力的提升三个维度统筹考虑。体系改进阶段通过提出持续改进的需求以及对持续改进项目的管控，不断地迭代循环，最终使体系能够更好地实现组织战略目标，满足用户需求，形成双赢局面。具体步骤如图 2-8 所示。

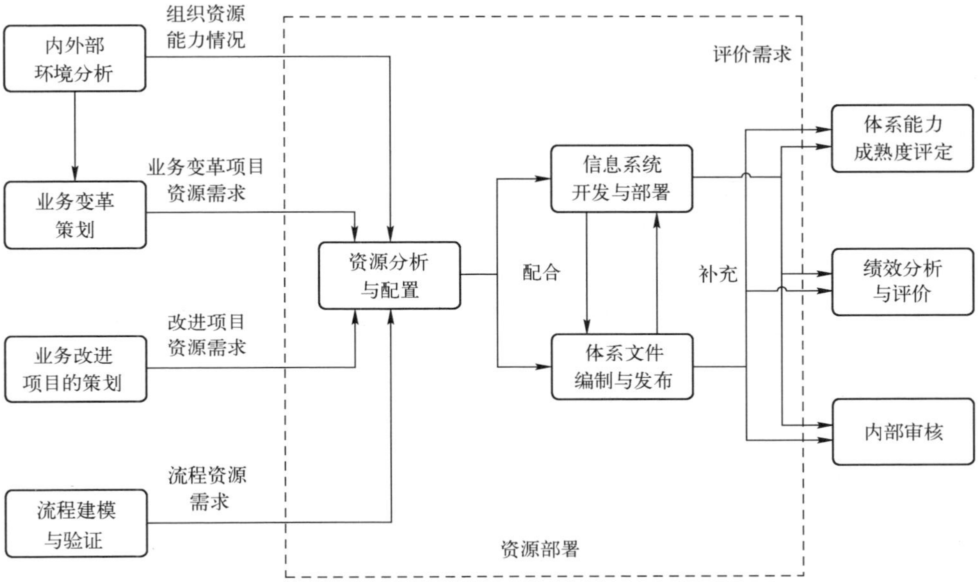

图 2-6 资源部署阶段步骤图

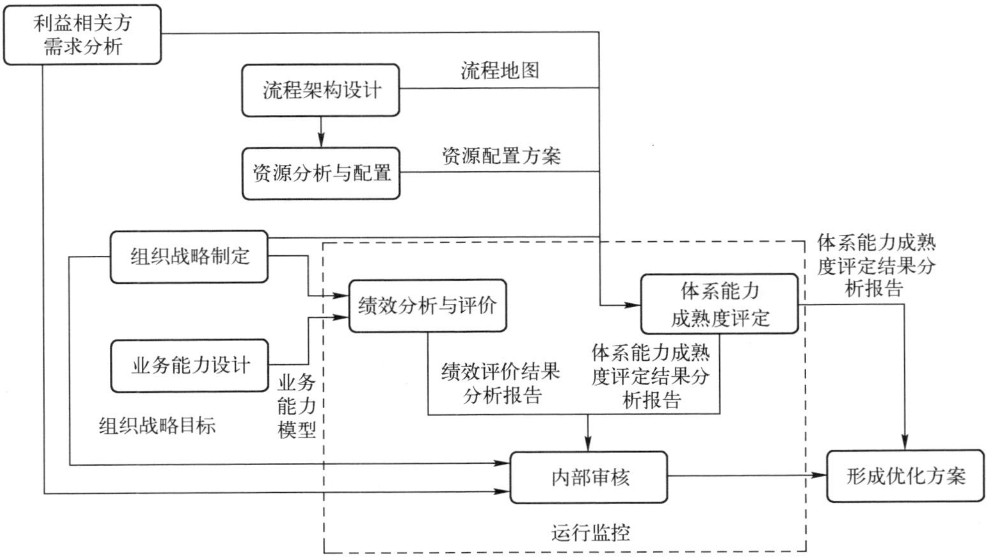

图 2-7 运行监控阶段步骤图

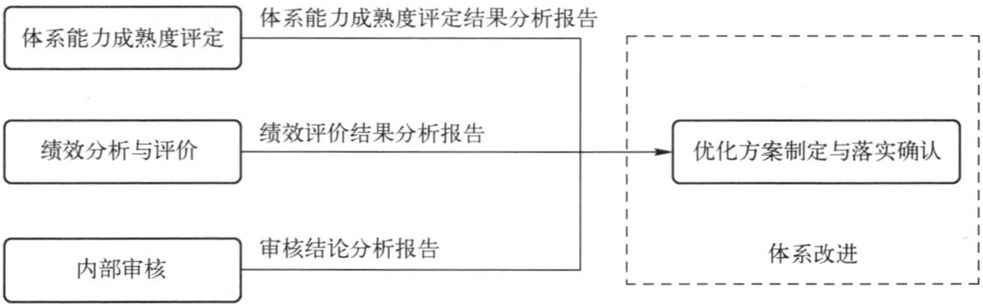

图 2-8 体系改进阶段步骤图

三、成熟度评价

对于从事承担航天装备研制、生产和航天任务的单位而言，其质量管理体系如果通过了体系认证，也仅仅是达到合格标准，只是表明达到具备从事军工产品研制生产的最基本要求。对质量管理体系进行成熟度评价，可以更加科学、量化地认识质量管理体系的完善程度和薄弱之处，有针对性地实施质量改进，引导组织追求质量管理体系完善程度不断提升。装备建设相关的各类型组织（包括：项目管理、装备论证、试验鉴定、军事代表、修理保障等机构和装备承制单位、装备使用单位）的质量管理体系都可以使用成熟度评价。

（一）成熟度模型的基本框架

新时代装备建设质量管理体系能力成熟度模型基于装备建设的业务特点，将组织的过程作为评价对象，将过程分为过程类、过程域和过程组，对每个过程组定义了相应的成熟度等级评价目标要求，其模型结构如图 2-9 所示。

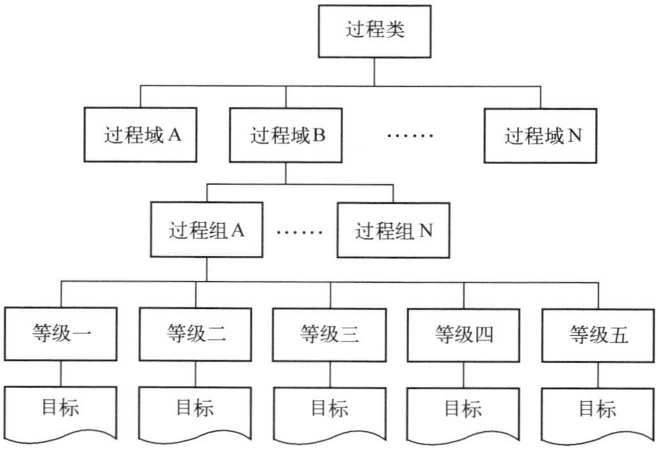

图 2-9 新时代装备建设质量管理体系能力成熟度模型框架

（二）成熟度等级

成熟度分为五个等级，自低向高分别是：一级（初始级）、二级（已管理级）、三级（已定义级）、四级（已定量管理级）和五级（优化级），如图 2-10 所示。成熟度等级描述了组织体系改进的进化台阶，每个等级代表了组织进化过程中的一个层次，是实现下一个成熟度等级的基础。

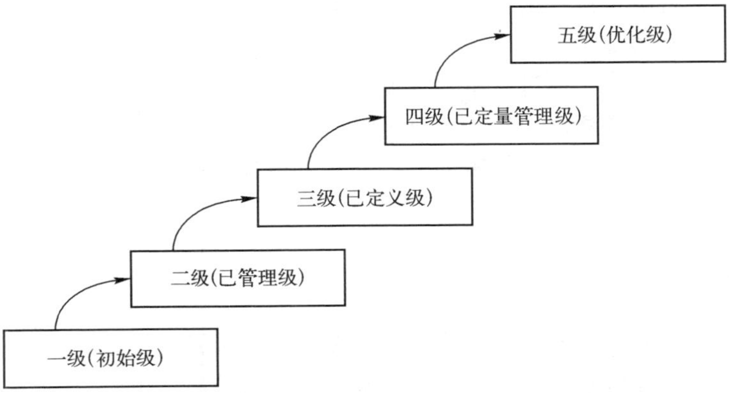

图 2-10 新时代装备建设质量管理体系成熟度的五个等级

各成熟度等级的主要特征如下：

1. 一级：初始级

一级的主要特征：组织的业务运行主要依赖个人经验，运行结果具有随机性，未建立质量管理体系或质量管理体系未满足 GJB 9001C—2017 的基本要求。该等级的组织业务运行过程不具备可重复性。

2. 二级：已管理级

二级的主要特征：组织建立了满足 GJB 9001C—2017 要求的质量管理体系，策划形成了较为健全的管理职能和制度规范；质量管理体系能够有效运行并持续改进，确保装备建设相关的产品和服务稳定受控。该等级的组织具备在同类项目中复制成功经验的能力。

3. 三级：已定义级

三级的主要特征：组织能够运用架构引领、流程主导、信息化支撑的系统工程方法建立和维护质量管理体系；全面建立并维护组织统一的业务架构、标准过程集和质量管理体系资产库，战略、职能、组织、过程、文件等要素实现协同对准，组织资产持续完善；战略管理、运行策划和控制、设计和开发、生产和服务提供、资源管理等主要过程域运用先进的管理模式和正规的业务方法，开发建立系统化的业务管理体系；按照组织的标准过程，使用组织资产开展全寿命周期项目管理、工程或业务活动。该等级的组织具备在组织范围内复制成功经验的能力。

4. 四级：已定量管理级

四级的主要特征：组织建立了组织绩效、过程绩效及部门岗位绩效量化目标，采用量化分析管理技术，建立并维护绩效基线，对关键过程和部门实施量化管理及原因分析，并基于量化结果进行领导决策；建立了较为系统的质量管理体系治理机制，支持持续改进；基于统一的 IT 架构，建立了支撑核心业务发展的较为完整的信息系统，支持核心业务运行实现自动化和信息化；在业务的主要领域开始应用基于模型的描述、设计与管理。该等级的组织具备在组织范围内实施量化管理的能力。

5. 五级：优化级

五级的主要特征：在已有信息系统的基础上，利用大数据、人工智能等先进手段，实现组织对核心业务的智能化管理；组织建立的量化模型具备高可信度与准确性，可以系统地开展仿真应用；将组织自身的管理体系要求输出到供应链，建立对供应商的精准控制机制；业务过程与信息系统实现与外部客户、供应商和合作伙伴的集成，实现内外部策划和运行的一致性和有效衔接；通过定量评估业务目标并分析绩效数据，识别组织内的关键问题和共性问题，主动并预测性地优化和改进组织过程，组织通过不断创新实现优质持续发展，整体绩效能力得以提升。该等级的组织具备应对复杂态势、自我优化、持续获得成功的能力。

（三）评价内容

1. 过程域/过程组的构成

对质量管理体系能力成熟度的评价，建立在对组织装备建设相关的各业务过程能力评价的基础上。质量管理体系的过程域分为管理类、运行类、支持类三大类，共包括 11 个过程域（图 2-11）。

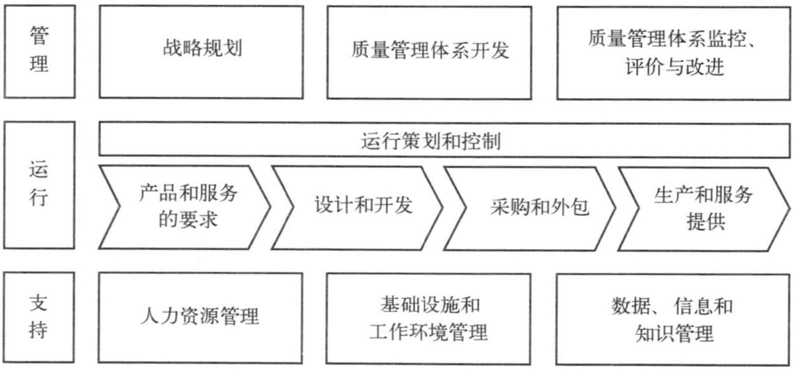

图 2-11　新时代装备建设质量管理体系过程域架构

其中：管理类过程域面向组织的相关方，通过对战略的有效管理和质量管理体系的有效治理，确保相关方的需求得到有效满足，具体包括：战略规划，质量管理体系开发，质量管理体系监控、评价与改进 3 个过程域；运行类过程域面向组织核心产品和服务的顾客，通过产品和服务的实现过程，确保为顾客提供满足需求的产品或服务，具体包括：运行策划和控制，产品和服务要求，设计和开发，采购和外包，生产和服务提供 5 个过程域；支持类过程域面向组织内部客户，通过提供人员、硬件和软件等资源，确保组织内部资源需求得到有效满足，具体包括：人力资源管理，基础设施和工作环境管理，数据、信息和知识管理 3 个过程域。

过程域展现了组织的业务构成和分布，体现组织价值创造的逻辑。每个过程域内部又可分解为若干过程组，每个过程组能够提供某种特定的业务服务，是能够为相关方创造价值的一组相关业务流程集。11 个过程域进一步分解为 43 个过程组。

2. 评价目标要求

过程组是评价内容的最小单元，每个过程组在不同成熟度等级下应满足的具体条件如表 2-3 所列。

表 2-3 过程组的评价目标要求

等级	过程组：风险和机遇的识别、评价、应对
一级	以非正式或临时性的方式，确定和应对组织的风险和机遇。
二级	满足 GJB 9001C—2017 6.1 条款的要求。
三级	1. 采用风险管理的标准过程和规范的方法；(30 分) 2. 系统地识别和分析组织各业务过程的风险和机遇；(30 分) 3. 采取应对措施能够较好地适应组织运行的需要，支持组织的相关决策。(40 分)
四级	1. 建立了对风险和机遇进行量化分析和评价的方法，在组织战略规划、运营管理等业务过程中形成风险预警机制，并通过信息化管理工具予以落实；(40 分) 2. 建立了组织的风险和机遇数据库以及应对措施的知识库；(30 分) 3. 风险管理嵌入组织信息管理系统，实现对产品和服务全寿命周期的风险预测。(30 分)
五级	实现对风险的智能化管理，能够对风险和机遇进行分析和预判，推动组织主动寻求创新和变革的机遇，识别的风险和机遇及应对措施在优化和提高组织整体绩效方面发挥了关键的作用。(100 分)

思 考 题

一、填空题

1. 新时代装备建设质量管理体系全寿命管理是将组织质量管理体系的分析、设计、验证、执行、优化等全寿命周期过程进行统筹管理，共分为________、________、________、________、________与________六个阶段。

2. 质量管理体系文件是依据质量管理体系策划和设计的结果，是质量管理体系的要求转化成的成文信息，通常包括________、________、________和________四个层面的文件。

3. 内部质量审核活动必须确定组织的质量管理体系满足审核准则的程度如何，需要对其________、________和________进行审查。

4. 新时代装备建设质量管理体系的过程域分为________、________和________三大类。

5. 新时代装备建设质量管理体系成熟度划分为________、________、________、________、________五个等级。

二、简答题

1. 质量管理体系文件有哪些？请简述其作用。

2. 什么是内部质量审核和质量管理体系认证？请分别概述两者的作用。

3. 简要概述新时代装备建设质量管理体系的意义。

第三章　航天装备质量文化

质量工作短期靠突击、中期靠制度、长期靠文化。本章主要介绍航天装备质量文化的内涵要义、作用、结构组成，以及精神层、制度层、行为层、物质层的主要内容，质量文化的建设步骤等。

第一节　航天装备质量文化的内涵、特点、作用和建设意义

航天装备质量文化是航天装备建设与使用相关单位质量价值观和行为规范的总和，伴随着航天装备的发展历程逐步产生和形成。在航天装备建设 60 多年的发展历程中积淀了深厚的质量文化底蕴。新时代对航天装备质量文化提出了更高的要求、注入了新的内容、赋予了新的内涵。

一、航天装备质量文化的内涵

文化是人类在长期历史发展中的伟大创造物，是人类智慧和创造力的结晶。

（一）文化

文化是一个广泛的概念，中外语言学家、社会学家、历史学家、哲学家等都从不同角度界定了“文化”的定义，至今未有一个统一的定义。

从哲学角度解释文化，认为文化从本质上讲是哲学思想的表现形式。哲学的时代和地域性决定了文化的不同风格。一般来说，哲学思想的变革引起社会制度的变化，与之伴随的有对旧文化的镇压和新文化的兴起。

从人类社会学的角度看，“文化”概念反映了任何特定人类群体世代相传的本质特征。人类学家威廉 · A. 哈维兰在其《当代人类学》一书中指出，文化是一系列规范或准则。《美国传统词典》对“文化”一词的解释是“人类群体或民族世代相传的行为模式、艺术、宗教信仰、群体组织和其他一切人类生产活动、思维活动的本质特性的总和。”

我国《辞海》将文化定义为“从广义上来说，文化是人类在社会历史发展过程中所创造的物质财富和精神财富的总和。从狭义上来说，指社会的意识形态以及与之相适应的制度和组织机构”。

不管“文化”有多少定义，但有一点是很明确的，即文化的核心问题是人。有人才能创造文化。文化是人类智慧和创造力的体现。不同种族、不同民族的人创造不同的文化。人创造了文化，也享受文化，同时也受文化约束，最终又要不断地改造文化。我们都是文化的创造者，又是文化的享受者和改造者。人虽然要受文化的约束，但人在文化中永远是主动的。没有人的主动创造，文化便失去了光彩，失去了活力，甚至失去了生命。我们了解和研究文化，其实主要是观察和研究人的创造思想、创造行为、创造心理、创造手段及

其最后成果。

（二）质量文化

所谓质量文化，就是指组织和社会在长期的实践活动中自然形成的涉及质量空间的意识、规范、价值取向、思维方式、道德水平、行动准则、法律观念，以及风俗习惯和传统惯例等“软件”的总和。质量文化的诞生与演进，是人类在质量管理实践活动中的自然产物。从技术视角来看，质量实践的本质在于确保各类实体（那些可感知与构想之物）的需求与期望得以持久满足。这不仅仅涉及满足需求本身，更在于提升满足这些需求的能力。

20 世纪 80 年代，现代质量管理领军人物、美国学者约瑟夫・M. 朱兰提出“质量文化是人们与质量有关的习惯、信念和行为模式，是一种思维的背景”。之后，人们对质量文化的定义和内涵展开了深入研究，主要形成四个方面的观点。一是要素观，倾向于状态描述，如“三要素说”，指出质量文化包括质量物质文化、质量制度文化、质量精神文化；“四要素说”则在上述基础上增加了“质量行为文化”。二是结构观，从层次结构的视角剖析质量文化结构，如“三层次论”，指出包含外中内三层的同心圆，外层是硬件物质文化，中间层是质量保障制度文化，内层则为质量精神文化。三是形态观，既可将质量文化看作行为方式、管理模式和运行机制，也可看作精神文化、发展理念和团队意识，或者将之分为内隐（观念或心理）和外显（物质、制度和行为）两种形态。四是功能观，认为其具有凝聚、约束、激励、辐射等作用，会促使行业形成特色质量理念，提升行业的品质。质量文化的形成和发展反映了组织的文化乃至社会文化的成熟程度。质量文化的培育和建设是一个艰难的、长期的过程，需要从社会、文化、法律、心理等多角度努力研究和探索。

我国非常重视质量及质量文化建设。邓小平同志说过，“质量问题反映了一个民族的素质”。意思是，质量是社会主义核心价值体系中一个至关重要的角色，是整个民族精神素养的表现形式。2007 年，党的十七大报告中十三次提到了“质量”一词，涉及科学发展观、小康社会、国民经济、国防现代化以及党的建设六大重点部分。特别是该报告的第五部分明确提出了对“确保产品质量和安全”的相关要求。

党的二十大以来，高质量发展成为全面建设社会主义现代化国家的首要任务，而质量的提升离不开文化的推动。《质量发展纲要（2011—2020 年）》中提出，加强质量文化建设，提升质量软实力，为统筹推进质量强国建设提供了行动指南。《工业和信息化部关于促进制造业产品和服务质量提升的实施意见》中明确地要求“推进质量文化建设”。工业企业开展质量文化建设、营造和优化质量文化、提升质量水平，对工业企业的持续成功具有重要的意义。

可见，质量内涵，既通民之命脉，又系国之危重。

（三）航天装备质量文化

航天装备质量文化就是指广大航天人在航天装备研制生产和使用质量管理实践中形成的思想理念、行为规范和工作模式，以及与之相适应的组织体系和制度。

航天装备质量文化根植于航天文化，是航天文化的重要组成部分，是几代中央领导和几代航天人共同培育的。航天装备质量文化中的质量理念、质量价值观、质量方针和原则是航天精神的重要组成，不是空洞的、虚无的口号，而是鲜活的、生动的，入脑入心的，是需要落地的。航天装备质量文化，是航天装备质量特色的体现，是科学发展观在航天装备建设与运用中的生动实践，是物质文明、行为文明、制度文明、精神文明的重要表现形式，是航天文化的有机组成部分。航天装备质量文化是航天人在长期装备建设实践中，沉淀形成的以周恩来总理的“十六字”方针为核心的具有航天装备特色的质量文化。

加强航天装备质量文化建设是提高航天装备全寿命阶段质量管理水平，增强凝聚力、提高成功率的战略举措，是航天装备建设、任务运用和质量工作相结合的有效载体，是建设高素质质量工作队伍，促进航天装备质量提升与未来发展的迫切需要。

航天装备质量建设的全面、协调、可持续发展，实现航天装备建设与使用过程中质量工作机制和方法的不断创新，迫切需要先进的文化理念做先导，需要通过航天装备质量文化理念的统一、资源的优化整合，促使全体装备建设与使用人员进一步统一思想、转变观念，不断增强航天装备质量建设发展的内在动力。

航天装备建设与使用的质量工作要形成长效机制，就需要先进质量文化催化和聚合。航天装备建设与使用的全体人员必须增强装备质量文化建设的自觉性、主动性和责任感、使命感，树牢质量就是生命的意识理念，把质量作为航天装备长远发展的根本，坚持“严慎细实”的标准要求，任何一道工序都不粗略，任何一个细节都不放过，任何一项指标都不打折扣，坚决杜绝人为质量问题；将质量标准与要求内化于心、外化于行，成为自觉行动，不断提升航天装备建设与使用全寿命阶段的质量文化建设水平。

二、航天装备质量文化的特点、作用和建设意义

航天装备质量文化的特点、作用和建设意义主要体现在以下几个方面。

（一）航天装备质量文化特点

一是历史悠久，积淀深厚。航天装备质量文化是“两弹一星”精神、载人航天精神、探月精神、北斗精神的传承和弘扬，伴随中国航天事业的发展，积淀了深厚的底蕴。航天装备优秀的质量文化理念，是中国几代航天人品格的体现，融合了中国航天装备发展道路上成功的经验和失败的教训，彰显伟大的中国航天精神。

二是不断创新，特色鲜明。航天装备质量文化是以航天精神为核心内涵的质量文化成果，已经渗透到整个航天领域的思想观念、价值取向、质量管理法规标准和行为准则中，具有鲜明的航天特色。航天装备质量文化在继承老一辈航天人开创的装备质量文化的基础上，不断摒弃过去落后的质量管理方法技术，融入现代质量管理理念，注入新时代航天装备质量管理发展新要求，在继承中创新、在创新中发展，推动航天装备质量文化持续提升。

三是军民一体，目标一致。航天装备质量文化包括航天装备建设和使用单位的质量文化，这些单位的航天装备质量文化的理论基础是一致的，指导思想、质量理念、质量方针目标等也是一致的，都呈现出零缺陷管理、精细化管理、预防为主的质量管理思想，依靠全体航天人为国家、为航天事业无私奉献的质量意识来激发提升航天装备质量的主动性和创造性。

四是体系发展，有机融合。从领域上看，航天装备质量文化分为航天企业装备质量文化、使用单位质量文化等；从装备全寿命上看，航天装备质量文化分为航天装备论证、研

制、生产、试验鉴定、使用管理、保障、维修等质量文化。这些文化相互关联作用，环环相扣，共同构成航天装备质量文化体系。

（二）航天装备质量文化作用

质量文化是质量形成的灵魂，它持续作用于航天装备建设和使用中质量活动的全过程，对航天装备的建设和发展起着至关重要的作用。它对航天装备建设实践活动及人员都有着导向、约束、凝聚、激励、辐射等作用。

1. 导向作用

质量文化能够把航天装备建设和使用相关人员的个人目标引导到发展航天事业的宏伟目标上来。航天装备建设和使用相关单位为了实现预定的质量目标，需要采取一系列的策略来引导每个航天人质量意识与质量行为。而如果有一个良好的质量文化环境，航天人就会在潜移默化的质量氛围中接受共同的价值观念，形成一股合力向既定方向努力，从而以优秀的质量文化为动力不断地推动着航天装备建设和使用相关单位健康、高效、持续地发展下去。这就是质量文化的导向作用。

2. 约束作用

航天装备建设和使用常常需要制定出许多规章制度来保证航天装备的质量，但是即使有再多的规章制度，也很难规范每个航天人的行为，而质量文化是用一种无形的约束力量，形成一种行为道德规范来制约每个航天人的行为，从而弥补规章制度的不足。开展质量文化建设的核心是提高质量执行力，以文化的力量推动和实现每个航天人在思想上和行为上的自我约束作用。“道德定而民有轨”，在执行力的驱动下，通过精神上的自我规范和遵章办事的约束力来形成自觉的行动。航天人在内心深处形成质量意识规范，制约每个航天人的质量行为，强化质量忧患意识和风险意识，警示和纠正一切违反质量制度的行为，将质量问题一追到底牢记心头。当然，质量文化也有强制性约束的一面，主要体现在制度层中具有法规的强制约束作用，但主要是建立在通过质量文化教育使之自觉遵守和自觉约束之上的。

3. 凝聚作用

航天装备质量文化的凝聚功能，是在航天装备建设与使用单位建立共同的质量价值观和目标，使全体航天人在主观观念和客观目标上有统一的准绳和方向。利用质量文化的向心力，通过潜移默化的方式，使全体航天人认同质量方针、质量目标、质量理念和质量价值观，并为自己能成为航天人的一员而倍感自豪，相互协作，增强凝聚力，为航天装备的战略目标实现提供强有力的支持。

4. 激励作用

质量文化建设的核心是要创造出共同的价值观念，优秀的组织文化都要创造一种人人受尊重的文化氛围，为航天人的成才提供发展平台和广阔空间，使每位航天人都能够充分发挥个人潜能，把个人的价值实现与航天事业的发展相结合，激发每个航天人的质量意识和工作责任感与传承航天精神，调动全体航天人更大的主动性和创造性来追求零缺陷的质量目标，激励航天人为完成自我价值和航天事业的发展而勇于拼搏、不断进取。

5. 辐射作用

质量文化塑造了一个组织的质量形象。良好的组织形象是组织成功的标志。组织形象包括三方面：一是内部形象，它可以激发组织内部人员对组织的自豪感、责任感，每一代航天人已将航天精神牢牢根植于心，为祖国每一次航天任务的突破感到荣尚，为成为航天人感到无比自豪；二是外部形象，它能够在顾客、供方和其他相关方中更深刻地反映出组织的品牌形象和特点，航天装备树立了高科技、高可靠性的形象；三是质量形象，其除对本组织产生很大影响外，还会对本地区、本行业产生一定影响，航天质量在航天领域质量发展中起到标杆作用，也在中国质量发展中起到标杆作用，航天质量管理的技术方法在全国广泛推广，航天品质成为中国第一世界名牌。因此，质量文化具有极强的辐射作用。

（三）航天装备质量文化建设意义

1. 推动航天装备质量持续发展

质量文化建设能将全体航天人的价值观念、思想观念等引导到航天装备的质量发展要求上来，通过对航天装备质量目标的设定推动航天人具有共同的质量价值取向，渐渐地形成以人为本的良好组织氛围，使之为航天装备质量发展做出最大的贡献。开展各种质量相关的激励机制，挖掘航天人的积极性，建立相应的表彰、奖励制度，使领导与岗位人员之间、岗位人员之间相互支持、理解和进步，这样航天装备质量才能持续发展。优秀的质量文化是航天装备质量管理的灵魂，是航天人凝聚的精神内核，能促进航天装备质量更加健康良性发展。

2. 提升中国航天质量品牌

抓好质量文化建设工作，能够打造卓越航天质量品牌，培育出具有世界品牌形象突出、质量水平一流的中国航天装备和航天发射场。质量文化在质量品牌的建设中处于核心地位，通过开展质量文化建设，促进航天工业和航天发射场提高质量品牌的培育意识和创新能力，能增强质量品牌在国内和国际上的附加值和影响力。

3. 赋能航天装备转型升级

提质、增效、转型、升级是中国航天追求的目标，质量提升是航天装备供给侧结构性改革的一个重要突破口，航天装备质量文化的建设，有利于军地建立有效的机制促进航天装备全寿命质量的持续提升，增加航天装备的附加值，增强核心竞争力，从而促进航天装备转型升级。

第二节　航天装备质量文化内容

中国航天经历了几十年的发展，积淀了深厚的航天质量文化底蕴，体现着几代领导人和老一辈科学家的教诲和期望，融合了几代航天人成功的经验和失败的教训，是航天传统精神在质量方面的体现，是航天事业宝贵的精神财富和巨大的无形资产。

一、航天装备质量文化结构

航天装备质量文化的基本结构有四个层次，由精神层面、制度层面、行为层面和物质层面有机组成，精神层面是质量文化的灵魂，制度层面是质量管理标准要求，行为层面是质量行为规范体系及其运行机制，物质层面是质量文化的物化部分。这四个层面有机结合，自上而下逐层落实，自下而上逐层体现。航天装备质量文化结构如图 3-1 所示。

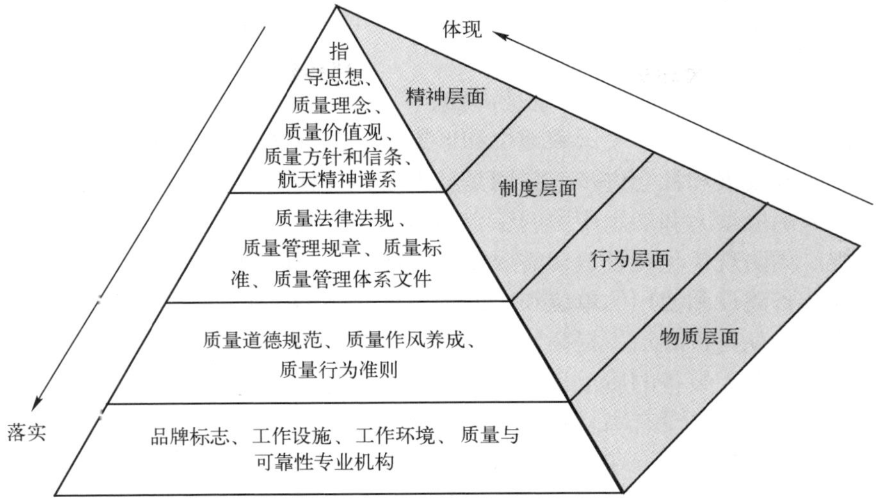

图 3–1 航天装备质量文化结构

二、航天装备质量文化精神层

航天装备质量文化精神层位于航天装备质量文化金字塔的最顶层，是质量文化的核心、精髓和最高境界，是质量文化中最稳定、最具影响力的一层，表现为全体人员的质量精神追求和价值取向，主要包括指导思想与质量理念、质量方针、质量价值观、质量信条或格言和航天精神谱系。

（一）指导思想与质量理念

1. 指导思想

“严肃认真，周到细致，稳妥可靠，万无一失。”

1966 年，周恩来总理针对航天型号技术复杂、质量与可靠性要求高的特点，提出了“严肃认真，周到细致，稳妥可靠，万无一失”的“十六字”方针，高度概括了航天装备建设与使用应有的工作作风，直到今天仍在指导着中国航天装备的质量建设，成为航天人永恒的质量座右铭。

“严肃认真”是航天人应有的工作态度。航天装备研制、生产、试验和使用需要严谨务实、精益求精的工作作风，需要事前的严密策划、全过程的严格控制和事后的全面确认。所有质量问题必须归零、所有疑点得到充分解惑就是落实“严肃认真”的具体举措。

“周到细致”是航天人的工作方式。航天装备从元器件选用、采购、监制验收、筛选复验到失效分析全过程的统一管理，研制、生产、试验和使用过程的表格化管理、量化控制和可追溯性保持，试验完备性、测试覆盖性、验收充分性等就是“周到细致”的具体方式。

“稳妥可靠”是航天人的工作要求。开展航天装备实施航天任务全过程的系统策划和可靠性设计、分析、研制、试验和使用等活动，特别是装备执行任务前的“双想”、故障模式及其影响分析、相关的应急预案及其救援响应，就是落实“稳妥可靠”的要求。

“万无一失”是航天人的工作目标。“一次成功”“零缺陷管理”“不带问题转场、不带隐患上天”就是航天任务实施中对“万无一失”的体现和落实。

2. 质量理念

“质量是政治、质量是生命、质量是责任。”

质量是政治。航天装备事关国家地位和形象，事关国家安全和祖国统一大业，事关国家经济建设、科技发展和社会进步。特别是载人航天工程、北斗导航工程等重大专项工程对提高中华民族的凝聚力和展示中国的综合国力具有十分重大意义，受到党中央和全国人民的高度重视。国防现代化建设迫切需要航天人高质量地研制装备和完成航天任务。对于每个参与航天装备建设和使用的单位和个人，质量问题不仅仅是技术和管理问题，首先是政治问题，讲质量就是讲政治，提高装备研制和任务的质量就是高度政治责任感的体现。

质量是生命。航天装备的质量从根上影响着国家的安全与生存，影响着未来战争的胜负。对于一个国家，如果没有高性能、高可靠的航天装备，在战争中将会受到敌国的威胁，更谈不上持续发展。航天装备的质量直接影响着国家、军队、人民群众生命财产的安全。

质量是责任。航天装备建设和使用单位在装备建设和使用过程中应对装备的质量负责，质量责任是各级各类组织的基本责任之一。航天装备建设与使用单位和所有人员都承担着航天装备质量的责任，要保证航天装备的质量，确保装备在航天任务运用和科研试验中能发挥其应有的作用。建立责任追究联合联动机制，明确对装备质量问题追责问责。

（二）质量方针

把质量建设作为航天装备领域最重要的工作，坚持质量为本、技术驱动，数据为基、全程覆盖，全员参与、文化聚力，积极适应航天任务急需、航天产业革命、研产模式转型，加快构建新时代航天装备质量管理体系，为航天装备高质量、高效益、低成本、可持续发展提供有力保障。

（三）质量价值观

质量体现价值，质量创造价值。

航天装备建设单位向用户提供航天装备，用户使用航天装备为国家安全保驾护航、为国家建设提供信息支援、为人民群众提供各种航天服务，这些活动的目的在于使国家、人民群众在使用（享用）航天装备提供服务的过程中能够实现价值的增值，即创造与提升服务的价值，同时也使国家与人民、航天装备的主管上级机关、航天装备研制生产企业、航天装备使用单位等的价值得到增值和体现，航天装备以其任务适用性、高技术、高质量、高可靠性体现和创造价值。

（四）质量信条或格言

航天人在长期装备质量管理实践中总结出典型质量信条与格言，列举部分典型质量信条与格言：

（1）质量在我心中、成功在我手中。

（2）首次要有百倍信心、百次要有首次标准。

（3）以正规求质量，以质量保成功。

（4）装备质量提升、标准管理先行。

（5）小细节，决定任务成败；大使命，成于精益求精。

（6）装备质量无小事、一钉一螺系成功。
（7）责任是质量的保证、质量是航天的生命。
（8）质量第一、追求卓越。
（9）质量放松，劳而无功。
（10）今天你对装备认真，明天装备对你负责。
（11）精益管理，精准飞控；创新融合，创建一流。
（12）精心施工建精品，与时俱进创辉煌。
（13）老问题，小地方，常是品质致命伤。
（14）质量在我心中，标准在我脑中，工艺在我手中。

（五）航天精神谱系

航天质量精神层首先体现在航天精神，航天精神指航天人在从事航天事业的实践中所形成的群体意识，是指导航天人进行航天装备研制、生产、使用过程中质量管理行动指南。

航天精神、“两弹一星”精神和载人航天精神统称三大精神。其中“两弹一星”精神和载人航天精神体现了航天精神的内容，又更具时代特征。三大精神虽然在不同时期的概括、形成、表述不同，但核心内容高度一致、一脉相承。

1. 航天精神

航天精神：“自力更生、艰苦奋斗、大力协同、无私奉献、严谨务实、勇于攀登。”航天精神是我国航天事业持续、永续发展的思想支撑、精神动力和文化源泉，它不仅能陶冶广大航天人的情操，规范他们的行为，激励他们的斗志，反映他们的精神面貌，而且能够激发全体航天人对航天事业发展战略目标、价值观念的认同感、归属感和作为一名航天人的使命感、责任感、自豪感，形成强烈的向心力、凝聚力、创造力和形象力。

（1）历史渊源。

航天精神是伴随着中国航天事业的创建和发展而产生的，在20世纪50年代末中国航天事业创建时期萌芽，六七十年代逐步形成，80年代逐渐丰富并进行提炼概括，表述为“自力更生、艰苦奋斗、大力协同、无私奉献、严谨务实、勇于攀登”的精神，这六个方面相互联系，构成一个有机整体，深刻反映了我国航天人的精神境界。1990年，出版的《传统航天精神概论》，系统阐述了航天传统精神的形成、内涵、表现形式以及弘扬传统的重要性。2016年4月24日中国第一个航天日到来之际，习近平总书记指出，“60年来，经过几代航天人的奋斗，积淀了深厚博大的航天精神”，这是对航天精神最高的肯定与褒奖。中国航天事业经过几代人的接续奋斗，创造了以“两弹一星”、载人航天、月球探测、北斗工程和火星探测为代表的辉煌成就，走出了一条自力更生、自主创新的发展道路，积淀了深厚博大的航天精神。

（2）航天精神解读。

航天工程不同于一般的工程项目，技术含量高，集成了众多尖端技术，是举世公认的现代“高、精、尖、新”工程项目。航天人继承和发扬了自力更生、艰苦奋斗的创新情怀，无惧国外的技术封锁，克服重重困难，自力更生，自主创新，勇攀高峰，攻克了一项又一项关键、尖端技术难题，掌握了一批具有自主知识产权的核心技术，走出了一条具有中国特色的自力更生、自主创新的航天发展道路。

大力协同、胸怀全局，无私奉献。为了实现航天事业发展的总目标，所有参与航天事业的单位及个人以国家和人民的利益为重，自觉把个人志向与国家富强、个人发展与祖国需要、个人利益与人民幸福紧紧联系在一起，团结一致、不患得失、服从整体、密切配合、互相支持，共同完成神圣使命。

我国航天人以一种严肃、认真、负责的态度对待自己的工作，它是职业道德和社会责任心的崇高表现。爱岗敬业是每个航天人具备的高尚品质和遵守的职业态度。由于航天事业的特殊性，广大航天人热爱和忠于自己的事业，敬业守则、脚踏实地、兢兢业业、埋头苦干，数年甚至数十年长期坚守在自己的工作岗位上，把爱岗敬业、建功立业看作对祖国航天事业应尽的义务和神圣的职责。

2.“两弹一星”精神

“两弹一星”精神：“热爱祖国，无私奉献，自力更生，艰苦奋斗，大力协同，勇于登攀。”“两弹一星”精神，是在为原子弹、导弹和人造地球卫星事业进行的奋斗中，广大科研工作者培育和发扬的一种崇高革命精神，是爱国主义、集体主义、社会主义精神和科学精神活生生的体现。

（1）历史渊源。

在中国共产党领导新中国建设发展的伟大历程中，20 世纪五六十年代是极不寻常的时期。当时，面对严峻的国际形势，为了抵御帝国主义的武力威胁，打破大国核讹诈、核垄断，尽快增强国防实力，保卫和平，党中央和毛主席审时度势，高瞻远瞩，果断决定研制“两弹一星”，重点突破国防尖端技术，做出了对中华人民共和国的发展和安全具有重大战略意义的英明决策。广大航天科研工作者牢记党和人民的重托，迎难而上，刻苦攻关，勇于创新，大力协作，创造了非凡的人间奇迹。以“两弹一星”为核心的国防尖端科技的辉煌成就，不仅是我国国防现代化的伟大成就，也是中国现代科学技术事业发展的重要标志。它带动了中国现代科学技术的发展，填补了许多学科空白，为我国实现技术发展的跨越积累了宝贵经验。

（2）“两弹一星”精神解读。

“热爱祖国、无私奉献。”“两弹一星”研制者们高举爱国主义旗帜，怀着强烈的报国之志，把个人理想与祖国命运紧紧联系在一起，把个人志向与民族振兴紧紧联系在一起。钱学森、彭桓武等许多功成名就、才华横溢的科学家，纷纷放弃国外优厚条件，义无反顾地回到祖国，一心扑在科研事业上，为“两弹一星”研制成功做出了卓越贡献。大批研制工作者远离都市，远离家人，隐姓埋名，默默奉献，忍受了常人难以忍受的痛苦，付出了常人难以想象的代价，有时甚至献出了宝贵的生命。他们用自己的青春热血，写就了一部为祖国为人民鞠躬尽瘁、死而后已的壮丽史诗。

“自力更生、艰苦奋斗。”“两弹一星”的研制工作者们，是一支特别能吃苦、特别能战斗的队伍。我国早期的导弹发射和核试验基地，地处茫茫无际的戈壁荒原、人烟稀少的深山峡谷，生活条件十分艰苦。他们风餐露宿，不辞辛劳，克服难以计数的艰难险阻，经受住了生命极限的考验。在苏联单方撕毁协议、撤走专家的情况下，他们运用有限的科研和试验手段，顽强拼搏，发愤图强，锐意创新，攻破了几千个重大的技术难关，制造了几十万台（件）设备、仪器、仪表，使研制工作在较短时期内连续取得重大成功。他们所具有的惊人毅力和勇气，显示了中华民族在自力更生的基础上自立于世界民族之林的坚强决心和能力。

“大力协同、勇于登攀。”在研制“两弹一星”过程中，全国除了以核工业、航天工业部门和中国科学院为主以外，还有26个部委，20多个省市区，1000多家工厂、科研机构、大专院校，成千上万的科学技术人员、工程技术人员、后勤保障人员和解放军指战员。他们团结协作，群策群力，汇成了向现代科技高峰进军的浩浩荡荡的队伍。当时，只要是“两弹一星”需要选调的科技专家，点到谁就给谁；只要是“两弹一星”的协作配套任务，就一定保质保量地按时完成；只要是“两弹一星”需要办理的事情，都毫无保留地全力支持，全国各地处处开“绿灯”，表现了社会主义中国集中力量打“歼灭战”、攻克尖端科技难关的巨大凝聚力。“两弹一星”研制者们不仅是一个高度团结的优秀群体，也是一支敢于创新、勇于超越的优秀队伍。他们求真务实，知难而进，大胆创新，突破一系列关键技术，取得“令全世界为之赞叹”的伟大成就。他们用自己的业绩，为中华民族书写了光彩夺目的新篇章。

3. 载人航天精神

载人航天精神：“特别能吃苦、特别能战斗、特别能攻关、特别能奉献。”载人航天精神，是我国航天人在推进载人航天工程这一宏伟事业中孕育产生的，是以爱国主义为核心的伟大民族精神的生动体现。

（1）历史渊源。

发展载人航天事业，是党和国家长期关注、高度重视的一项伟大工程。党的十一届三中全会后，以邓小平为核心的党的第二代中央领导集体，明确把发展载人航天事业纳入“863”高技术发展计划。面对世界科技进步突飞猛进、综合国力竞争日趋激烈的新形势，党中央郑重作出了实施载人航天工程的重大战略决策，我国航天事业得到快速发展。从1999年11月20日凌晨6时“神舟一号”无人飞船发射升空，至21日凌晨3时41分顺利返回，在太空飞行21小时。2003年10月15日，“神舟五号”载人飞船发射成功，中国首位航天员杨利伟被顺利送上太空，中华民族千年飞天梦想终成现实。2011年11月3日，“天宫一号”目标飞行器与“神舟八号”飞船成功实现首次交会对接，标志着我国在突破和掌握空间交会对接技术上迈出了重要一步。2021年6月17日18时48分，航天员聂海胜、刘伯明、汤洪波先后进入“天和”核心舱，标志着中国人首次进入自己的空间站。我国实施载人航天工程以来，广大航天人牢记使命、不负重托，培育和发扬了“特别能吃苦、特别能战斗、特别能攻关、特别能奉献”的载人航天精神。

（2）载人航天精神解读。

热爱祖国、为国争光的坚定信念。广大航天人自觉把个人理想与祖国命运、个人选择与党的需要、个人利益与人民利益紧密联系在一起，始终以发展航天事业为崇高使命，以报效祖国为神圣职责，殚精竭虑、呕心沥血，奋力拼搏、挑战极限，表现出强烈的爱国情怀和对党对人民的无限忠诚。

勇于登攀、敢于超越的进取意识。在我国载人航天工作比世界起步晚30年的情况下，广大航天人知难而进、锲而不舍，勤于探索、勇于创新，攻克了飞船研制、运载火箭的高可靠性、轨道控制、飞船返回、空间站建造等国际宇航界公认的尖端课题，不仅在一些重要技术领域达到了世界先进水平，而且形成了一套符合我国载人航天工程要求的科学管理理论和方法，创造了对大型工程建设进行现代化管理的宝贵经验。载人航天飞行的圆满成功，是中国航天人相信科学、依靠科学的奇迹，也是抢占科技制高点、刻苦攻关的奇迹。

科学求实、严肃认真的工作作风。广大航天人始终坚持把确保成功作为最高原则，坚持把质量建设作为生命工程，以提高工程安全性和可靠性为中心，依靠科学，尊重规律，精心组织、精心指挥、精心实施，在任务面前斗志昂扬，在困难面前坚韧不拔、百折不挠，在成就面前永不自满、永不懈怠，创造了一流的工作业绩。仅火箭各舱段的插头插拔，他们就在高仿真训练装置上练习了成百上千遍，确保了操作一次准确到位。

同舟共济、团结协作的大局观念。全国数千个单位、十几万科技大军自觉服从大局、保证大局，同舟共济、群策群力，坚持统一指挥和调度，有困难共同克服，有难题共同解决，有风险共同承担，充分发挥社会主义制度能够集中力量办大事的政治优势，凝聚成一股气势磅礴的强大合力。我国载人航天一期工程应用系统就涉及 7 大领域 30 多个项目，全国 50 多个科研机构、1000 多名科学家和工程技术专家协力攻关，取得了一大批具有自主知识产权的科研成果。

淡泊名利、默默奉献的崇高品质。载人航天事业取得的辉煌成就，凝聚着我国几代航天人的艰辛和奉献。长期以来，广大科研人员一心为事业，舍弃生活方式的多彩而选择单调，舍弃功成名就的机会而选择平凡，不计个人得失，不求名利地位，以苦为乐，无怨无悔，为航天事业奉献了青春年华，奉献了聪明才智，有的甚至付出了宝贵生命，书写了许许多多可歌可泣的感人事迹，涌现出许许多多可敬可佩的时代英雄。

三、航天装备质量文化制度层

质量文化制度层是航天装备建设单位和使用单位为实现其质量目标和质量方针而对全员的行为给予一定规范化的要求。质量文化制度层是构建航天装备质量文化的根本保证，具有长期性、稳定性、强制性和严肃性的特点，是实现全面质量管理的保障。质量制度文化是一定质量精神文化的产物，必须适应精神文化的要求。人们总是在一定的价值观指导下制定和完善各项制度。质量制度文化又是质量精神文化的基础和载体，并对质量精神文化起反作用。新的质量管理制度的建立，又影响着人们选择新的价值观念，成为新的精神文化的基础。质量文化总是沿着精神文化—制度—新的精神文化的轨迹不断发展、丰富和提高。

具体而言，航天装备质量文化制度层建设主要包括以下四个方面：质量管理组织机构、质量管理法规制度、质量管理机制、质量管理体系建设。

（一）质量管理组织机构

质量管理组织机构，是质量文化的组织载体，承担着航天装备建设及使用各阶段各层级的质量策划、质量监督、质量保证等任务，无论是航天装备研产的航天工业企业，还是航天装备使用单位都设有质量管理机构，在质量文化建设中发挥着重要作用。

（二）质量管理法规制度

航天装备质量管理法规制度是航天装备建设和使用单位为保证质量，实现全面质量管理，在管理实践活动中制定的各种带有强制性义务并能保障一定权利的制度和规定，包括各项工作制度、责任制度、管理制度等。通过各种制度的建立，使航天装备的质量管理工作有章可循、有法可依，维持各项工作正常顺畅运行。通过各种制度的建立，使航天装备的质量管理要求可以层层落实，让人们的行为受到监督和约束，从根本上保障质量管理活动的正常运行，保证质量管理目标的最终实现。

（三）质量管理机制

航天装备质量管理机制包括质量激励机制、追责机制、质量问题反馈机制等。航天装备普遍存在技术密集、成本高、战略地位重要的特点，因此一旦出现质量问题，就会造成很大的影响与损失。在航天装备质量方面奖励做出贡献的个人与机构，追责质量问题责任人，使维护航天装备的质量荣誉和形象成为每个航天人的自觉行为，让航天人的行为受到监督和约束，从根本上保障质量管理活动的正常运行，保证质量目标的最终实现。

（四）质量管理体系建设

质量管理体系是为了实现质量方针和质量目标，将影响航天装备质量的组织结构、程序、各项质量管理活动的过程和资源等各要素综合起来，形成一个相互关联、相互作用的有机整体，并应用过程方法使这些影响装备质量的因素处于受控状态。航天装备质量管理体系主要是为航天装备质量或服务质量提供保证作用。

质量管理体系由实施质量管理的组织机构、职责、程序、过程和资源组成。质量管理体系站在系统的高度对航天装备建设与使用单位的质量管理进行优化和规范，包括建立质量目标，以及为实现这些目标而相互关联和相互作用的一组过程，具体包括管理过程、资源管理过程、产品实现过程、测量分析和改进过程。

质量管理体系是质量管理的核心，也是机构设置、职责和程序之列的管理能力和资源的能力的综合体。航天装备建设与使用单位按 GJB 9001 标准建设的质量管理体系，通过体系的有效运行、体系的持续改进保证航天装备质量符合国家、航天任务的要求。

四、航天装备质量文化行为层

质量行为准则隶属质量文化的行为层，又称为质量行为文化。航天装备质量行为文化既受制度的引导，又受物质的制约，是各项法律法规、标准的执行力的重要体现。航天装备质量行为文化的核心任务是通过组织和个人的规范性行为确保制度得到落实、要求得到满足，是质量精神文化、制度文化的行为表现。质量文化行为层是指航天装备建设和使用单位的质量文化精神层面在质量管理和监督方面的具体表现和行为，是质量精神文化、制度文化的载体，包括航天装备建设、操作使用、维修保障等的质量行为规范、质量工作作风、质量持续改进等一系列行为。

（一）质量行为规范

航天装备建设与使用的各单位既要健全各种质量行为规范（质量技术规范、质量管理规范、质量工作规范），还要充分发挥航天人岗位工作的积极性、创造性，总结提炼出既有效又朗朗上口的质量行为规范。

典型航天装备建设与使用单位总结的质量行为规范如下。

1. 严慎细实

严，就是严明的纪律、严肃的态度、严格的要求和严密的方法；

慎，就是依靠科学、尊重规律、慎始慎终、慎言慎行；

细，就是认真细致、精细到位、一丝不苟、分秒不差；

实，就是实事求是的思想方法和脚踏实地、求真务实的态度。

2. 双五条归零

技术归零五条——定位准确、机理清楚、问题复现、措施有效、举一反三；

管理归零五条——过程清楚、责任明确、措施有效、严肃处理、完善规章。

3. “双想”

预想：预想后续工作，针对可能发生的新情况、新问题，制定措施、完善方案。

回想：回想已做工作，反思哪些措施未落实、哪些工作未到位，针对不足改进措施。

4. 双岗四检查

一岗负责操作，二岗负责监督确认；

一岗检查，二岗检查，指挥员检查和系统工程师检查。

5. 测试四不放过

测试参数不合格不放过，测试结果有疑点不放过，设备性能不稳定不放过，故障不彻底查清排除不放过。

6. 事故四不放过

事故原因不明不放过，事故责任未搞清不放过，事故责任者没受到教育不放过，没有防范措施不放过。

7. 四个熟悉

熟悉主管设备，熟悉操作流程，熟悉方案预案，熟悉接口关系。

8. 四个到位

文件依据到位，操作检验到位，数据判读到位，放行审查到位。

9. 五不操作

五不操作是对岗位操作人员的行为要求和规范，是指没有指挥不操作、口令不清不操作、设备有故障不操作、协调不好不操作、不是自己分管的设备不操作。

10. 五定

定人员、定岗位、定职责、定设备、定协同关系。

11. 五按

工作按程序组织，测试按流程实施，操作按规程进行，判读按标准比对，记录按表格填写。

12. 七不

不下错一个口令，不做错一个动作，不连错一根电缆，不报错一个参数，不记错一个数据，不损坏一件仪器，不按错一个按钮。

13. 过程管控“九盯九抓”要诀

盯住任务抓策划，盯住设计抓评审，盯住过程抓监督，盯住产品抓验收，盯住试验抓放行，盯住数据抓判读，盯住阶段抓“双想”，盯住变化抓双复，盯住问题抓归零。

（二）质量工作作风

质量行为规范的制定固然重要，但更重要的是要养成良好的质量工作作风。好的质量工作作风是贯彻质量法规标准、落实行为规范要求、保证航天装备质量的基本条件。航天装备建设和使用单位各级领导要注重培养全员质量工作作风的养成，领导的质量管理措施、质量管理执行力，影响着全体航天人的质量行为养成与保持。

首先，采用科学的质量管理技术方法。航天装备建设必须以科学发展观为指导，大力倡导科学、先进的装备质量管理方法，努力提高装备的质量和效率。其次，采用科学的学习方式，航天人要把高质量的装备建设与高质量的学习有机地结合起来，把培养和提高装备建设能力作为构建质量行为方式的重要任务，突出自主性、研究性、批判性学习等。最后，采用科学的管理方式，航天装备建设和使用单位在基于质量管理体系的基础上，要突出人本管理、民主管理和弹性管理，强调人在航天装备建设和使用工作中的中心地位，充分发挥航天人质量工作的积极性、创造性。

（三）质量管理持续改进

质量管理永无止境。首先，航天装备质量管理必须以科学发展观为指导，大力倡导学习借鉴科学、先进的装备质量管理技术方法，持续提高航天装备的质量；其次，创造使航天人能充分参与实现质量目标的内部环境，鼓励基层人员开展 QC 小组等质量改进活动、6S 管理、零缺陷管理等，认可他们的质量改进成果，能够有效调动和发挥全员的积极性、主动性和创造性，促进航天装备质量不断走向卓越。

五、航天装备质量文化物质层

质量文化物质层是航天装备质量文化的外层文化，是由一系列有形文化因素组成，主要包括物质文化的现象部分和外在体现，如航天装备建设人员、航天装备研制生产使用环境、设施设备、各种文化载体等，是航天装备质量文化的基础。航天装备质量文化物质层面的建设主要应从以下四方面进行。

（一）设计品牌标识

品牌的本质是品牌拥有者的产品、服务或其他优于竞争对手的优势能为目标受众带去同等或高于竞争对手的价值。品牌承载着他人对产品和服务的认可，是人们对一个组织及其产品、售后服务、文化价值的一种评价和认知，是一种信任。航天装备建设和使用相关组织，设计突出组织内涵的标识，彰显组织的产品和服务的优质，对组织内部人员产生自豪感、凝聚力；对外提升顾客对航天装备的信任度。中国航天科技集团公司与中国航天科工集团集团标志如图 3-2 所示。

同时，各单位还将设计质量文化手册，制作质量文化墙、质量宣传片等，作为质量文化的物质载体。

（二）完善环境和设施设备

航天装备建设和使用必须依托一定的环境、设备和设施才能展开，要保证装备及装备建设使用工作的高质量，就必须加大经费投入，改善建设条件、保障条件以及人员的生活工作条件，努力创建愉悦、和谐的工作环境，缓解人员的工作压力，激发人员的工作积极性，夯实物质基础，在确保完成航天装备建设和航天任务的基础上，不断提高效率和质量，不断改善拴心留人的环境，为航天装备质量文化建设创造良好环境。

图 3-2　中国航天科技集团公司与中国航天科工集团图标

（三）质量信息化建设

努力提高航天装备的研制技术、生产技术、试验技术、保障技术和管理技术水平，积极采用信息化、智能化手段，着重解决装备建设与使用过程中的薄弱环节和瓶颈，拓展、完善信息系统的功能，鼓励技术创新与工艺改进，优化业务流程，敏捷解决质量问题，减少无效成本。

（四）加强质量管理人才队伍建设

建立健全航天装备质量管理的决策机构、管理机构，明确各级领导、型号负责人、各岗位人员以及各职能部门质量管理的责任，全面落实质量管理的各项工作。

由于人是生产力系统中最关键、最活跃的因素。当今时代，一个组织传统上所具备的任何竞争优势，如资金优势、规模经济、垄断地位等都只能是一时的、短暂的，组织之间的竞争已转向知识和科技的竞争，而这种竞争从根本上讲是人才的竞争。当前，人才竞争已成为各种竞争的最高形式。随着经济的发展和社会的进步，一个组织能不能生产出高质量的产品，能不能提供高质量的服务，是否拥有高质量的技术人才，已经成为衡量一个组织的社会竞争力和未来发展前景的标准。航天装备建设人才是指参与装备建设和航天任务的指挥人员、管理人员、技术人员和岗位人员，是航天装备建设和使用的主体。航天人的精神面貌、规范整齐的着装、有序的作业、熟练的工作技能等是保证航天装备质量的关键，决定着航天装备的核心竞争力。要建立一套科学、适用的人员招聘、培训、使用、激励、考评和调整的人才队伍建设的长效机制，建立完善有利于人才脱颖而出和充分施展才华的机制体制，努力创建一支政治合格、技术过硬、作风优良、保障有力的富有创新精神和创新能力的高素质航天装备研发人才、保障人才和管理人才队伍，以确保人才的可持续发展。

第三节　航天装备质量文化建设

航天装备质量文化建设是一种文化的变革，必须系统建设与推进，才能植入航天人心中，发挥质量文化的凝聚、导向作用。

一、质量文化建设的基本指导思想

一是质量文化建设既要传承、吸收，又要创新。质量文化是一种管理文化，也是一种组织文化。质量文化是组织文化的核心部分，是组织和社会在长期的工作实践中自然形成的一系列有关质量问题的意识与观念，而不是“质量”与“文化”的简单叠加。因此建立航天装备质量文化体系，不能摒弃航天文化、装备文化。传承就是要在面对航天领域60多年沉淀的航天装备质量管理成功的经验、做法、问题，进行认真评估的基础上，去伪存真，继承航天领域以前质量管理的成功经验，发扬具有很深内涵的“胡杨文化”“岢岚文化”“西昌文化”等精神文化，以及中国航天科工科技集团公司文化，丰富航天装备质量文化的内涵。创新，就是要有强烈的创新精神、思维方式和心理状态，始终保持一种破旧立新的活力，不断提高航天装备质量文化创新能力。航天装备质量文化建设既要与时俱进，适应新时期形势的发展，适应航天装备使命任务的变化，又要不断剔除阻碍质量提高的因素，推陈出新，将优秀航天文化与航天装备质量建设有机统一，质量文化建设只有起点，没有终点，要不断向前发展，同时推动航天任务质量不断提升。

二是要构建航天装备质量文化建设的总体目标。航天装备质量文化建设的总体目标应做到：力争用较短的时间，基本建立起遵循文化发展规律，符合航天任务需要和航天装备发展战略，具有航天装备特色的质量文化体系；提炼一个具有鲜明时代特征和航天装备特色的质量核心价值体系和精神文化体系；建立一套协调有力、上下联动、科学高效的质量文化建设体系和运行机制；推出一批质量文化示范单位、教育基地、模范人物和理论研究成果；培育一支理论水平高、实践能力强、勇于开拓创新的质量建设人才队伍；培养一种严谨、务实、精细、高效的质量工作作风；营造一个和谐向上、利于航天装备质量扎实推进的质量工作环境。

三是要有计划地分阶段地扎扎实实建设航天装备质量文化。质量文化的建设过程也是质量文化的发展过程，是质量文化的创建、传承、学习和创新过程。质量文化的建设不是一蹴而成的，是在装备建设全寿命过程中，为适应航天装备质量建设持续发展需要，经过较长时间的传播和规范管理逐步形成的。

二、质量文化建设的原则

（1）特色鲜明的原则。航天装备战略地位高，技术含量高，风险大，任务强度大，使用经费多。质量文化建设必须围绕航天任务的中心、着眼航天装备的特点、突出重点，在增强各级人员责任感、使命感上做文章，在培育严慎细实的工作作风上下功夫，在营造良好氛围上用力气，在提高航天装备质量工作能力和水平上见成效。

（2）以人为本的原则。以人为本是航天装备质量文化建设的核心。质量文化建设的关键是将质量理念、质量价值观等根植到各级人员的思想深处，融汇到行为准则之内，表现到工作各个方面，最终物化到航天装备建设与使用工作当中。在航天装备质量文化建设中，必须充分调动全体人员的主动性、积极性和创造性，不断提升人的核心价值观，开拓进取、奋发有为、朝气蓬勃、积极向上的良好形象。

（3）全员参与的原则。航天装备质量文化建设既需要航天领域各级领导的倡导、组织和推动，更需要全体人员的积极参与。要在航天装备建设和使用单位的各项管理工作中，努力营造和谐的质量文化氛围，积极提炼质量理念和质量价值观。

（4）继承创新的原则。质量文化建设既是对航天装备质量理念、质量价值观的传承发扬，又是在新形势下与时俱进的创新。在质量文化建设中，要不断完善新时代航天装备建设质量管理体系和各项规章制度，开阔思路、创新方法，努力提升航天装备质量文化建设水平。

三、质量文化建设的步骤

航天装备质量文化建设不能只是口号式的，不能是只可意会不可言传的东西，必须是具体的，必须具有可操作性。

航天装备质量文化建设过程的基本任务有六大内容，即质量文化策划、质量文化诊断、质量文化设计、质量文化宣传和推广、质量文化评估改进、质量文化深入发展。对应这六项基本任务有 17 项具体任务，同时有 22 项具体的工作内容，通过这一系列系统的工作，要生成六项工作成果，即质量文化建设计划、质量文化诊断报告、质量文化手册、质量文化推广方案、更新的质量文化手册、质量文化深入推广发展方案。具体见图 3-3 航天装备质量文化建设的主要任务和工作内容。

航天装备质量文化建设一般需经历以下六个阶段。

第一阶段：策划阶段

（1）成立组织机构，可分为领导小组、协调组和编写组等，明确组长、成员和职责，成员应包括指挥线、技术线、计划、质量、政工、财务等相应部门，便于协调调动人、财、物、时间等资源保障。

（2）提出质量文化建设的实施步骤和方案，并形成计划。

在策划阶段，最高管理者的组织领导作用是极其重要的，领导者在明确航天装备使命任务、发展战略的基础上，组织制定质量文化建设纲要，亲自指导与参与质量文化建设，成为质量文化建设的倡导者、宣传者与推动者；并对质量文化建设实施进行战略部署。

第二阶段：诊断阶段

（1）历史调查研究，采集航天装备建设单位和装备使用单位的建立与发展历史、精神文化史、质量管理发展史；

（2）现状分析，描述航天装备承担的使命、愿景，分析航天装备建设单位和装备使用单位质量文化发展的内在机制、发展环境、发展战略，梳理现有质量文化现状。

在诊断阶段，主要通过组织单位各类型各层级（包括指挥、管理、技术、基层岗位等）人员和单位老一辈人员，采用问卷、座谈等方式进行调查分析，挖掘航天装备建设历史（辉煌历史及警示事件）、精神文化史、典型人物、文化传承、质量管理发展史；梳理、总结航天装备承担的使命、愿景，分析航天装备建设单位和装备使用单位质量文化发展的内在机制、发展环境、发展战略，梳理现有质量文化现状；凝练形成具有单位自身特色的传统质量文化，并通过交流与沟通在单位内形成共识。

第三阶段：设计阶段

（1）提出创立航天装备质量文化的目标、宗旨和意义，给航天装备质量文化定位；

（2）根据航天装备建设与使用质量管理特色，提出质量理念、质量价值观等核心内容；

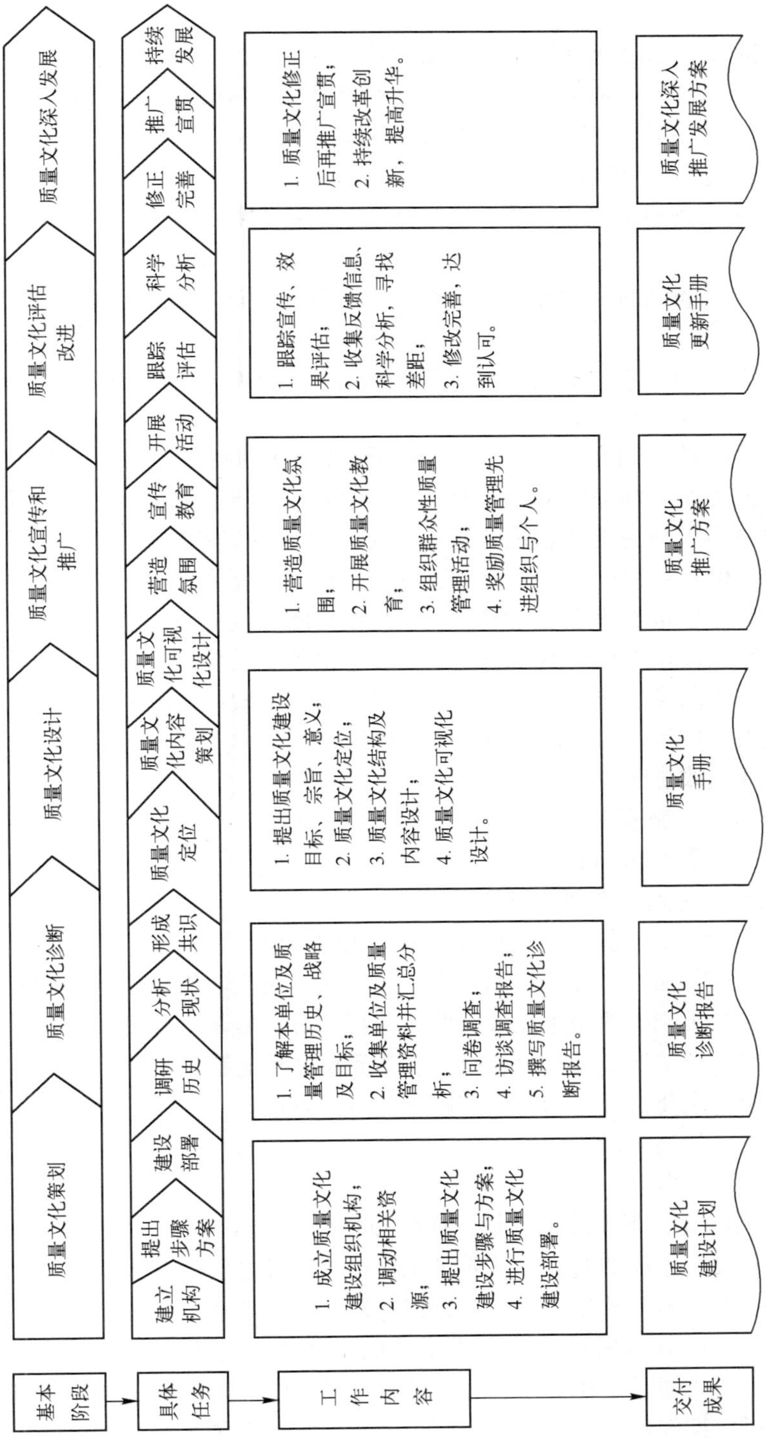

图 3-3 航天装备质量文化建设的主要任务和工作内容

(3) 根据航天装备的战略目标，提出质量文化的物质层、行为层、制度层和精神层的相应文化。

在设计开发阶段，通过充分的酝酿论证，确定组织航天装备质量文化的定位，包括质量文化的方向和期望目标，确定原有文化中应当继承和弘扬的元素；确定组织航天装备质量文化组成，包括精神层、制度层、行为层、物质层的内容等。

第四阶段：宣传和推广阶段

(1) 营造航天装备质量文化氛围，通过标语、内部刊物、广播、网络等形式形成浓厚的质量文化氛围；

(2) 开展航天装备质量文化教育，通过警示教育、培训、研讨、竞赛等各种形式进行宣传教育；

(3) 开展群众性质量管理活动，组织开展 6S 管理、QC 小组等各类质量管理活动，奖励质量管理先进组织与个人。

在宣传和推广阶段，结合航天任务形势，利用内部刊物、网站、闭路电视等传媒途径，对全体人员宣传航天装备质量文化理念、质量方针、质量价值观、质量管理体系、质量格言等，对内提高人员的质量意识和素养，对外树立良好的质量形象。利用网络平台、报纸、新闻稿件、电视台、广播等平台，通过设立标语牌和体现航天装备质量理念、价值观的横幅灯箱，修建质量文化主题雕塑、质量文化长廊等宣传报道航天装备质量文化的特色和亮点；组织基层岗位人员开展 6S 管理、QC 小组等各类质量管理活动；奖励质量管理先进组织与个人，不断增强航天从业人员的质量意识，培塑优良的质量作风，提升质量管理技能，养成人人重质量、人人抓质量的优秀传统。

第五阶段：评估改进阶段

(1) 跟踪宣传、实施效果评估；

(2) 收集信息，科学分析；

(3) 修正完善，达到内外部认可。

在评估改进阶段，基于前期航天装备质量文化的建设与宣传推广，组织人员对这段时间质量文化的成果进行测量、分析。测量人群应广泛，包括航天装备管理的机关、单位中各类各级人员、装备承制与使用单位等，监测分析人员对质量文化的认可度、满意度，以及文化的宣传推广实施情况，及时分析航天装备质量文化建设的成果、存在的问题，及时修正完善，掌控质量文化建设方向，使其向好的方向发展。

第六阶段：深入发展阶段

(1) 修正后再宣传推广；

(2) 根据发展状况，不断改革创新，提高和升华。

在深入发展阶段，于前期航天装备质量文化评估修订之后，航天质量文化将进一步推动质量管理制度有效落地并转化为全员的意识习惯，因此从多个层面搭建航天质量文化深入发展的平台，从细微处将质量文化融入全员的工作生活行为中。第一，利用信息化手段，网络建设线上航天质量文化展厅，开辟“质量专栏”，宣传质量文化和基层质量活动动态。第二，通过定期编制刊出《质量文化手册》《质量宣传手册》《质量专刊》以及制作质量知识小贴士等，将质量文化渗透到日常工作中，使全体人员时时处处感受到航天价值追求和质量文化的熏陶。第三，组织“质量文化大讲堂”，定期邀请质量管理专家举办质量文化讲座，不定期组织质量文化交流研讨和外出参观学习，提升员工的质量意识。第四，注重收集整理一线人员关于航天质量的格言和感受，总结固化实用、管用的实践做法，发挥航天质量工作的群众智慧。

这六个阶段不是一次性的，需要循环往复，持续改进。

质量文化建设和发展是一个动态的过程，需要通过长期的实践检验，要在长期的实践中不断地加以完善和持续改进。

思 考 题

一、填空题

1. 航天装备质量文化是________精神、________精神、________精神、________精神的传承和弘扬，伴随中国航天事业的发展，积淀了深厚的底蕴。

2. 周恩来总理提出的“十六字”方针为________、________、________和________。

3. 质量文化是质量形成的灵魂，持续作用于航天装备建设质量活动的全过程，对航天装备的建设和发展起着至关重要的作用。它对航天装备建设实践活动及人员产生________、________、________、________和________等作用。

4. 航天装备质量文化精神层中的质量理念为________、________、________、________。

5. 航天装备质量文化的基本结构有四个层次，由________、________、________、________有机组成，________是质量文化的灵魂，________是质量管理标准要求，________是质量行为规范体系及其运行机制，________是质量文化的物化部分。

二、简答题

1. 质量文化的定义是什么？

2. 航天装备质量文化的特点是什么？

3. 航天装备质量文化结构分成哪几层？每层的主要内容是什么？

4. 航天装备质量文化的作用有哪些？

5. 简述航天装备质量文化建设步骤。

第四章　航天装备质量管理发展

随着国家航天事业的发展、质量管理理论技术的进步，航天装备质量管理逐步向科学化、信息化、智能化、生态化方向发展。本章主要介绍影响航天装备质量管理发展的动因，梳理航天装备质量管理发展历程，提出航天装备质量管理的发展趋势。

第一节　航天装备质量管理发展动因

研究质量管理的发展趋势，首先要了解动因，这对于加强航天装备质量管理具有重要作用。影响航天装备质量管理发展的动因可分为主导动因、外部动因和内部动因。

一、主导动因

主导动因主要包括航天装备承担的使命任务因素以及领导者因素。

1. 航天装备承担的使命任务因素

航天装备使命是航天装备建设与使用单位所承担的重要任务、责任和目标，它的变化影响并驱动着装备质量管理的建设与发展。新形势下，航天装备承担的使命任务在不断扩大与发展，以及航天装备使用环境的特殊性与变化性，对装备的性能指标、可靠性等要求也在不断提高。为了完成航天装备的使命任务要求，航天装备建设与使用单位在装备质量管理上要不断突破与超越，提升人员的质量管理意识和责任心，完善质量管理机构和制度机制，改进质量管理的技术手段，充分发挥质量管理对航天任务成功率和新型航天装备发展的促进作用。

2. 领导者因素

众所周知，质量管理是一把手工程，质量管理发展论都强调领导力在质量管理中的必要性和关键性。如果领导者认为单位有质量管理变革的需要并产生了足够的意愿，他将成为质量管理变革的催生者，打破单位原有的质量管理做法，决策适合单位实际的质量管理战略，对质量管理建设给予充分重视，推动单位质量管理变革，将质量管理作为装备质量发展的内驱力，并在实践中身体力行，鼓励所有人员学习质量管理的理念和方法，落实质量管理要求，使质量成为组织的战略与基因，推动质量管理发展。

二、外部动因

外部动因包括国内外质量管理环境、科学技术发展等因素。

1. 国内外质量管理环境因素

质量反映一个国家的综合实力，是国家、组织和行业的核心竞争力的体现。国际上各国都重视质量管理理论与技术的发展，从质量检验、统计质量控制到全面质量管理，从全面质量控制、QC 小组活动、田口质量工程学、6S 现场管理、全面生产维护、“老七种工具”、“新七种工具”、ISO 9000 系列标准、零缺陷管理、精益管理、六西格玛管理以及卓越绩效，质量管理的理论与方法在全球不断发展与推广。

近 10 年，我国把质量工作放在非常突出的位置，2012 年 2 月，国务院印发《质量发展纲要（2011—2020 年）》，首次提出建设质量强国。《质量发展纲要（2011—2020 年）》中提出：质量发展是兴国之道、强国之策。2023 年 2 月 6 日，中共中央、国务院印发了《质量强国建设纲要》，用于统筹推进质量强国建设，全面提高我国质量总体水平。党的十九大报告明确提出“质量强国”的国家战略，同时提出了“质量变革、效率变革、动力变革”，把“质量”提高到了前所未有的高度。中国于 20 世纪 70 年代末开始从日本及西方国家学习全面质量控制、ISO 9000 系列标准等质量管理技术方法，目前以中国质量协会为代表的质量管理机构经常组织国内质量管理学术与实践经验的交流活动，积极推广中国特色质量管理理论与技术方法。

装备的质量管理从引入国外质量管理的模式，到建立质量检验制度、质量保证体系，推行可靠性系统工程，颁布《武器装备质量管理条例》等法规文件，将“质量至上”上升为装备建设的战略指导，全面实施装备质量综合提升工程和“十三五”质量建设规划，以及推行新时代装备建设质量管理体系，等等，不断促进装备质量管理的发展。

国内外质量管理发展的大环境都在影响着航天装备质量管理的发展。推动航天装备特色质量理念创新、质量工作方法和手段创新、质量管理体系创新；在创新中不断总结提炼，丰富和发展新时代航天装备质量管理体系的新内涵，打造航天装备质量管理新能力。

同时，在全球化背景下航天领域竞争日益激烈，各国为了在航天领域中获得竞争优势，必须不断提高航天装备质量和保障质量水平，这一切都推动了质量管理方法的不断进步和创新。

2. 科学技术发展因素

科学技术是航天领域最活跃、最积极、最具有决定意义的因素之一。装备质量管理发展的重要动力为理论支持、技术牵引。先进的理论和技术应用于质量管理活动，引发装备质量管理体系的变革、质量管理手段以及质量管理内容的发展。

当代科学技术的迅猛发展，不仅给社会、经济带来了深刻的变化，也促进了质量管理技术的发展。随着网络技术、人工智能等技术的发展，科学技术在质量管理能力构成诸多要素中的重要地位和作用越来越突出，形成管理优势和效益。

航天装备质量管理能力由人员、手段、设施等多种要素共同决定，这些要素都是科学技术的结晶。由于科学技术的互通性，一个国家可以通过国际科技合作与交流，通过学习研究他国最新科学技术，缩短在某些科学技术上的差距，降低人对装备质量的影响。科学技术的发展和广泛应用，改进了质量管理手段，使管理的效能大大提高，装备质量管理实现网络化、信息化，进而向智能化发展，这都将大大提高航天装备建设的效率和质量。

三、内部动因

内部动因主要包括质量问题、质量文化等因素。

1. 质量问题因素

随着航天领域竞争加剧，航天装备建设和航天任务规模越来越大，投资越来越多，周期越来越短、风险越来越高，质量管理面临巨大考验。另外，航天装备在建设与使用阶段存在不少质量问题，质量管理理念、方法、手段滞后，现代化质量管理体系还不健全，存在经验型检验型管理模式，难以适应高精尖航天装备建设和使用的需要。为有效解决质量问题，就要不断提升质量管理意识，探索创新质量管理技术方法。

2. 质量文化因素

质量文化是质量管理的基石，也是质量管理创新发展的土壤。优秀的航天装备质量文化在航天装备建设和使用单位落地生根，全体航天人将质量管理标准与要求内化于心、外化于行，成为自觉行动和行业操守；将质量至上、勇于奉献作为座右铭、价值观；将实现航天装备质量零缺陷作为工作目标、自身责任，这一切都将激发航天人不断探索航天特色质量管理方法，坚持持续改进，追求卓越的质量，打造航天装备精品品牌。

第二节　航天装备质量管理发展历程

我国航天事业从无到有，从小到大，从弱到强，走出了一条独立自主、自力更生之路，经历了从仿制到自主研制，从多研制少生产到高密度研制生产交付与发射的常态化，构筑了专业齐全、功能配套、设施完备的航天装备建设体系，积累了具有特色的航天质量管理经验和方法。航天装备质量管理是航天装备建设和使用全寿命阶段的重要内容，是伴随航天装备使命任务的变化、科研生产模式的调整以及技术方法手段的进步而不断探索、不断创新发展的。

航天装备质量管理历史阶段的界定和划分，主要依据不同历史时期，航天事业所面临的国内国际的政治、经济、军事形势，国家、军队有关航天装备建设的重大战略决策和部署，航天装备承担任务不断发展的形势及其对质量管理需求的不断提高等，综合多因素划分。对航天装备质量管理历史进行认真地回顾和总结，梳理航天装备研制与使用单位质量管理工作历史发展的脉络，可以让我们以史为鉴，在继承发扬航天装备质量管理优良传统的基础上，更加坚定地学习借鉴国内国际一切质量管理的先进理论和做法，将质量管理工作持久有效地开展下去。

一、航天装备质量管理探索阶段

这一时期以 20 世纪 50 年代末航天工业开始组建，以及 1958 年 10 月，国防部命令导弹试验场为第 20 训练基地为时间起点，到 1977 年“文化大革命”结束。由于政治及历史的因素，航天工业和航天发射场在建立初期，航天装备建设和科研试验任务主要所采用的是苏联的质量管理模式和做法。航天装备在设计过程中靠设计师系统的自我保证，制造过程中主要靠检验系统，实行拟制、校对、审核和批准的技术责任制，设计师监督着研制制造过程的航天装备质量。

1959 年苏联撕毁合作协议后，航天工业和航天发射场处于极为艰苦的自力更生创业时期。20 世纪 60 年代初，周恩来总理提出“十六字”方针，航天工业和航天发射场将“十六字”方针作为航天装备建设和使用质量管理工作的指导思想。第一个自行研制的近程运载火箭首飞失败，引发航天领域对质量可靠性的重视。国防部五院颁发《国防部第五研究院暂行条例（草案）》，强调按研制程序办事，做好充分地面试验，建立全箭试车台和控制系统仿真实验室，强调“进行充分的地面试验，把故障消灭在地面，不带隐患上天”；组建专家组，建立质量控制专业研究所，研究和推行可靠性技术，提出“尽量运用成熟技术，控制采用新技术的比例”；发扬“三严作风”，树立“严格的要求，严肃的态度，严密的方法”；实施“预研一代、研制一代、批量生产一代”的“三步棋”战略；实行“五定”，即定方向、定任务、定人员、定设备、定制度；建立型号两条指挥线，即行政指挥系统和技术指挥线，建设总体设计部，发挥其总体设计、技术抓总和技术协调的作用；建立技术责任制、加强全员技术培训、广泛采取技术民主等多种措施，强调设计人员对设计质量负责，为防止和消除设计中的错误而斗争，实行校对、审核和批准责任制和工艺会签，要求设计师下厂监造；实行自检、专职检验、工组长抽检的“三检制”，实现了我国航天史上许多零的重大突破。航天发射场在航天发射试验任务中常采用多时段、多专业领域、多系统的多次调试、多次合练、多次总检查，而后发现问题再进行解决的“事后发现问题”方法，发生问题多采用事后“举一反三”被动式解决问题、接受教训的方法，采用事后“一票否决”激励式惩罚的方法。那时，常常是一个单位或一个环节发生了事故，随即进行全系统的集中“整顿”，由于“整顿”缺乏主动性和针对性，“整顿”的效果往往大打折扣，“整顿”成为一阵风，走过场，流于形式。

受到“文化大革命”的干扰，研制过程中元器件质量低劣，设计、制造过程严重失控，一些重点型号飞行试验连续失败。20 世纪 70 年代中期开始质量整顿、质量复查，落实电子元器件定点、定技术条件供应；航天发射场在发射试验任务的质量管理中也提出了“以预防为主”的思想并采取了一些措施，但是质量管理的概念并不清晰，“以预防为主”还没有成为质量管理的主流思想，所以从总体上讲，还是采取“事后把关”以检验为主的质量管理模式。

二、推行全面质量管理阶段

改革开放之后，国家打开国门，向世界各国学习先进的技术与管理方法。1978 年，全国引入全面质量管理，航天系统同步全面推行全面质量管理，开展群众性 QC 质量管理小组活动，学习各种质量管理工具方法，加强质量控制，各级人员质量意识及质量管理能力显著提升。至 20 世纪 80 年代初，质量管理已覆盖到航天装备的设计、工艺、设备、生产、试验、计划和教育多个部门，各单位开始建立质量管理机构，全面质量管理逐步推广。同期，航天发射场按照上级部署，以“提高科研试验任务能力”为目的，开展了治理“肿、散、骄、奢、惰”，全面拨乱反正、建章立制的整顿治理工作。发射场质量管理工作有了新的突破。

1983 年 11 月，在推行全面质量管理基础上，原国防科学技术工业委员会（以下简称科工委）颁发了《军工产品质量控制暂行条例》，对军工产品研制、生产全过程提出了全面、有效的质量控制要求。1987 年 6 月，科工委颁发了《军工产品质量管理条例》（以下简称《条例》），要求各单位按照《条例》实施质量保证体系考核，并确立了“一次成功、系统管理、预防为主”的思想，提出了可靠性保证、三个评审、两个检查、一个会签、技术状态管理、关键件控制、首件鉴定，以及建立故障报告、分析和措施纠正系统等要求。航天领域按照《条例》要求，强化装备研制、制造过程的质量保证和质量管理活动。

1988年，科工委相继发布《军工产品质量管理条例实施要求与评定导则》《军工产品承制单位质量保证体系评定要点》《军工产品承制单位质量保证体系考核管理办法》等质量管理保证体系考核指导文件。自1993年起，国防科技工业开始实行质量保证体系考核向认证管理转变，于1996年编制《质量管理和质量保证》国家军用标准，作为军工产品承制单位质量管理体系认证依据，军工企业由质量保证体系考核转为质量管理体系认证。

1986年，全国军事技术装备可靠性标准化技术委员会成立，1988年航天708所设立质量与可靠性研究中心。

三、基本形成航天特色质量管理阶段

20世纪90年代中期，航天工业企业面临井喷式研制任务增加和跨越式技术难度提升。同时，航天工业企业的计划经济受到市场经济冲击，计划经济体制下的外部协作配套体制基本取消，航天型号研制、生产质量问题十分突出，航天任务重大失败时有发生，最为突出的是1996年2月15日，“长三乙”火箭首发“国际通信卫星708”，火箭起飞后22秒爆炸，星箭俱毁；1996年8月18日，“长征三号”发射中星七号通信卫星，三级发动机二次点火发生故障，卫星未能进入预定轨道。

针对异常严峻的质量形势，航天工业企业制定并颁布了全面加强型号工作的“72条”、强化质量管理的“28条”和“质量问题归零‘双五条’”等一系列具有航天特色的质量管理措施；1997年，航天工业开始引进欧空局产品保证技术和管理，1998年，QJ 9000《航天工业质量管理和质量保证要求》发布实施，结合型号狠抓落实，取得明显成效。

航天工业企业和航天发射场提出并有效实施关键岗位“双岗制”；对质量管理的关注点前移，在全面恢复老传统的同时，进一步开展了任务的质量问题“双想”（事故预想和质量回想）活动，采取了在任务前认真制定多项“预想方案”等措施，有效保证了航天重大工程、重点型号的成功。

四、质量管理科学创新阶段

2008年航天发射场根据航天科研试验任务对质量管理工作的迫切需求，总结和推广航天工业部门质量管理的先进经验，学习国际、国内质量管理的先进理论和做法，在航天发射场全面推行ISO 9000质量管理体系的建设工作，这是航天发射场质量管理史上的一个重要时间点，它标志着航天发射场质量管理工作进入了一个全新的建设阶段，标志着航天发射场质量管理工作步入了一个与国际接轨的规范化、标准化的建设时期，是以ISO 9000质量管理体系建设为主要形式的真正的全面质量管理时期。

2010年《武器装备质量管理条例》的颁布施行，是我国武器装备法规建设史上的又一件大事，对于建立和完善我国武器装备质量管理法规体系，依法加强武器装备质量管理，促进武器装备现代化建设，提高武器装备建设的整体质量和效益，具有十分重要的意义。

航天工业企业为提高质量管理体系运行的有效性，提升全员质量管理素质，加强产品质量可靠性，制定并颁布了《航天型号精细化质量管理要求》（以下简称“新28条”）《航天型号技术风险分析与控制要求》《航天型号量化控制工作要求》《强化航天型号可靠性工作的若干要求》等一系列文件。开展航天质量提升工程，有效保证了以“探月工程”“北斗导航工程”和“载人航天工程”等为代表的航天工程任务顺利实施。

五、质量管理全面提升阶段

在2014年12月召开的全军装备工作会议上，习近平总书记将“质量至上”上升为装备建设的战略指导。2015年全军召开装备质量工作会议，全面实施装备质量综合提升工程，每半年开展一次装备质量形势分析，严格质量问题追责。

2017年10月，党的十九大召开，装备建设质量管理走进新时代。航天装备质量工作遵循装备工作新形势新要求，也呈现新内容：航天装备质量工作不能仅关注装备研制生产质量，还要关注装备使用保障质量；不能仅关注符合性质量，更要关注适用性质量，也就是要更加关注航天装备使用单位对装备使用的直接感受；不能只关注单一装备的质量，更要关注航天装备成系统成建制使用中的质量，也就是要更加关注体系质量。

新时代航天装备建设也面临着新的要求，航天装备建设质量管理的目标同样要向航天任务聚焦，向战斗力标准靠拢，提升航天装备的任务适用性；向装备体系聚焦，提升航天装备体系的质量。

纵观中国航天质量管理的发展历程，可以深刻体会到：中国航天质量管理伴随中国航天事业的发展而发展，已经在国内处于领先水平，对于国际航天领域而言，已经从跟跑到并跑，为从航天大国步入航天强国而保驾护航。对于建设航天强国而言，航天装备质量管理还需要进一步完善提升。

第三节　航天装备质量管理发展趋势

回顾航天装备质量管理的发展历史，装备质量的要求随着时代的发展不断地拓宽和深化，在解决质量问题中所运用的方法、手段，也是在不断发展和完善的。世界质量管理的发展趋势：一是质量监督的主体、形式都将更加丰富，内部的质量监督不再局限于专业质检人员，而是全员参与，更加重视质量文化；随着管理科学的发展，人在管理中的作用大大加强了，对人的能力素质要求也大大提高了。重视人的作用，不断提高全员的素质，已经成为质量管理的重要内容。二是外部（装备管理机关、总体单位、质量认证中心等）的监督、行业监督和社会监督将会发挥更多的积极作用，需要加强对供应商的评估和监控，建立质量信息共享和风险管理机制，以确保稳定性和可靠性。三是质量管理将会更加公开和透明，质量管理的空间范围将朝着国际化、全寿命等方向发展，要关注装备建设与使用全链条的各个环节，与链条上所有单位建立紧密的合作关系，并共同努力提高航天装备质量。四是绿色质量管理，随着环境问题的日益突出，绿色质量管理将成为未来的发展趋势之一。航天装备论证、研制、使用需要关注装备的环境友好性和可持续性，积极探索低碳清洁的生产、试验、使用的方法和技术，如火箭推进剂的改进，火箭、卫星的再利用，在轨航天器故障、报废时减少空间碎片垃圾等。绿色质量管理不仅能够保护环境和节约资源，还可以提升中国航天的形象和竞争力。

一、航天装备质量管理精细化

随着航天装备复杂程度和技术含量的加深，装备从论证研制生产，到使用维修的要求越来越趋于高标准、高精度和高质量。在航天装备建设和使用过程中，树立精细化管理理念，坚持“精、准、细、严”原则，在管理方法、管控手段和制度落实上精益求精，实现装备全过程、全要素管理的精细化。

航天装备精细化管理是技术和管理相融合的全面质量管理，以系统工程管理为核心，以过程控制精细化为特征，牢固树立零缺陷理念，坚持预防为主、源头抓起、全员参与的原则，有效识别与控制技术风险，不断提高装备保证能力，不断提高技术、装备、管理和队伍成熟度，实现装备研制、生产、试验鉴定、使用过程质量控制的规范化、定量化和精细化，确保航天装备满足航天任务要求。

（一）航天装备精细化管理主要内涵

1. 树立零缺陷的理念，强化全员质量意识

零缺陷的理念和系统工程管理的性质，决定着航天装备的质量目标：第一次就将事情做对。这一目标进一步分解为：方案论证一次通过，设计评审、确认、验证一次通过，生产检验一次合格，总装测试一次通过，地面试验一次成功，使用管理工作一次做好等，即第一次就把装备建设和使用的各方面工作做好，这就是以零缺陷为目标的航天装备系统工程管理的实质。

2. 运用系统工程方法，注重质量顶层策划

航天装备是技术复杂的系统工程，具有高可靠、高安全的特点，为提供安全可靠的航天装备，航天装备建设在贯彻系统工程理论的基础上，坚持系统思维，从航天装备的立项开始，按照装备建设任务特点明确了严格的研制工作程序，建立起型号工程两总系统，实施工程两总负责制，以责任令等形式明确各级指挥和设计师以及各承制单位的质量职责，建立装备质量保证组织和可靠性工作系统，落实质量技术监督机构和人员的职责，确保质量职责层层传递、落实到位。

3. 创新装备风险管理，有效管控技术风险

航天装备研制生产使用是高风险工程，预防风险，尽早识别与控制风险一直是航天装备研制生产使用管理工作的重点。创新性地提出了开展全方位的风险分析与控制工作，包括任务特点分析、产品关键特性分析、设计裕度分析、单点故障模式分析、强制检验点设置的充分性和控制有效性分析、测试覆盖性分析、接口协调性和匹配性分析、成功数据包络线分析、安全性分析、最终使用状态分析、“九新”（新技术、新材料、新工艺、新状态、新单位、新岗位、新人员、新设备）分析、重大工程独立评估等。特别是重大工程，要站在大系统层级的高度，以风险管理方法论为指导，以航天系统工程研制核心思想为基础，集中装备建设团队以外整个国防工业和装备使用单位具有丰富工程建设经验的顶级权威专家资源，围绕装备关键技术突破情况、系统接口协调匹配情况和研制过程管理情况，伴随关键研制、试验鉴定、使用等阶段持续开展独立、权威、深入的系统级风险评价活动。

4. 覆盖全过程全级次，实施细化量化控制

细节决定成败这一管理的基本法则对于航天装备建设和使用系统工程而言，尤其重

要。导致装备质量问题的因素往往来自研制、生产、试验鉴定、使用、维护维修过程某个细微的环节，软件的一个符号、电路的一个极性、结构的一个细微缺陷、状态的一个细小变化、敲错的一条指令，都有可能导致装备的失效和航天任务的失利。这就要求航天人要关注细节，确保每个细小的变化、每个细微的环节都能全程受控，对设计、生产、试验鉴定和使用、维修全过程实施极其严格的细化量化控制，包括装备保证策划与控制、可靠性设计分析与验证量化控制、技术风险量化控制、强度裕度量化控制、技术状态更改量化控制、元器件“五统一”量化管理、软件工程化管理及第三方评测量化控制、关键工序量化控制、紧固件与螺纹连接件定力矩安装量化控制、航天装备数据包管理、表格化控制、任务现场6S管理等，逐步形成覆盖航天装备全寿命和各装备层级的精细量化的质量控制方法体系。

5. 严格质量问题归零，实现质量信息共享

根据系统工程和闭环管理的思想，中国航天创造性地提出并实施了质量问题技术归零和管理归零的“双五条”标准。对于质量问题本身而言，归零工作要刨根问底，力求水落石出，它是有效的“救火”措施。对于其他航天装备而言，归零工作可以杜绝类似质量问题的重复发生，起到“防火”作用。航天装备应逐步构建贯穿装备建设与使用全寿命单位联通的质量信息工作体系，创建质量问题快速响应和面向装备质量分析等机制，形成以质量问题信息快速共享为特色的精细化信息管理工作。建立质量与可靠性信息管理制度，形成质量问题信息的全面收集、快速上报、系统分析和及时反馈的管理机制和工作体系；建立装备质量问题数据库，确保装备管理机关、研制生产试验单位，以及使用单位的有关人员，尤其是一线人员及时掌握相关信息；建立元器件、原材料、标准紧固件的基础数据库，实现质量基础数据可追溯，为设计选用和采购管理提供信息服务；建立故障预警制度，通过发布质量信息通报、编制故障案例集和故障警示录，做好故障预警工作；建立装备基本信息库和使用过程态势库，为装备在航天任务运用提供决策依据；开发质量与可靠性信息系统、数据库，健全并实施质量问题技术和管理双归零以及举一反三等制度，完善标准规范体系，开展最佳实践交流，促进知识创新和快速共享。

6. 开展质量管理体系评估，持续改进质量管理体系

在坚持贯彻GJB 9001体系审核要求的基础上，针对航天装备质量的特点，把质量管理体系与装备建设、使用紧密结合起来，把装备质量问题的检查和分析与质量管理体系专项审核结合起来，把质量问题归零作为弥补质量管理体系缺省链的重要方式，把针对装备质量问题的纠正和预防措施纳入质量管理体系文件，做好质量管理体系文件的动态管理，不断细化完善各类程序文件和岗位操作规范。在质量管理体系有效性评价方面，研究提出并实施航天工业的集团对研究院、研究院对研究所/工厂两级，装备使用单位三级质量管理体系建设模式，将精细质量管理要求进行细化分解，并纳入质量管理体系文件中，按照“要求—落实—改进”的评估方式，对质量管理体系的每个评估要素和体系整体进行定量化的成熟度等级评价，通过评估发现薄弱环节，挖掘和推广最佳实践，形成以评促建、持续提升的管理能力提升机制。

7. 加强技术基础建设，提升质量保障能力

为了研制生产国际一流的航天装备，保证装备的一致性和稳定性，航天装备建设和使用单位在工作设施、技术基础、经费投入等方面形成与之相适应的基础能力，尤其是质量与可靠性、标准化、计量、物资、工艺、专业队伍、专业机构等方面的技术基础能力。实施标准化装备建设，及时总结、固化技术成果和质量管理经验，完善标准体系，有效地提升标准的技术水平和实用性；加强质量与可靠性关键技术和质量管理方法的研究与推广应用，创新航天装备全寿命阶段控制方法，确保各阶段工作受控。通过强化制度建设和资源保障条件建设，不断提高质量基础保障能力，实现质量标准、方法、机构和队伍建设工作的精细化，为航天装备建设和使用提供质量保障和技术支持。

（二）航天装备精细化质量管理模式

航天装备精细化质量管理以满足政府、装备使用单位、供方和合作伙伴、组织成员、社会等各相关方需求和期望这一广义质量为目标，以质量文化理念为引领，以航天装备全寿命质量过程控制为核心，以质量管理体系和产品保证能力建设为基础，将这几个要素系统结合，保证航天装备建设与航天任务的圆满完成和航天事业的科学发展。航天装备精细化质量管理模式如图 4-1 所示。

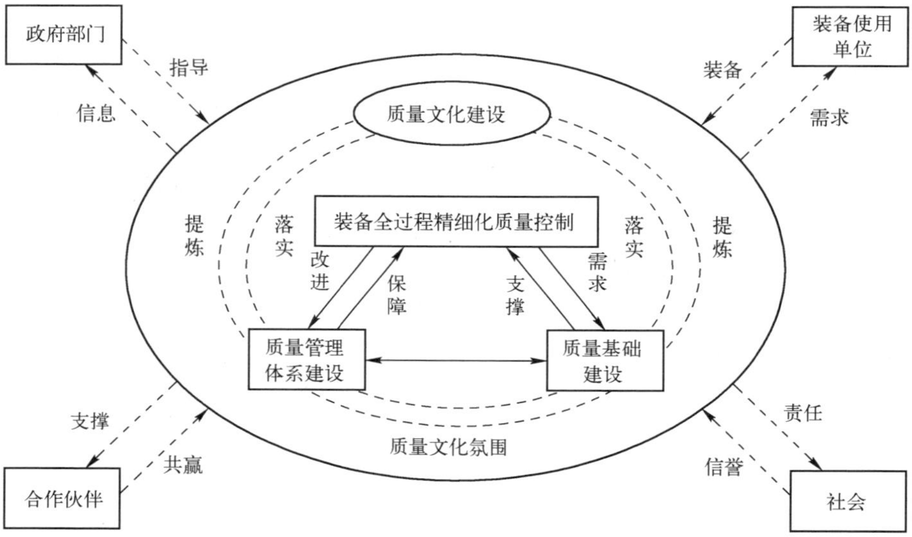

图 4-1 航天装备精细化质量管理模式

二、航天装备质量管理生态化

质量建设永无止境，对质量问题的认识，要随着时代的进步而不断深化和发展。质量生态是质量观念创新、质量管理融合与回归，以及质量管理发展到“大质量观”阶段的产物。树立质量生态意识，完善相关机制，塑造良性质量生态，有利于解决航天装备质量管理面临的矛盾问题，有利于新时代航天装备建设质量管理体系落地生根，有利于航天装备质量管理保持蓬勃充盈的生命力。

（一）航天装备质量管理生态化的基本认识

一是将生态的认识和理论引入航天装备质量管理领域。以生态视角和演进的观点考察航天装备质量管理系统的结构和功能，有利于认清装备质量全过程的动态平衡问题，有利于实现可持续发展；以生态学的整体论和系统观对质量管理的各类问题进行思考、分析、判断和决策，有利于避免片面性看待问题，从大质量观角度解决全局问题，为质量管理理论和实践开拓方向；将生态意识整合至质量经营的过程中，有利于促进利益相关者群体以及组织间关系的转变和协调。

二是航天装备质量生态是新时代航天装备建设质量管理体系的内在组成和必然要求，也是新时代航天装备质量管理的平台、支撑和保证。质量生态是现代质量管理理论和方法的统合集成，构建与完善质量生态是适应质量管理边界超出传统组织范畴、质量管理对象不断扩大、质量管理形势日益复杂的重要举措。

三是航天装备质量生态是质量管理体系和任务环境的综合体，既包括质量管理体系内部质量主体之间的相互关系，也包括质量管理体系与任务环境的相互关系，是航天装备全寿命周期质量生态主体之间以及质量生态主体与任务环境之间互动共生的复杂网络系统。

（二）新时代航天装备质量生态系统框架设想

坚持生态的系统观、整体观、平衡观、控制观、进化观，坚持质量为先、技术驱动，数据为基、全程覆盖，文化聚力，积极适应航天产业革命、任务急需，以装备全寿命过程衔接、全业务流程管控、全类型组织管理为着力点，构建方针目标指向一致、职责分工界面清晰、运行机制协调顺畅、资源配置科学合理的新时代航天装备质量管理体系，开创聚焦服务任务、自主创新正向设计、集成融合持续改进的质量生态。

新时代航天装备质量生态系统是一种呈现存在于立体空间的多维网状系统，见图 4-2。其分为三个层次，管理层为航天装备建设和使用单位中相关领导管理机构，对航天装备质量起到引领作用。业务层包括航天装备建设和使用单位中各主要业务部门及机构，对航天装备建设质量起到业务监督与指导作用。执行层包括航天装备建设和使用单位下属的院、厂（所）、部站，以及相关供应商，是航天装备质量生态系统的末端，落实质量管理体系

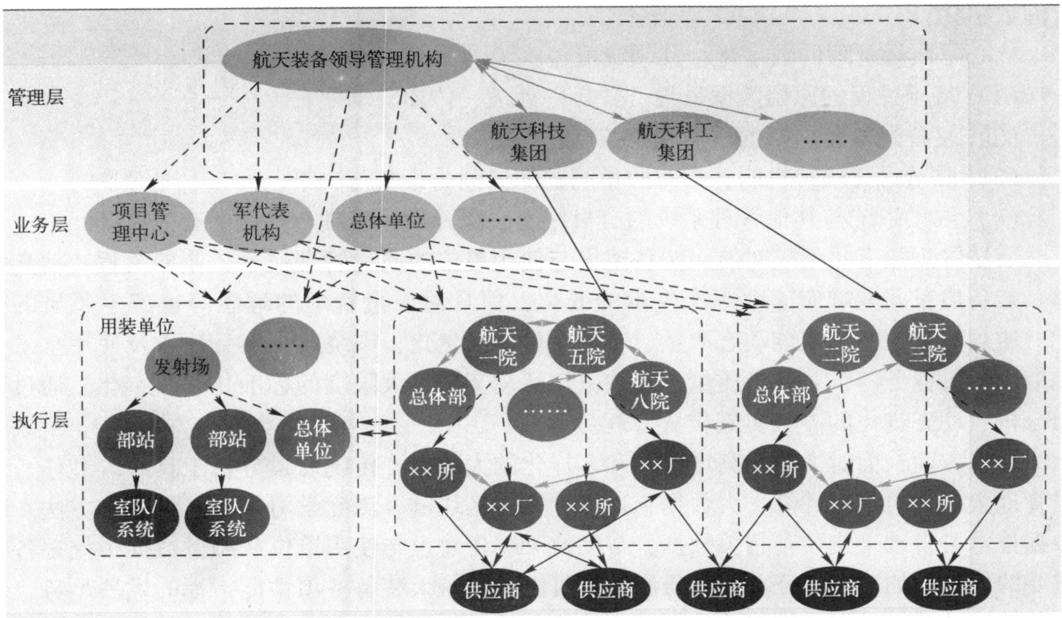

图 4-2　新时代航天装备质量生态系统框架

的要求与规定。这些单位处于质量生态的不同节点，形成装备论证、研制、生产、试验鉴定、使用、维修、报废装备质量生成链路，各节点相互作用、相互影响。

航天装备质量生态借助信息流动、能量传递、资源循环和价值增值而相互联系、相互制约并形成自我调节的复合体，呈现装备质量生成全过程，主体、任务环境多样性，内容、内部关系复杂性，多级、多层次等特点。

三、航天装备质量管理数字化

习近平总书记对数字化时代的描述中指出“我们要乘势而上，加快数字经济、数字社会、数字政府建设，推动各领域数字化优化升级”“要主动应变、化危为机，以科技创新和数字化变革催生新的发展动能”“数字经济发展速度之快、辐射范围之广、影响程度之深前所未有，正在成为重组全球要素资源、重塑全球经济结构、改变全球竞争格局的关键力量”“要站在统筹中华民族伟大复兴战略全局和世界百年未有之大变局的高度，充分发挥海量数据和丰富应用场景优势，促进数字技术与实体经济深度融合，赋能传统产业转型升级”。

“数字化质量管理”也称为“集成化质量管理”，可以定义为：以现代信息技术为基础，以现代质量管理技术为核心，结合自动化技术、先进制造技术、现代检测技术、数理统计技术等各种新技术，综合应用于产品设计、制造、管理、试验测试和维护全生命周期质量管理的各个阶段，通过质量数据的自动实时采集、传输、分析与反馈控制，以及质量信息资源的共享和质量管理的协同，建立一套以数字化、集成化、网络化和协同化为特征，软硬件结合的信息化质量管理新体系。从集成化质量管理的角度讲：装备质量管理数字化应该贯穿于装备全寿命周期，通过信息化技术和现代质量管理方法，彻底打破时间和空间对管理的限制，包括装备具体指标的数字化实现与监控和对装备的全寿命过程的质量管理数字化。

核心是质量管理的数字化，其领域覆盖：

（1）基于过程的原始数据采集、分析、处理、传递自动化；

（2）装备全寿命周期的质量状态控制；

（3）质量运行预警机制，指对质量问题的追溯、诊断与决策；

（4）质量系统与其他管理系统的有机结合，保障质量管理与控制的有效展开。

质量管理数字化不仅对航天装备建设与使用单位的质量管理技术、业务流程、信息传递、装备质量问题响应速度等产生量的变化，而且对质量管理的理念等也产生了质的变化。质量管理数字化强调动态质量、一切质量皆可量化，围绕航天装备建设及使用全寿命周期的相关业务链，对装备质量相关的一切活动实施最大限度的标准化和数字化。通过数据分析、动态进化的方式实施质量管理。

技术方面，面对海量、高增长率和多样化的大数据，传统质量分析工具难以胜任，质量管理数字化引入云计算、大数据、边缘计算、区块链、深度学习等工具技术和方法。大数据技术可自动采集装备相关数据，帮助航天装备建设与使用单位从海量数据中挖掘各类重要的信息，如对于论证单位和研制单位可以预测航天装备各项性能指标的发展趋势，装备制造、试验、使用与维修单位可以预估装备质量问题的发生和诊断问题的触发因素，进行装备的健康管理。同时，大数据改变质量控制方法，如基于机器学习建立模型，向模型中载入大量数据进行训练，自动调整和改进算法，使装备可以从数据中学习、改进，提高各项性能。

业务流程方面，将航天装备建设与使用的业务流程及其工作标准数据化，有利于加强流程运行的监视测量，能够有效提升质量管理规范化，集约化和精细化水平。从而打通航天装备建设和使用全业务流程的堵点、断点，确保全业务流程集中管控，高速运行。

信息传递方面，传统质量管理中的研发、工艺、制造、试验、使用维修等各环节较为独立，数据的流通与交互较弱，存在数据孤岛、信息隔阂，流通运行及响应速度受限，质量管理数字化则注重航天装备全寿命周期各环节的互联互通与系统集成，通过接口等方式使底层数据贯通，促进信息共享与各部门的协同，提高装备质量问题响应速度与解决效率。

质量管理理念方面，推动质量管理理念的转变，充分认识到质量管理数字化是基于大数据的过程改进方法，因此对航天装备质量数据的分析管理由部分样本向装备整体数据转变；推动质量管理体系的转变，将装备的质量要求持续深入融入质量管理体系中，最终以质量管理体系与业务流程相融合方式高效运行。

四、航天装备质量管理智能化

21 世纪，全球进入了航天新时代，2024 年 4 月，马斯克在星舰基地演讲时提出“20 年内，百万人移民火星”的构想，反映出世界航天市场规模将不断扩大，太空产业需求也将持续增长，各种社会组织和资源将以前所未有的方式进入航天领域。航天技术将更加广泛地应用于人们日常生活和生态文明建设的方方面面，对人类经济社会发展和国家安全也将产生更为重大而深远的影响。而用户和社会对航天工业的需求将更多地体现在“质”的变化上，通过智能化质量管理实现航天装备管理能力的新跨越是大势所趋。

航天装备质量管理的发展方向是智能化，要向装备使用单位提供高附加值的航天装备和服务。航天人应始终牢记中国航天走过的艰难历程和一次成功的目标，在推进智能研制、使用过程中把智能化质量管理放到重要的位置上来。尤其在推进智能化工厂、智能化车间、智能化生产线、智能化发射场、智能化装备建设中，应着力推进智能化质量系统建设，将航天质量管理知识，包括质量技术、标准、规范和方法等，与新一代信息技术和人工智能技术有机结合，促进航天质量管理向智能化变革。不久的未来，航天数字工厂将为航天智能研制和使用的实现提供基础条件，并重塑质量管理模式。这些数字技术通过零失误设计、零缺陷制造和基于外协质量链管理的零差错供应，使中国航天任务成功率大大增强。

针对航天装备全寿命周期内产生的大量数据，以及装备本身具备延续发展的特点，通过将云计算概念引入航天装备质量管理，有效应对航天装备质量管理模型中累积的海量数据存储、运算、仿真等技术难点，将确保数据运算的时效性与准确性，为航天装备复杂产品持续成功提供新型系统。同时通过对大量监测数据、观测数据、试验数据、仿真数据的相关研究及对比，通过数学模型的适当建立，从大数据中分析动态质量信息，将更准确地预判质量风险点。通过质量大数据实现装备性能提升，以及通过非线性因素分析反馈，优化质量管理能力提升，改变以往更多依靠人的经验管理质量的方式，从而加强智能化质量分析决策进程。航天装备智能质量过程管控将装备质量标准、质量管理标准融入质量管理过程，与自动化设备集成，通过自动采集质量数据，分析和优化质量工艺，并实时控制相关参数，进行质量异常追溯，实现智能质量管理。

工业互联网是实现智能制造的具体方式和抓手。“互联网+航天产业”将带动航天工业的深度变革与发展，航天产业在借助互联网模式转型升级后也将成为新型的产业。在未来智能化的航天企业里，通过工业互联网、物联网可以与用户在航天装备的设计、原材料、制造、设备、试验及使用保障等大数据信息方面实现互通、互动和互联，更好地满足装备使用的需求，这对于航天装备质量管理来说也是前所未有的。航天装备质量管理的理念、模式与方法都会发生重大变化。当然，大的产业集群间的互联互通，需要拆除内部数字围墙，打通外需对接通道，实现开放全流程质量信息互通、质量资源共享和质量能力协同。

新一代人工智能技术将有力促进航天装备质量管理创新发展。随着航天工业智能化水平的提高，将智能质量管理嵌入航天装备智能研制和使用流程中，航天装备研制和使用的质量管理模式将迎来重大的变革。以智能机器人为主要应用手段的质量管理新模式，使得机器可以自动学习并不断更新内容，打造高级人工智能在线质量监测系统和诊断系统，实现由人工智能与机器共同提升的航天信息化、智能化质量管理能力，而无须大量专业操作人员和复杂检测装置。航天装备论证、设计、制造、试验、使用中的许多工作已逐步由人工智能设施代替人来完成。与传统方式相比，其在硬件投入、作业效率、装配质量等方面均有显著的提升。

尤其是未来的航天运输系统将向高可靠、可重复使用、智能化方向发展，并逐步形成以智能化设计、制造、试验、使用保障为代表的新型航天科研生产、使用和质量保障能力。此外，传统的航天发射指挥控制模式是，众多值守的科研人员在指控大厅主要负责监视各系统的数据，对航天装备飞行状态进行适时判读，在出现异常时，要在第一时间及时发现、准确判断、快速上报、正确处理，这个难度无疑是很大的。而采用人工智能技术在自动监视、数据分析、故障诊断、运行管控方面，不仅能提高对异常现象的响应速度和判断准确性，还能让科研人员从高度紧张的工作状态中解脱出来，集中力量采取应对措施，确保飞行任务顺利完成。

新一代人工智能技术将大大提高航天装备使用的本质质量，使一次成功更有保障。将来，基于自动测试技术和高速网络技术，可实现航天装备远程状态监测、排障和发射控制，减少发射场前端工作人员数量，甚至发射场前端真正实现无人值守、无人操作，实现高质量测试发射的智能化。不仅航天发射如此，卫星在轨运行管理也将采用在轨故障自动处置系统，进行在轨故障的智能化自主诊断、定位及处置，避免人工判读处置带来的操作低效易错的隐患。

“互联网+智能制造”将孕育更先进的质量管理方式，未来的航天质量管理人员可以在任何一台拥有质量管理权限的计算机上，同时审计国内外所有供应商为自己提供产品的质量管控数据，进行可追溯的实时质量管控。未来的航天质量管理将在实体架构基础上，搭建“线上组织”“虚拟组织”“柔性组织”“自组织”等新型组织形式，形成自适应的动态高效的质量管理新格局。总之，采用各种方式保证线上质量与线下质量的一致是航天装备智能化、网络化健康发展的基线。基于新一代信息技术的航天智能化质量管理技术将从根本上使一次成功、系统预防朝更为精准、开放、便捷、高效、持久的方向发展，特别是能更及时有效地发现并防范日常科研生产与使用中一些原来“看不见的问题”，以及更加彻底地从最根本处解决一些长期解决不了的“老大难问题”，能少出甚至不出质量隐患或质量问题，实现整体最优。

云制造将是运用大数据技术、人工智能技术及互联网平台技术对制造业进行革命性改造所形成的一种全新制造形态。未来的航天制造业将逐步朝无场所系统集成商的方向发展，通过互联网与产业链各环节紧密协同，促进设计、生产、质量控制和运营管理系统全面互联，推行众创、众包和网络化制造等新模式。比如，利用“航天云网”这种跨专业、跨领域的工业互联网平台，向下连接设备、产品，向上支撑应用，实现产品、机器、数据、业务的云端互联互通和云端综合集成。然而，在云平台上，由于市场规律的作用，每批产品可能会对应不同的生产能力组合，因此生产配套关系必然高度不稳定，质量要求以及标准的验证和传递必然会随着生产配套关系的变动而衰减，而基于稳定配套关系的传统质量管控方式已经很难支撑云制造的新型生产模式，必须探索采用新的质量管控模式。比如，可通过大数据采集追踪分析来全程保证产品的制造质量，即利用信息化技术和平台，把丰富的内外质量信息资源高效、有序地组织起来，通过大数据采集追踪分析来监控装备质量、过程质量，向各类人员定向推送与质量相关的各种信息，提供个性化服务，建设以数字化为主导的装备研制、使用和质量管理系统。当然，针对工业互联网上交易具有流动性、跨界性、虚拟性的特点，一方面要开展航天云制造履约综合能力级别认证和质量认证，把好“入门资格”和“临门一脚”质量关口；另一方面要与国家有关监管部门密切配合，做好定标准、搞认证、抓监管等一系列航天制造网上交易质量控制。

思　考　题

一、填空题

1. 影响航天装备质量管理发展的动因可分为________、________和________。

2. 航天装备质量管理发展的外部动因包括________和________。

3. 航天装备质量管理发展历程可分为________、________、________、________和________五个阶段。

4. 航天装备精细化管理是________和________相融合的全面质量管理，以________为核心，以________为特征。

5. 在推进智能化工厂、智能化车间、智能化生产线、智能化发射场、智能化装备建设中，应着力推进________建设，将航天质量管理知识，包括________、________、________和________等，与新一代信息技术和人工智能技术有机结合，促进航天质量管理向智能化变革。

二、简答题

1. 航天装备质量管理发展趋势是哪些？

2. 影响质量管理的主导动因有哪些？

3. 谈谈对航天装备质量管理智能化的认识。

第二篇　方　法　篇

航天装备建设和航天任务的成功建立在科学、有效的质量管理方法之上。航天装备质量管理在“实践—总结—创新—再实践”发展过程中不断迭代发展和提升，在实践中创造了一系列具有航天特色的质量管理技术和方法。这些技术和方法是解决航天装备质量问题经验教训的积累，也是航天装备质量工作知识和智慧的结晶，蕴含了极高的应用价值和推广潜力。在本篇中，基于“有用、实用、好用”的原则，详细介绍了航天装备质量策划、质量控制与保证、质量评价与改进的典型方法工具，重点阐述了方法的内容和实施步骤，为形成航天装备特色的质量管理理论和方法贡献智慧和力量。

第五章　质量管理方法基础

质量管理方法是为保证质量为核心而采取的一系列管理措施和技术的总称，是进行质量策划、发现质量问题、分析问题原因、开展质量控制、实施质量改进的有效手段，也是提高质量管理决策的科学方法。采用适宜的质量管理方法开展质量策划、保证、控制和改进工作，是实现质量管理规范化、科学性并获得较高效率的重要保障。本章重点介绍质量管理方法分类、统计质量基础及质量管理方法。

第一节　质量管理方法分类

在装备质量形成过程中会产生大量的质量信息，这些质量信息是进行质量管理决策及采取质量管理措施的重要依据。运用适宜的质量管理方法有效采集、分析质量数据是“循证决策”的基础，也是防范质量风险、提高组织运行效率的重要保证。质量管理方法有来自质量工作实践经验的总结，如“双想”“双五条归零”等，也有借鉴其他学科的理论方法，如层次分析法、模糊综合评价法等。了解不同质量管理方法的分类依据、特点以及应用要点，有助于更好地选用质量管理方法开展质量管理工作，提升追求卓越质量的能力和水平。

一、依据质量信息的处理方式划分

质量管理方法本质上是对质量信息的处理方式。对质量信息的处理分类方式有定性和定量两种。因此，质量管理方法可相应地划分为定性质量管理方法和定量质量管理方法。

（一）定性质量管理方法

定性质量管理方法是采用文本数据（文字描述、图表说明、逻辑推理等）对质量信息（问题）进行“质”的方面分析的工具，通常应用归纳和演绎、分析和综合，以及抽象和概括等方法对各种质量信息进行文本加工，从而去粗取精、去伪存真、由表及里，达到认识质量问题本质、揭示内在规律的目的。定性质量管理方法主要是解决质量问题“有没有”“是不是”的问题，通常依据人的经验和直觉对质量状况进行剖析，通过文字语言、表格等进行相关描述。如头脑风暴法、因果鱼刺图、分层图、亲和图等。定性质量管理方法一般用于质量发展战略分析、质量问题宏观判断或针对复杂系统的要求不是很精确的质量决策等，它是定量质量分析的基础。

（二）定量质量管理方法

定量质量管理方法是对质量问题（现象）的数量特征、数量关系和数量变化进行分析的工具，其功能在于揭示和描述质量问题（现象）的相互作用和发展趋势，一般采用统计数据、数学建模等方法来计算所涉及的一系列质量数值，用数学语言进行描述、分析及预测质量问题和质量状况。定量质量管理方法包括抽样法、实验设计法、可靠性设计等。定量方法可为质量管理提供更加精准的判断，有助于制定和选择更有针对性的质量管理措施，它是定性质量分析的进一步深入。

二、依据质量管理方法的功能用途划分

在质量形成过程中，各种不同的质量管理方法的功能用途各不相同，各种方法总体上可分为用于质量目标确定、质量过程控制和质量评价改进三大功能。质量目标确定一般通过战略分析和风险分析来实现，而质量过程控制通过控制工序稳定性和分段管理来实现，因此，依据质量管理方法的功能用途可把质量管理方法分为战略分析方法、风险分析方法、过程控制方法、检验及准入方法、质量评价与改进方法五大类别。

（一）战略分析方法

战略分析方法主要用来分析质量发展战略和目标，即通过需求分析、政治、经济、社会和技术分析等提出可行项目概念和质量目标。在项目前期立项决策阶段，为了识别战略需求，开展质量目标策划和可行性论证，常常需要用到一些战略分析方法，PEST（Political，Economic，Social，Technological）、SWOT 分析（Strength，Weakness，Opportunity，Treat）、BCG 矩阵（Boston Consulting group）、波士顿矩阵及质量功能展开技术等。

（二）风险分析方法

风险是影响项目范围的重要因素。在项目前期立项决策和质量策划阶段，常常需要识别和评估质量风险，依据风险严重程度来确定质量管理的范围和目标，这时需要采用一些风险分析方法，如工作-风险分解结构耦合法（WBS-RBS 耦合法）、work breakdown strueture-risk breakdown structure（WBS-RBS）、失效模式与影响分析（Failure mode and Effect Analysis，FMEA）、风险概率影响矩阵、故障树、蒙特卡罗模拟法、模糊综合评价法等。

（三）过程控制方法

在质量形成过程中，为保证生产工序或过程的稳定性，常常需要采用一些过程控制方法，提升质量的稳定性和可靠性，如 SPC（statistical process control）过程控制、MSA 测量系统分析（Measurement Systems Analysis）、直方图、散布图及帕累托图等。

（四）检验及准入方法

在质量形成的各个环节中，上一环节的输出往往是下一环节的输入，上一环节输出质量直接影响下一环节的工作和产品质量。为保证质量满足要求，需要采用一些检验和准入方法审核关键里程碑质量的符合性，确定上一环节的输出是否符合要求、是否可以放行作为下一环节的输入。检验和准入方法主要包括里程碑审核、质量评审会、计量型抽样检验、出厂审核、供应链管理、供应商资质审查等。

（五）质量评价与改进方法

为保证质量能够持续改进，常常需要对组织质量管理水平、产品功能和性能进行评价，在评价的基础上听取用户对产品和组织的意见，形成产品和管理改进措施。质量评价与改进方法包括技术成熟度评价、工艺成熟度评价、质量管理成熟度评价、符合性评价、

验收评审会等。

三、依据质量管理职能划分

从质量管理职能上说，质量管理工作可分为质量策划、质量保证、质量控制和质量改进四个方面，据此，可把质量管理方法相应地划分为质量策划方法、质量保证方法、质量控制方法和质量改进方法。

（一）质量策划方法

质量策划是对质量的设计，包括质量目标策划、质量特性策划和质量过程策划。质量策划方法可相应地划分为质量目标策划方法、质量特性策划方法和质量过程策划方法。质量目标策划方法包括质量标杆法、质量成本效益分析法等；质量特性策划方法包括质量功能展开技术法、WBS 法等；质量过程策划方法包括基于模型的系统工程方法、流程图法等。

（二）质量保证方法

质量保证是向顾客或其他相关方提供信任，使其确信组织的质量管理水平足以达到满足规定的要求，具备持续提供顾客要求的质量管理能力。质量保证方法包括质量管理体系内部审核、质量管理体系外部审核、质量管理体系认证、过程方法、技术状态管理、PDCA 循环等方法。

（三）质量控制方法

质量控制是致力于满足质量要求，对质量工作实施情况进行监督和管理。质量控制方法既包括抽样检验方法，也包括直方图、控制图、散布图、帕累托图、层别图、检查表等统计质量控制方法，还包括系统图、关联图、亲和图、矩阵图、箭线图、PDPC 法、矩阵数据分析法等以逻辑推理为基础的质量控制方法。

（四）质量改进方法

质量改进是向本组织及其顾客提供增值效益，在整个质量形成过程中所采取的质量提高活动。质量改进方法技术包括 QC 小组、质量标杆法、检查表、精益生产、六西格玛管理等。

四、依据质量管理方法的原理基础划分

各种质量管理方法所依据的原理基础不尽相同。按照质量管理方法的原理基础，质量管理方法大体上可分为数理统计方法、工程技术方法和科学理念方法。

（一）数理统计方法

数理统计方法以统计学原理为基础，应用数理统计技术对工作过程进行分析并监控的方法。数理统计方法主要有统计过程控制、抽样检验和实验设计等方法。统计过程控制包括分层法、排列图法、控制图法、散布图法、鱼刺图法等。抽样检验是根据数理统计原理，在综合考虑供需双方的利益、要求和风险后，规定产品的质量水平，并据此对批量、样本大小、判断标准等做出适当规定的一种检验方式。实验设计是以概率论和数理统计为理论基础，经济、科学地安排实验的一项技术。

（二）工程技术方法

工程技术方法是借鉴相关工程技术原理，应用可靠性工程、信息技术和工程质量计量技术等对质量形成过程进行管理的方法。例如，可靠性工程技术可用来研究质量故障发生、发展和预防的规律，通过设计、分析和试验等手段，防止和控制故障的发生与发展，提高工程质量的可靠性水平。信息技术是为有效管理信息所采用的各种技术的总称，通过应用计算机科学和通信技术等可辅助质量设计、开发、生产和运行。质量计量检测可用于对一个或多个质量特性进行检查、测试、评价，并将结果和规定的质量要求进行比对，以确定其是否合格。工程技术方法以试验测量、辅助开发、定量分析等技术为主要形式。

（三）科学理念方法

科学理念方法是以全面质量管理为科学理念的现代质量管理模式。与数理统计方法和工程技术方法不同，科学理念方法既注重定量分析与定性分析相结合，也强调特定质量管理理念的指导和管理模式的构建应用。当前，对科学理念方法还没有形成统一的名称，本书姑且称为科学理念方法，主要包括质量管理体系、六西格玛管理、卓越质量管理、精细化管理等方法。作为一种质量管理模式，科学理念方法有特定的现代科学理论支撑、模型建构和运行步骤。例如：质量管理体系是在质量方面指挥和控制组织的管理体系，相应的标准规范包括 ISO 9000 族标准和卓越绩效模式等，反映的是一种系统质量管理思想；六西格玛管理是一套基于统计技术的过程控制和产品质量改进的方法，并已成为组织提升竞争力、追求精细化管理的战略途径。

第二节 统计质量基础

质量管理先后经历了质量检验阶段、统计质量阶段和全面质量管理阶段。在其发展历程中，统计学方法作为质量管理定量分析的重要工具，对质量策划、质量保证、质量控制和质量改进起着重要作用。统计质量方法关注改善质量波动和变异，利用统计学原理和数据描述质量波动与变异。了解一定的统计学知识，掌握常用的统计质量方法，是开展质量检验、工序控制和质量改进的重要保证。

一、统计质量基本概念

（一）随机变量

在生活中，常常会发现一些现象，如：每天太阳总是从东方升起，从西方落下；一年春夏秋冬四季更替；同性电荷相斥、异性电荷相吸；向上抛硬币必然下落等。一件事发生，不需要猜测，它的结果是必然的、不变的。因此，在一定条件下，只有一个结果的现象，称为确定性现象。

在生活中，还常常会发现另一些现象，如：可以在相同条件下多次重复进行试验。出现的结果不止一个，至于出现哪一个结果，事先并不知道，是随机产生的。个别试验的结果虽然具有不确定性，大量重复试验的结果却呈现客观性、规律性。因此，在一定条件下，并不总是出现相同结果的现象，称为随机现象。

既然随机现象的结果是不确定的，为什么要去研究随机现象呢？因为每一次试验的结果可能具有不确定性，但是大量重复试验的结果却呈现了客观的规律性，统计就是研究随机现象的客观规律。比如抛硬币，有可能是正面，也有可能是反面，如果试验次数无限增加，就会发现正、反面出现的次数也会差不多。同样道理，掷色子，出现一点到六点都有可能，但是掷色子的次数无限增加的话，出现一点到六点可能性也都差不多。

在航天装备质量管理活动中，随机现象到处可见：同一件零件测量多次的数据结果也可能会有波动；某型号装备从开始使用到发生第一次故障的时间并不固定；每批零部件和元器件的报废数量并不固定；每年接到装备故障报修数量和每次完成修理任务的时间不确定性高等，这些都是随机现象，也是质量管理非常关心的内容。质量特性会发生变异，过程会发生波动，这些都是在质量管理活动当中经常遇见的这种随机现象。

按照随机变量可能取得的值，可以分为两种基本类型：

(1) 离散型随机变量，即在一定区间内变量取值为有限个数或数值可以一一列举出来。例如，某射手射击一次击中靶标的环数等。

(2) 连续型随机变量，即在一定区间内变量取值有无限个，或数值无法一一列举出来。例如，某型号卫星在轨无故障运行的时间等。

(二) 概率

随机事件发生可能性大小的数字度量称为概率。如果在 n 次重复试验中，事件 A 发生 k 次，则事件 A 发生的概率为：$P(A)=k/n$。

(三) 统计数据种类

从统计角度，一般将统计数据分为两类：计量数据和计数数据。

计量数据（连续性数据）：所有可以连续取值，或者可以用测量工具测量出小数点以下数值的这类数据。如加工零件的直径、车辆制动距离、火箭燃料箱的容积等。

计数数据（离散型数据）：可以连续取值，数值仅取数轴上有限个点或可列个点，或者不可以用测量工具测量出小数点以下数值的这类数据。计数数据又分为计件数据和计点数据两类；常见的计件数据有不合格品数、质检项目数等；常见的计点数据有装备铸件的砂眼数量、玻璃的气泡数量等。

(四) 总体、个体和样本

对于大批量生产的装备零部件、工作消耗品来说，要了解其质量状况，不能逐一对其进行检验，可以从中抽取一定的样品进行检测，从抽检的结果推断整批零部件的质量状况。

总体：研究对象的全体。总体可以是真实、有限的；也可以是虚构的、无限的。如某单位在某年某月某日采购的一批元器件，就是一个有限总体；而该单位过去、现在及将来采购的元器件总量也是一个总体，是一个无限总体。

个体：构成总体的每个成员。总体中包含的个体数量称作总体大小或总体含量。

样本：从总体中随机抽取，并对其进行研究分析的部分个体，它是由一个或多个抽样单元所组成的子集。

总体即一个统计问题中涉及个体的全体，指研究事物的全体。在产品质量分析中全部产品的质量特性值的数据称为全体，其数量往往很大，所以想要获得总体的全部数据是非常困难的。从总体中抽取一组个体（即样本），测量获得样本的质量特性数据，进行分析判断，从而得出总体的质量状况。总体与样本的关系如图 5-1 所示。

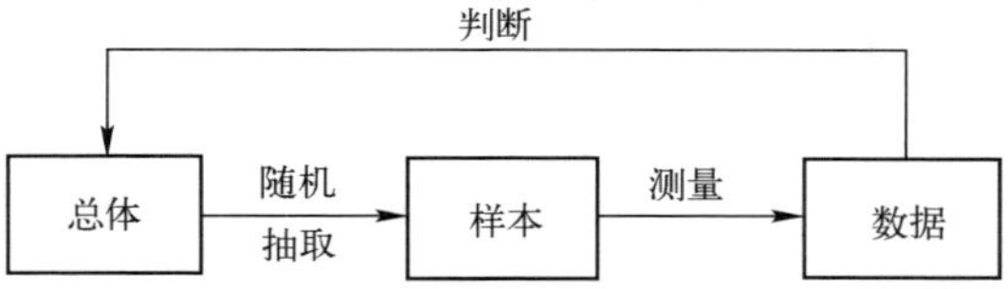

图 5-1 总体与样本的关系

二、质量波动与统计思想

质量是一种随机现象，因为影响产品质量的因素无时无刻不在变化着。在产品形成过程中，即使“人、机器、物料、方法、测量、环境”（5M1E）条件相同，产生出来的一批产品的质量特性数值也并不完全相同，总会存在差异，这就是产品质量的波动性。从统计学角度来看，可以把质量波动分为正常波动和异常波动。

（一）正常波动

正常波动是由随机原因引起的产品质量波动。这些随机因素在工作过程中大量存在，对产品质量经常产生影响，但它所造成的质量特性值波动往往比较小。例如，原材料的成分和性能上的微小差异及其设备的轻微震动，温度、湿度的微小变化，操作方面、测量方法、检测仪器的微小差异，等等。要消除这些波动的随机因素，在技术上难以达到，在经济上的代价也很大。因此，一般情况下，这些质量波动在工作过程中是允许存在的。

（二）异常波动

异常波动是由系统原因引起的产品质量波动。这些系统因素在工作过程中并不大量存在，对产品也不经常产生影响，一旦存在，它对产品质量的影响就比较显著。例如，原材料的质量不符合规定要求，机器设备带故障运转，操作者违反操作规程，测量工具存在系统性误差，等等。由于这些因素引起的质量波动大小和作用方向一般具有周期性或倾向性，因此比较容易查明，容易预防和消除。又由于异常波动对质量特性值的影响较大，因此，一般来说在工作过程中是不允许存在的。

（三）统计思想的体现

统计思想侧重于数学方面的思想，主要体现在以下 6 个方面。

（1）均值思想：均值是对所要研究对象的简明而重要的代表。均值概念几乎涉及所有统计学理论，是统计学的基本思想。

（2）变异思想：统计研究同类现象的总体特征，它的前提则是总体各单元的特征存在着差异。如果各单元之间不存在差异，就不需要做统计，如果各单元之间的差异是按已知条件事先可以推定，也不需要统计方法。统计方法就是要认识事物数量方面的差异。统计学反应变异情况较基本的概念是方差，表示“变异”的“一般水平”。

（3）估计思想：估计以样本推测总体，是对同类事物的由此及彼的认识方法。使用估计方法有一个预设：样本与总体具有相同的性质，样本才能代表总体，但样本的代表性受偶然因素影响，因此估计理论对置信程度的测量是保持逻辑严谨的必要步骤。

（4）相关思想：马克思主义哲学认为，事物是普遍联系的，具有相关性的。

（5）拟合思想：拟合是对不同类型事物之间关系的表象的抽象。

（6）检验思想：统计方法总是归纳性的，其结论永远带有一定的必然性。

三、质量检验

（一）质量检验的含义

质量检验是采用一定的检验测试手段和检查方法，测定产品的质量特性，并把测量结果同规定的质量结果作比较，从而对产品或一批产品做出合格或不合格判断的质量管理方法。质量检验的目的是判断被检产品质量是否合格，决定接收还是拒收，同时也为改进产品质量和加强产品质量管理提供信息。

（二）质量检验的过程

质量检验是一个过程，需要分成一系列活动来完成：

（1）理解标准要求。熟悉和掌握产品质量标准和测试方法，作为检验和判断的依据。

（2）确定抽样方案。规定样本量和有关接收准则的具体方案。

（3）测量或试验。用一定的度量工具、检测设备或仪器和相应的测量方法，对产品质量特性做量化评定。

（4）比较与判断。将测量结果与标准进行比较，确定其是否符合。

（5）处理。对质量合格产品签发合格证并放行，对不合格产品做出返工、报废或拒收等结论，并向有关部门传递、反馈产品质量信息。

（三）质量检验的方式

按照不同的检验特征，可对产品质量检验的方式进行分类。

1. 按检验的数量特征可分为全数检验和抽样检验

（1）全数检验。全数检验是对产品进行100%的逐一检验。全数检验存在一定的局限性。例如，检验工作量大、周期长、成本高，占用的检验人员和设备较多，检验标准因被检产品过多而降低，经检验后产品无法使用的不能采取全数检验。

（2）抽样检验。抽样检验是按照统计原理预先设计抽样方案，从待检总体中随机抽取样本，对每个样本逐一进行检验，获得质量特性值的样本统计值，并和相应的标准比较，从而对总体质量进行推断。由于抽样检验只检查总体中的一部分个体，故全数检验的局限性恰恰是抽样检验的长处。抽样检验的缺点主要表现在两个方面。一方面，在被判为合格的总体中，会混杂一些不合格品；另一方面，抽样检验的结论是对于批产品而言的，因此错判造成的损失往往很大。虽然运用数理统计原理精心设计抽样方案可以减少误判风险，但不可能绝对避免。

2. 按检验的质量特性值的特征可分为计数检验和计量检验

（1）计数检验。通过计数方法衡量产品质量，区分合格品或不合格品，或计算缺陷数。

（2）计量检验。对样本中单位产品的计量特征来进行定量计算，用计量值作为判定标准，关注具体数值的分布和变化。

3. 按检验目的的特征可分为验收检验和监控检验

（1）验收检验。验收检验是指需方验收供方提供的产品所进行的检验。验收检验的目的是需方为了保证验收产品的质量，依据各级技术指标、合同、协议等判断产品是否合格，从而做出接收或者拒收的决定。

（2）监控检验。监控检验也称为过程检验，目的是检定工作过程是否处于受控状态，以预防由系统性质量因素而导致的大量不合格品的出现。

四、随机抽样方法

随机抽样又称概率抽样，是指严格按照随机原则来抽取样本，要求总体中每个被抽样的个体都有同等的机会被抽取。由随机抽样所抽取的样本称为随机样本。这类样本具有较高的代表性。

随机抽样方法具有以下特点：

（1）每个样本被抽中的概率相等，这意味着没有任何一个样本比其他样本更有可能被选中；

（2）样本之间是完全独立的，不存在任何关联性或排斥性，确保了样本的代表性；

（3）被抽取的样本的总体个数是有限的；

（4）随机样本数小于或等于样本总体的个数；

（5）随机样本是从总体中逐个抽取的，这一过程是一次性的，即一旦某个产品被抽中，就不会再被放回总体中。

常见的随机抽样方法主要有以下几种。

（一）一般随机抽样法

一般随机抽样法是指总体中的每一个个体被抽到的机会是相等的。为实现抽样的随机性，可采用抽签（抓阄）、查随机数值表等方法。例如，要从 100 件产品中随机抽取 10 件组成样本，可把 100 件产品从 1~100 编号，然后用抽签的方法，任意抽取 10 个号码。假如抽到的编号是 5、8、13、37、46、52、58、64、79、81 共 10 个，那么就将与 10 个编号对应的产品拿出来组成样本。一般随机抽样的优点是误差小，缺点是抽样手续比较繁杂。

（二）顺序随机抽样法

顺序随机抽样法又叫等距抽样法或机械抽样法。例如，要从 100 件产品中抽取 10 件组成样本，首先应将 100 件产品按照 1，2，…，100 顺序进行编号；其次用抽签或查随机数的方法确定 1~10 号中的哪一件产品入选样本（如 3 号）；再次按照等距原则确定入选样本编号为 13，23，…，93；最后抽取编号为 3，13，…，93 的 10 件产品组成样本。顺序随机抽样的优点是简便易行，缺点是容易出现偏差。一般来说，在总体会发生周期性变化的情况下，不宜采用这种抽样方法。

（三）分层抽样法

分层抽样法是指从一个可以分成不同子总体（分层）的总体中，按规定的比例从不同层中抽取样品（个体）的方法，也称为类型抽样法。例如，有甲、乙、丙 3 个工人在同一台机器设备上倒班生产同一种零件，他们加工的零件分别放在 3 个地方，如果现在抽取

15 个零件组成样本，采用分层抽样法，应从堆放零件的 3 个地方分别抽取 5 个零件，合在一起一共是 15 个零件组成样本。这种抽样方法的优点是样本的代表性比较好，抽样误差比较小。缺点是抽样手续较一般随机抽样法烦琐。该方法常用于产品质量验收。

（四）整群抽样法

整群抽样法又称为集团抽样法，是在整体中，不是抽取个别样品，而是抽取整群的产品。这种方法是将总体分成许多群，每个群由个体按一定方式结合而成，然后随机抽取若干群，并由这些群中的所有个体组成样本。这种方法的背景是：有时为了实施上的方便，常以群体为单位进行抽样，对抽到的群体全面检验，仔细研究。例如，对某种产品抽取 5%的抽样检查来说，每隔 20 小时抽出其中 1 小时的产量组成样本，然后对这些抽出来的样本进行质量检验并推断总体的质量情况。这种抽样方法的优点在于抽样实施方便，缺点是由于样本只来自个别群体，而不能均匀地分布在总体中，因而代表性差，抽样误差大。该方法常用在工序控制中。

假设有某种成品零件分别装在 10 个零件箱中，每箱各装 100 个，总共是 1000 个。如果想从中取 100 个零件作为样本进行测试研究，那么应该怎样运用以上四种抽样方法呢？

（1）将 10 箱零件倒在一起，混合均匀，并将零件从 1～1000 逐一编号，然后用检查随机数表或者抽签的办法从中抽出编号毫无规律的 100 个零件组成样本，这就是一般随机抽样；

（2）将 10 箱零件倒在一起，混合均匀，并将零件从 1～1000 逐一编号，然后用检查随机数表或抽签的办法先决定起始编号，如 7 号，那么后面入选样本的零件编号依次为 17，27，37，47，…，907，917，…，997，于是就由这样 100 个零件组成样本，这就是顺序随机抽样；

（3）对所有 10 箱零件，每项都随机抽取 10 个零件，共 100 件组成样本，这就是分层抽样；

（4）先从 10 箱零件中随机抽取出 1 箱，然后对这 1 箱零件进行全数检验，即把这1 箱零件看成“整群”，有它们组成样本，这就是整群抽样。

五、统计特征数

描述性统计是一种统计学方法，用于对数据进行描述、总结和分析。其中，统计特征数是描述性统计中最基本的统计量之一，是用于表达随机变量波动规律的统计量。统计特征数可以分为两类，一类是表示数据的集中位置，如样本平均值、样本中位数、样本众数；另一类是表示数据的离散程度，如样本极差、样本方差、样本标准差。

（一）样本平均值

样本平均值 $\bar{x}$ 是表示数据集中位置的各种特征数中最基本的一种，计算公式为

$$\bar{x} = \frac{x_1 + x_2 + \cdots + x_n}{n} = \frac{1}{n}\sum_{i=1}^{n} x_i$$

式中：$\bar{x}$为样本算数平均值；n 为样本量。

例如，有 7 个统计数据 3、9、11、7、4、8、5，其平均值为

$$\bar{x} = (3+9+11+7+6+8+5)/7 = 7$$

（二）样本中位数

把收集到的统计数据 $x_1, x_2, \cdots, x_n$ 按照从大到小的顺序重新排列，排在正中间的那个数据为中位数，用 $\tilde{x}$ 表示。

当 n 为奇数时，正中间的数只有 1 个；当 n 为偶数时，正中间位置有 2 个数，此时，中位数为正中间 2 个数的算术平均值。

例如，在 27、29、24、26、28 这 5 个统计数据中，中位数 $M=27$。

又如，在 27、29、24、26、28、25 这 6 个统计数据中，中位数 $M=(26+27)/2=26.5$。

中位数也是表示数据集中未知的一种特征数，只是较样本平均值所表示的数据集中位置要粗略一些，但可以减少计算的工作量。

（三）样本众数

样本众数为样本数据中出现频次最大的数字。如 10、7、8、10、10、7、6，则样本众数为 10。

（四）样本极差

样本极差为一组数据中最大值和最小值之差。常用符号 R 表示，计算公式为

$$R=x_{\max}-x_{\min}$$

式中：$x_{\max}$ 为一组数据中的最大值；$x_{\min}$ 为一组数据中的最小值。

例如，有 27、29、24、26、28、25 一组数据，其极差 $R=29-24=5$。

极差也是表示数据分散程度的一种特征数，由于只用了一组数据的两极数据，没有考虑到数据的全貌，因此，极差反映实际情况的准确性较差。

（五）样本方差

样本方差是衡量统计数据分散程度的一种特征数，其计算公式可以表示为

$$S^2=\frac{1}{n}\sum_{i=1}^{n}(x_i-\bar{x})^2$$

式中：S^2 为样本方差；$x_i-\bar{x}$ 为某一数据与样本平均值之间的偏差。

例如，有 5 个统计数据 27、29、24、26、28，其方差值为

$$S^2=\frac{1}{5}[(27-26.8)^2+(29-26.8)^2+(24-26.8)^2+(26-26.8)^2+(28-26.8)^2]=2.96$$

（六）样本标准差

根据国际标准化组织规定，样本标准差的正平方根为样本标准差，用符号 σ 表示，其计算公式为

$$\sigma=\sqrt{\frac{1}{n}\sum_{i=1}^{n}(x_i-\bar{x})^2}$$

（七）几种统计特征数比较

由以上几种统计特征数公式，可以看出不同的统计特征数各有优缺点，如表 5-1 所列。

表 5-1 统计特征数比较

统计特征数	优点	缺点
样本平均值	利用的信息最多	对极端值比较敏感、掩盖数据间的差异
样本中位数	不受极端值影响	利用的信息不多、样本量小时不稳定
样本众数	不受极端值影响	统计特征不够明确
样本极差	简单、直观	容易受极端值的影响、不能反映变量分布情况
样本方差/标准差	不受极端值影响	计算复杂

第三节 质量管理基本方法

科学质量管理方法离不开数据的统计、分析和应用以及影响质量的因素之间的逻辑关系分析。在质量管理实践中，基于统计原理和逻辑推理，形成了一些基本的质量管理方法，比如，老七种工具和新七种工具。老七种工具主要以统计学原理为基础，包括调查表法、分层法、排列图法、直方图法、散布图法、因果鱼刺图法、控制图法。新七种工具主要以逻辑推理为主，包括关联图法、亲和图法、系统图法、矩阵图法、矩阵数据分析法、过程决策程序图（process decision program chart，PDPC）法、箭条图法。

一、老七种工具

老七种工具强调应用统计学原理，对质量信息进行分析，发现产品和产品工作中的质量问题，分析质量问题原因，揭示质量发展态势，为解决问题提供辅助决策。

（一）调查表法

调查表又称统计分析表，是利用统计图表来收集、统计数据，并对影响产品质量的原因作粗略分析的常用图表。它能够促使人们按照统一的方式收集资料并便于分析，广泛用于过程、产品和服务改进等质量管理活动中。采用调查表反映和解决问题比较直观、方便。

调查表格式多样，可根据产品及其工序的要求灵活确定其形式和内容。在航天装备研制生产、试验鉴定、使用维修、现场管理等质量管理活动中，经常用到不合格品统计调查表、缺陷位置调查表、频数调查表等。

1. 不合格品统计调查表

不符合标准、规格的产品称为不合格品。不合格品调查表，是将不合格品按其种类、原因、工序、部位或内容等情况进行分类记录，简便、直观地反映出不合格品分布情况。为了减少工作中出现的各种不合格品或缺陷，需要调查发生了哪些“不合格”以及“不合格”的比例有多大，此时可用不合格品统计调查表，表 5-2 是某产品的不合格品统计调查表。

表 5-2　某产品的不合格品统计调查表

日期	交验数	合格数	不合格品（个）			不合格类型			良品率
			废品数	次品数	返修品数	废品类型	次品类型	返修品类型	

2. 缺陷位置调查表

如果产品的缺陷类型与其在产品上的位置相关，那么可以使用缺陷位置调查表来直观地反映各种缺陷的位置和密度。

缺陷位置调查表实质是一个可视化的外观图。调查前先画出产品的外观图，指定不同图表代表缺陷的类型。在抽查一批产品的过程中，调查人员发现的每个缺陷，都要根据缺陷的类型和发现的位置，在调查表的相应位置用不同的图表标注出来，以便通过调查表直观地看到哪些缺陷容易出现在哪些位置，从而有针对性地实施改进或控制。

3. 频数调查表

频数调查表是用来调查生产、试验、使用过程中各种质量特性出现频率的一种表格。绘制直方图需经过收集数据、分组、统计频数、计算、绘图等步骤。在使用时，每测量一个数据，就在相应的栏目中作标记，测量完毕后，频数分布状态就会显示出来，便得到直方图的草图。

使用上述各种调查表时，应注意以下事项：

（1）明确收集材料的目的；

（2）确定为达到目的需要收集哪方面的资料；

（3）确定对资料的分析方法和负责人；

（4）根据不同的目的，设计用于记录资料的调查表格式，其内容应包括调查者、调查时间、调查地点和方式等栏目；

（5）对收集和记录的部分资料进行预先检查，目的是审查表格的设计合理性；

（6）必要时，对调查表格式进行评审和修改。

（二）分层法

分层法又称分类法、分组法，是把性质相同，在同一条件下的数据归并成一类，即将数据分类统计，以便找出数据的统计规律的一种方法。分层统计后，可分别找出各层主要矛盾，有针对性地分析影响质量的主要因素。

分层法的分层依据多种多样，常见的有：按操作者分层、按时间分层、按装备分层、按器材（原料）分层、按作业方法分层、按作业环境分层，还可以按照单位、地区等条件进行分层。分层统计后，可分别找出各层主要矛盾。按照层次深入分析，直观地分析影响质量的主要因素。

分层的原则是使用同一层的数据波动幅度尽可能地小，而层与层之间的差异尽可能地增大，否则起不到归类汇总的作用。分层的目的不同，分层的标志也不一样，一般来说，分层可采用以下几种特征进行分层：

（1）人员。可按员工的年（工）龄、性别、工作部门、岗位（工种）、技术级别等进行分层。

（2）装备（设备）。可按装备（设备）的类型、隶属单位、研制厂家、采购时间、勘用等进行分层。

（3）器材（原料）。可按供应商、产地、批次、制造厂、规格、成分等分层。

（4）作业（工艺）方法。可按不同工艺、不同加工规程等进行分层。

（5）工作时间。按不同班次、不同日期等进行分层。

（6）工作环境。既可按照陆、海、空、天等大环境分层，也可按照静电、温度、湿度、清洁度、压力等小环境分层。

（7）测量。可按测量设备、方法、人员、测量取样方法和环境条件等进行分层。

（8）其他。可按单位、地区、使用条件、缺陷部位、缺陷内容等分层。

分层的方法有很多，可根据具体情况灵活应用，也可以在质量管理活动中不断创新，创造出新的分层标志。

例 1：

在发动机装配中经常发生气缸垫漏气现象，为解决这一质量问题，对该工序进行现场统计。现场抽查 50 台发动机，发现气缸漏气数 19 个，在分析漏气原因时发现：

（1）参加涂密封剂的技术人员 A、B、C 三人的操作方法有差异；

（2）气缸垫分别由甲、乙两厂供给，原材料有差异。

【思路】在用分层法分析漏气原因时分别按技术人员分层、按气缸垫来源工厂分层及按技术人员与气缸垫来源工厂综合分层。

（1）按技术人员分层，如表 5-3 所列。

表 5-3　按技术人员分层

技术人员	漏气	不漏气	漏气率/%
A	6	13	32
B	3	9	25
C	10	9	53
共计	19	31	38

（2）按气缸垫来源工厂分层，如表 5-4 所列。

表 5-4　按气缸垫生产厂商分层

气缸垫来源工厂	漏气	不漏气	漏气率/%
甲厂	9	14	39
乙厂	10	17	37
共计	19	31	38

（3）技术人员与气缸垫来源工厂综合分层，如表 5-5 所列。

表 5-5　技术人员与气缸垫来源工厂综合分层

技术人员	现象	甲厂	乙厂	合计
A	漏气	6	0	6
	不漏气	2	11	13
B	漏气	0	3	3
	不漏气	5	4	9
C	漏气	3	7	10
	不漏气	7	2	9
合计	漏气	9	10	19
	不漏气	14	17	31
共计		23	27	50

从表 5-3 和表 5-4 可以看出，为了降低漏气率，应采用 B 技术人员的操作方法和选用乙厂生产的气缸垫。但采用此方法后，实践结果表明，漏气率非但没有降低，反而增加到 43%。因此，运用分层法时。不要简单地按单一的因素进行分层，而应考虑各种因素进行综合分层。从表 5-5 可以得出正确的方法应当是：当使用甲厂提供的气缸垫时，要采用技术人员 B 的操作方法；当使用乙厂提供的气缸垫时，要采用技术人员 A 的操作方法。进行这样的改进，才能使漏气率降低。

（三）排列图法

排列图法又称帕累托图法，最早由意大利经济学家帕雷托（Pareto）用来分析社会中财富分布状况而得名。排列图根据“关键的少数、次要的多数”的原理，将数据分项目排列作图，以直观的方法来表明质量问题的主次及关键所在的一种方法，是针对各种质量问题按原因或状况分类，把数据从大到小排列而做出的累计柱形图。

排列图由两个纵坐标、一个横坐标、若干个柱形图和一条曲线组成，左边的纵坐标表示频数（件数、金额、时间等），右边的纵坐标表示频率（用%表示）。为了方便，也可把两个纵坐标都画在左边。横坐标表示影响质量的各个因素，按影响程度的大小从左至右排列，柱形条的高度表示某个因素影响的大小，曲线表示各影响因素大小的累计百分数，这条曲线称为帕雷托曲线（排列线）。其基本格式如图 5-2 所示。

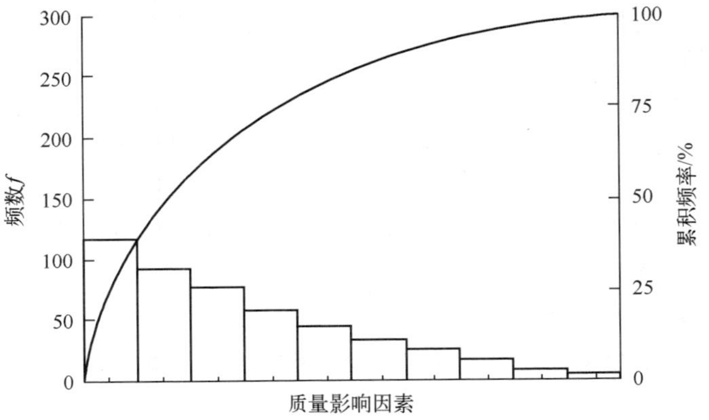

图 5-2　排列图

排列图的绘制步骤表述如下：

1. 确定评价问题的纵坐标、横坐标

排列图主要用来比较各问题（或一个问题的各原因）的重要程度。评价各问题的重要性，需要有一个客观尺度。作图时纵坐标的标度内容则由确定评价问题的尺度决定。一般纵坐标可取不合格品件数、不合格品率、金额（包括不合格品换算成损失金额）、时间（包括工时）等。横坐标上表示影响质量的因素，因素的多少决定横轴的长短。一般可按不合格品项目、缺陷项目、作业班组、车间、设备、不同产品、不同工序、工作人员、作业时间等进行分类。

2. 搜集数据

作图时必须按影响质量的因素进行数据的搜集。搜集数据期间按照无原则性的规定，因所要分析的问题而异。

3. 统计每个影响因素的记录数据并按频数大小顺序排列

（1）统计每个因素的发生频数，以决定柱形图的高度；

（2）根据需要统计各项频数所占百分比（频率）；

（3）可按频数（频率）的大小顺序排列，计算累计百分比，画成排列图计算表。

4. 画排列图中的柱形图

横坐标表示影响产品质量的因素或项目，一般以直方的高度显示各因素出现的频数，并从左到右按频数的多少，由大到小顺序排列。纵坐标一般设置为两个，左侧的纵坐标可以用因素出现的频数表示，或用不合格品的损失金额来表示右端的纵坐标是用事件发生的频数占全部件数的百分比（频率）表示。

需要注意的是：横纵坐标轴的标度要适当，底宽应相同，每个直方之间不留缝隙，如果需要分开，它们之间的间隔也要相同。

5. 画排列线

为了观察各项累计占总体的百分比，可按右边纵坐标轴的标度画出排列线。将各因素所占百分比依次累加起来，即可求得各因素的累计百分比（累计频率），然后将所得的各因素的顺次累计百分比逐一标注在图中相应的位置上，并将其以折线连接，即得排列图曲线。

6. 标注有关事项和标题

搜集数据的期间（何时至何时），条件（检查方法、检查员）等，检查个数、不合格总数等，必须详细记载。

绘制排列图的主要目的是找出影响某项产品质量的主要因素，为使应用更直观、简单，在此引入 ABC 法。习惯上通常按累计百分比把质量影响因素分为三类：占 20%~80% 的为 A 类因素，也就是主要因素；占 80%~90%的为 B 类因素，即有影响因素；占 90%~100%的为 C 类因素，即一般因素。由于 A 类因素占问题的 80%，因此，此类问题解决了，质量的大部分问题也就解决了。

当不重要的因素有很多时，为避免横坐标过长，通常合并列入“其他”栏内，并置于最末一项。对于一些较小的问题，如果不容易分类，也可将其归在“其他”项里，但如“其他”项的频数太多，则需要考虑重新分类。

使用排列图法时需要注意的是：找出的主要因素不要过多，一般最终找出的主要因素最好是一项或二项，最多不要超过三项，否则将失去“找出主要因素”的意义。当采取措施解决或基本解决了这些主要因素后，以前次要的因素将上升为主要因素，此时可以再通过做排列图曲线来分析处理。这样不断循序渐进，可以使产品质量得到不断的改进和提高。

例 2：

最近一段时间，某装备零部件生产工厂生产的零部件不合格率呈现上升趋势，为弄清楚造成质量问题的主要原因，质量管理办公室连续检查一周内出现的不合格品数量，每天抽查 800 个零件，不合格品数量和造成每个不合格品的原因如表 5-6 所列。为了查找造成质量问题的主要原因，有针对性地采取质量改进措施，请利用表 5-6 中相关数据用排列图对此质量问题进行分析。

表 5-6　某装备零部件工厂一周内检查出现不合格品的记录　　单位：个

原因	周一	周二	周三	周四	周五	合计
作业员技术不足	10	11	8	12	9	50
作业员常不在	15	18	16	14	17	80
原料品质欠佳	4	5	5	6	2	22
机器故障	4	4	3	4	3	18
作业流程不当	3	2	2	3	4	14
其他	3	3	4	3	3	16
不良数	39	43	38	42	38	200
检查数	800	800	800	800	800	800

【思路】绘制排列图的具体步骤表述如下：

（1）按发生次数的顺序（由大到小，有其他项者无论是否为最小，一律放于最后），将项目及次数记入不良分析表中，如表 5-7 所列。

表 5-7　不良分析表

原因	不良数/个
作业员常不在	80
作业员技术不足	50
原料品质欠佳	22
机器故障	18
作业流程不当	14
其他	16
合计	200

（2）计算累计不良数（不良数、累计不良数）、百分比及累计百分比，如表 5-8 所列。

表 5-8　排列图分析表

原因	不良数/个	累计不良数/个	百分比/%	累计百分比/%
作业员常不在	80	80	40	40
作业员技术不足	50	130	25	65
原料品质欠佳	22	152	11	76
机器故障	18	170	9	85
作业流程不当	14	184	7	92
其他	16	200	8	100
合计	200	—	100	—

（3）建立坐标轴，以左纵轴表示不良数，右纵轴表示百分比，横坐标轴表示不良项目，根据累计不良数绘制成柱形图，将累计的不良数或百分比以直线连接，即绘制成排列图，如图 5-3 所示。

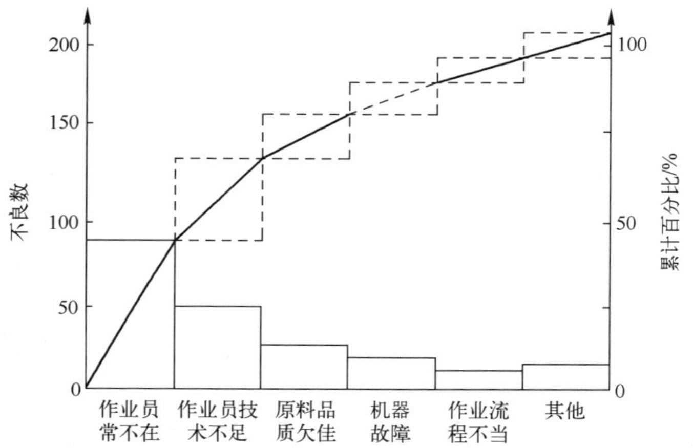

图 5-3　不合格品的关键原因的排列图

从图 5-3 可以看出，造成质量问题的累计百分比占 80%的关键原因有 3 个：作业员常不在、作业员技术不足和原料品质欠佳。应重点根据这 3 个关键原因制定针对性整改措施。在实施整改措施后，可再次抽查一定数量的零部件质量，根据相关数据再次制作排列图，看关键原因是不是发生变化，以此确认整改措施是否有效。

（四）直方图法

直方图是频数直方图的简称，又称质量分布图，是质量控制中常用的一种分析工具。它是根据从工作过程中收集来的质量数据分布情况，画成用一系列宽度相等、高度不等的长方形表示数据的图。长方形的宽度表示数据范围的间隔，高度表示在给定间隔内的数据数，如图 5-4 所示。利用直方图可以找出质量分布情况，以便对过程质量水平及其变化情况做出

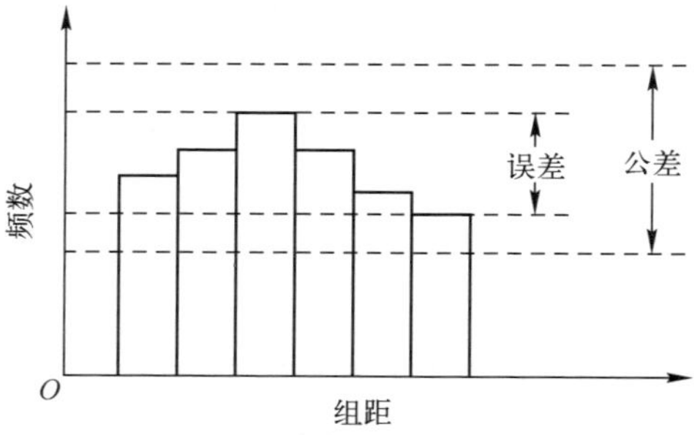

图 5-4　直方图

判断。

通过对直方图的观察和分析，可以判断工作过程是否稳定，预测工作过程的质量。直方图适用于对大量计算数据进行整理加工，找出其统计规律。在质量管理中，直方图是使用很广的一种分析工具。其主要作用是：

（1）可以直观地反映出质量特性分布状态，便于及时掌握质量分布状况和判断一批已完成的产品或工序的质量；

（2）验证产品质量或工序的稳定性；

（3）考查工序能力，估算生成过程不合格率，了解工序能力对产品质量的保证情况；

（4）从统计的角度鉴定产品质量特性分布类型，以便采取不同的管理措施。

绘制直方图的步骤如下：

（1）记录数据，找出其最大值和最小值。一般数据的数量应在 100 个以上，在数量不多的情况下，至少也应该在 50 个以上；

（2）将数据分成若干组，并做好记号。分组的数量在 6~20 较为适宜；

（3）计算组距宽度。用组数去除最大值和最小值之差，求出组距的宽度；

（4）计算各组的界限值。各组的界限值可以从第一组开始依次计算，第一组的下界为最小值减去组距的一半，第一组的上界为其下界值加上组距。第二组的下界限值为第一组的上界限值，第二组的下界限值加上组距，就是第二组的上界限位，依此类推；

（5）统计各组数据出现频数，作频数分布表；

（6）作直方图。以组距为底长，以频数为高，作各组的矩形图。

直方图有不同的形状，反映不同的质量问题。

1. 正常状态直方图

正常状态直方图图形呈正态分布，如图 5-5 所示。

2. 双峰状态直方图

如果直方图图形呈现双峰状态，表示数据来自不同的总体，如两个岗位工作人员、两批原材料、两台设备生产的产品混在一起，如图 5-6 所示。

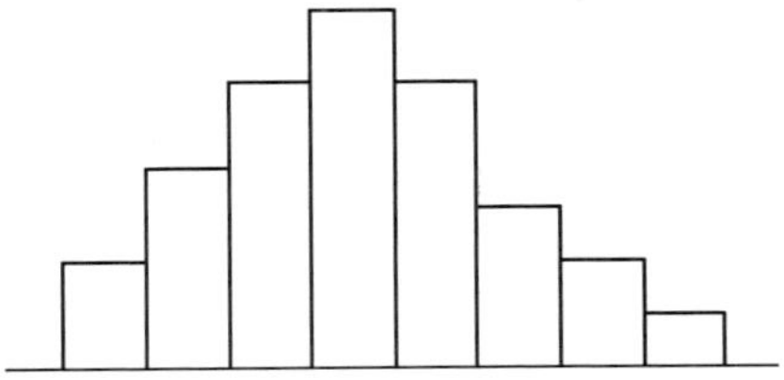

图 5-5　正常状态直方图

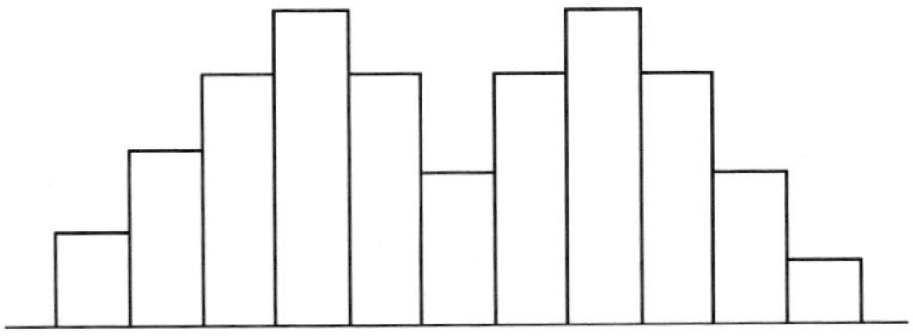

图 5-6　双峰状态直方图

3. 离岛状态直方图

如果直方图图形呈现离岛不规则状态，表示数据有异常状况，如测量工具误差、混入规格不同产品等，如图 5-7 所示。

4. 凹凸或锯齿状态直方图

当绘制直方图时，如果分组过多或测量数据不准，则会出现凹凸或锯齿状态直方图，如图 5-8 所示。

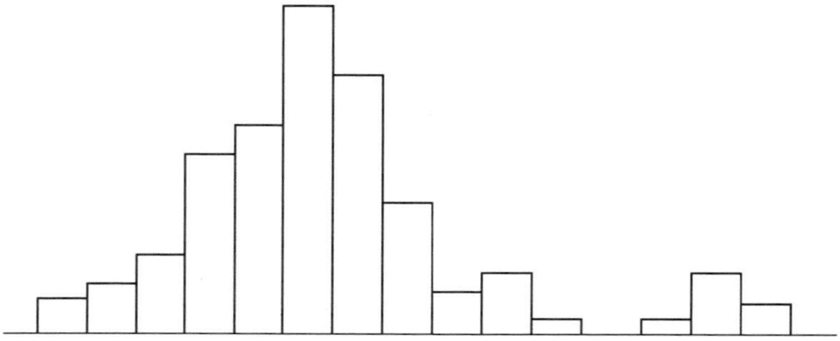

图 5-7　离岛状态直方图

5. 中心偏左的直方图

如果直方图呈现正常状态，但是偏向规格的下限，并伸展到规格下限左侧，表示已产生部分超出规格下限要求的不良品，如图 5-9 所示。

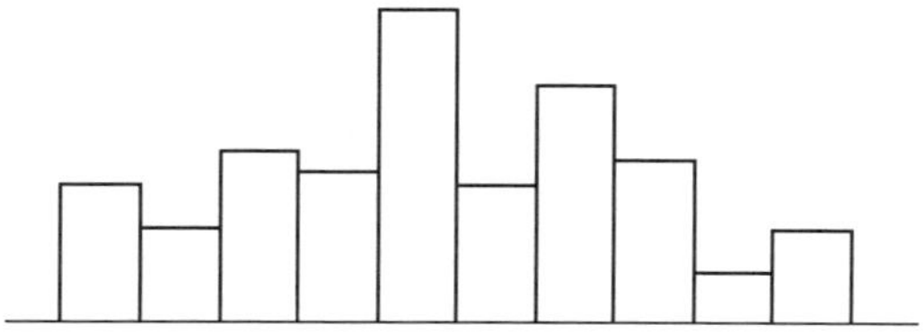

图 5-8　凹凸或锯齿状态直方图

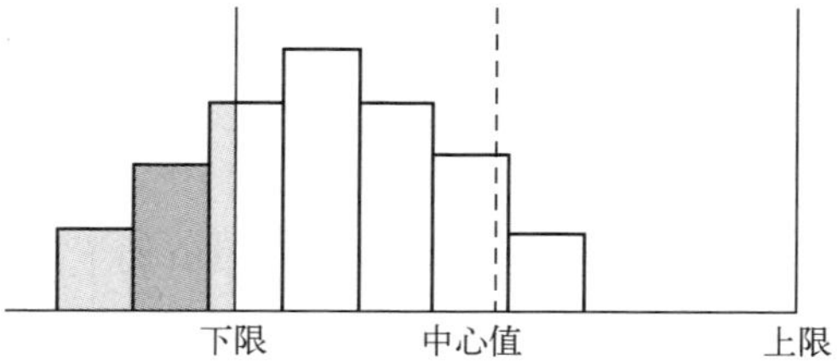

图 5-9　中心偏左的直方图

6. 中心偏右的直方图

如果直方图呈现正常状态，但是偏向规格的上限，并伸展到规格下限右侧，表示已产生部分超出规格上限要求的不良品，如图 5-10 所示。

7. 分散度大的直方图

如果直方图呈现正常状态，但是直方图的左右两端均超出规定界限，产生不良品，说明直方图过于分散，该种现象可能是人员技术不足或操作方法不当造成的，如图 5-11 所示。

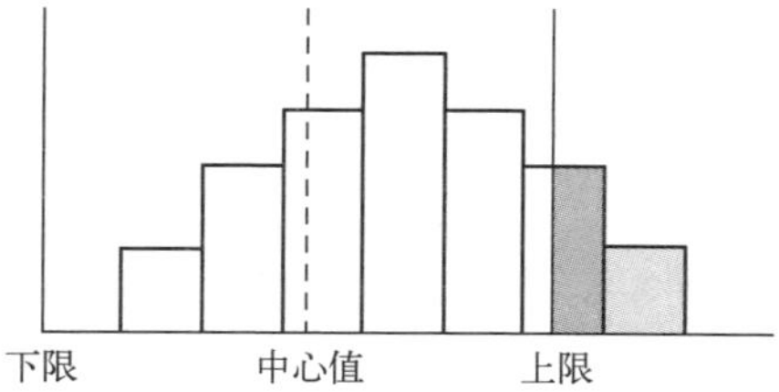

图 5-10　中心偏右的直方图

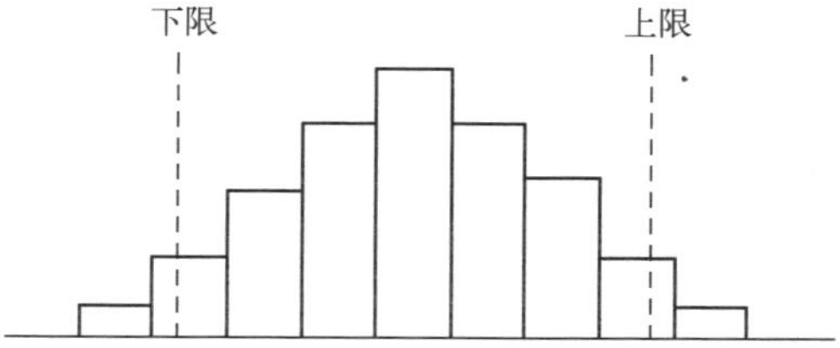

图 5-11　分散度大的直方图

8. 分散度小的直方图

如果直方图呈现正常状态，但是直方图形态过于集中，距规格上、下限还有一段距离，表示过程差异小，过程能力强。可能因为人员技术能力强，也可能因为规格制定不合理，如图 5-12 所示。

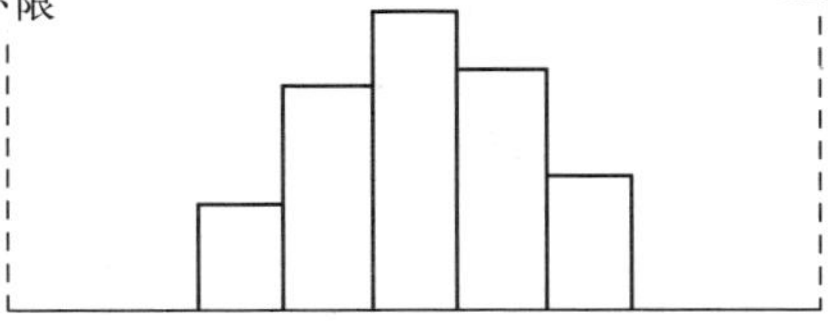

图 5-12　分散度小的直方图

例 3：

某设备在特定模拟环境中正常运行的温度范围要求为（110±8)℃。为确定该设备组在特定模拟环境中运行温度状况是否符合要求，现测量 50 台该设备运行时的实际温度，数据如表 5-9 所列，请绘制直方图分析该设备运行温度分布状况。

表 5-9　50 台设备的运行温度记录表　（°/C）

108	117	106	114	108
115	106	102	111	107
105	110	109	105	104
110	116	107	103	118
109	112	107	105	117
112	115	105	116	109
113	107	117	115	120
111	108	110	111	114
104	111	109	109	110
109	112	116	112	118

【思路】（1）收集数据，一般数据要 50 个以上，并记录总数，由表 5-9 可知，采集数据为 50 个。

（2）确定分组数 K，合理的分组数非常重要，组太少会掩盖组内数据的变动情况，组太多会使组内频数太少，出现锯齿状影响对整体分布规律的观察，一般来说，分组数可参考表 5-10 实施，本例 50 个数据分为 7 组。

表 5-10　数据的个数和分组数参考值

数据的个数	分组数
50 以下	5~7
50~100	6~10
100~250	7~12
250 以上	10~20

（3）确定组距宽度 h。

h 的计算公式为：（数据中的最大值 L_a−最小值 S_m）/组数 K，本例中 $L_a=120$，$S_m=102$，$h=(120-102)/7=2.57\approx3$。

（4）计算各组界限。

第 1 组下限值 = S_m - 最小测量单位/2 = 102 - 1/2 = 101.5，

第 1 组上限值 = 第 1 组下限值 + h = 104.5，以此类推。

(5) 计算各组中心值 = (下限值 + 上限值)/2 = 103(第一组)，以此类推。

(6) 确定各组数据个数。

(7) 绘制直方图，如图 5-13 所示。

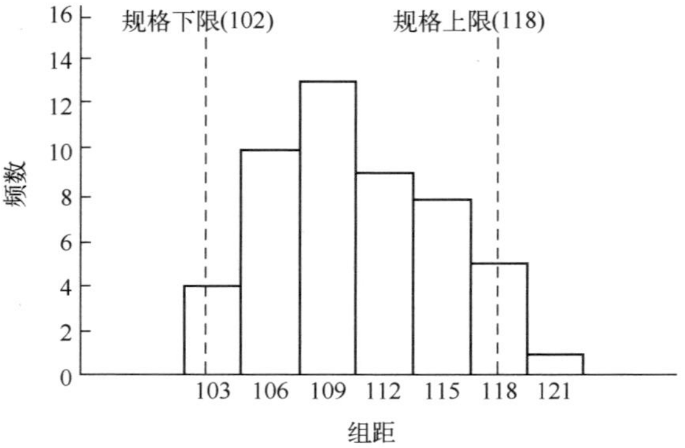

图 5-13 直方图

(五) 散布图法

散布图又称相关图，是通过分析研究两种因素的数据之间的关系，控制影响产品质量的相关因素的一种方法。它将两个非确定关系变量的数据对应列出，用点绘制在坐标图上，观察和分析它们之间的近似关系（也称为相关分析）的技术方法。

在散布图中，成对的数据形成点子云，研究点子云的分布状态，即可推出数据间的相关程度。典型的散布图有强正相关、弱正相关、不相关、强负相关、弱负相关、非线性相关。

1. 强正相关

x 增大，y 随之线性增大。x 与 y 之间可以用直线 $y=ax+b$（a 为正数）表示。

2. 弱正相关

点子靠近一条直线，且 x 增大，y 基本随之线性增大。此时，除了因素 x 外，可能还有其他因素影响 y。

3. 不相关

x 与 y 之间没有明显的相关性。

4. 强负相关

x 增大 y 随之减小，x 与 y 之间可以用直线 $y=ax+b$（a 为负数）表示。

5. 弱负相关

x 增大 y 基本随之减小，此时除 x 外，可能还有其他因素影响 y。

6. 非线性相关

x、y 有关系，但不是线性关系，而是非线性关系。

典型的散布图如图 5-14 所示。

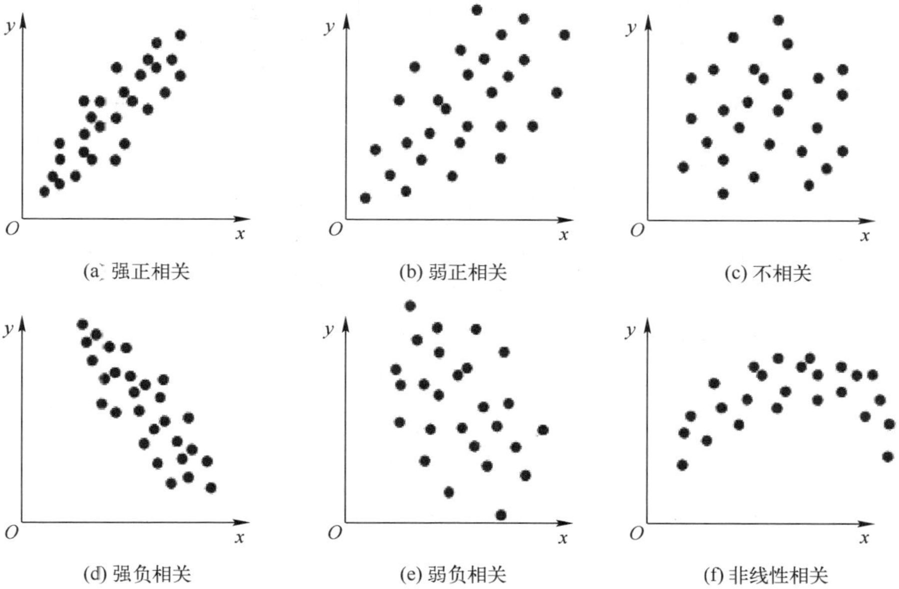

图 5-14　典型的散布图

散布图中相关关系的判断方法有：相关系数法、观察法、正弦函数计算法、二项概率法和符号检验表法等。下面主要介绍相关系数法。

变量之间关系的密切程度，需要用一个数量指标来表示，称为相关系数，通常用 r 来表示，不同的图有不同的相关系数，r 满足 $-1 \leqslant r \leqslant 1$。因此，可根据相关系数 r 值来判断散布图中两个变量之间的关系。$r=0$ 表示这两个变量不相关；$r=1$ 表示完全正相关；$r=-1$ 表示完全负相关；$0<r<1$ 表示正相关，且越接近 1，相关性越强，越接近 0，相关性越弱；$-1<r<0$ 表示负相关，且越接近 -1，相关性越强，越接近 0，相关性越弱。相关系数的计算公式为

$$r=\frac{\sum(x-\bar{x})(y-\bar{y})}{\sqrt{\sum(x-\bar{x})^2\cdot(y-\bar{y})^2}}$$

式中：$\bar{x}$、$\bar{y}$ 分别为 n 个 x 和 n 个 y 的平均值。

散布图的作用主要体现在以下三个方面：

（1）确定各种因素对产品质量有无影响及影响程度；

（2）如果两个变量之间相关程度很大，则可以通过控制某一个变量的数值来间接控制另外一个变量的变化；

（3）对相关图的分析，能够帮助肯定或否定关于两变量之间可能关系的假设。

制作与观察散布图要注意以下三点：一是应观察是否有异常点或离群点出现，即是否有个别点子脱离总体点较远；二是要注意散布图如果处理不当也会造成假象；三是要注意散布图有时需要进行分层处理。

例 4：

统计某架飞机 12 个月的飞行小时与故障数的数据，如表 5-11 所列。试绘出散点图，并进行相关性分析。

表 5-11 飞行小时与故障数的统计数据

项目	月份											
	1	2	3	4	5	6	7	8	9	10	11	12
飞行时间/时	255	257	332	277	286	245	218	202	283	313	305	234
故障次数	39	42	45	45	44	36	33	34	42	46	44	40

【思路】将飞行小时视作 x，故障数视作 y，根据表 5-10 中数据，在坐标系中描点得到散点图，如图 5-15 所示。根据散点图观察分析两个变量之间有无相关关系。可以大致看出点围绕某直线方向散布，其中随着飞行时间的延长，故障数有增加趋势。

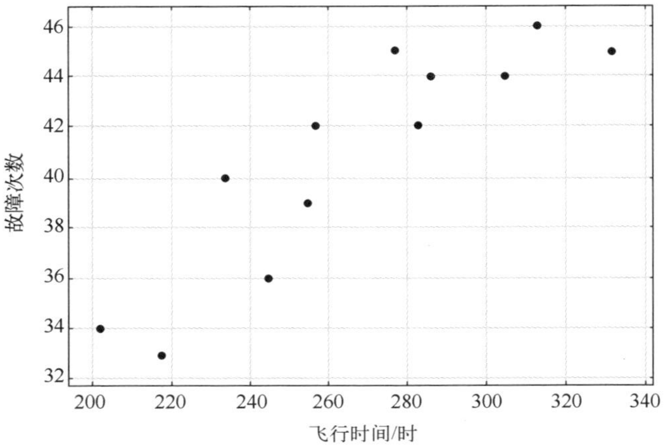

图 5-15 飞行时间和故障数散点图

（六）因果鱼刺图法

工作过程中影响产品质量的因素多种多样，这些因素往往又错综复杂地交织在一起。只有准确地找出问题产生的根源才能从根本上解决问题，进而保证质量得到持续改进。为了清晰、有效地整理和分析出产品质量和诸因素之间的关系，寻找质量问题产生原因，一种有效的方法就是因果鱼刺图法。

因果鱼刺图又称特性要素图、树枝图、鱼刺图或石川图，是质量管理常用方法之一，它是由日本石川馨在 1943 年首先提出的，并于 1953 年在日本川缔制铁公司应用，取得了很好的效果，从而得到推广。

一般来说，影响产品质量的原因尽管很多，关系复杂，但归纳起来不外为两种互为依存的关系，即平行关系和因果关系。在进行质量分析时，如果通过直观方法能够找出属于同一层有关因素的主次关系（平行关系），就可以利用图对它们进行统计分析。由于因素在层间还存在着纵向的因果关系，这就要求要有一种方法能同时整理出这两种关系，因果鱼刺图就是根据这种需要而构思的。在具体分析时，从质量问题出发，首先分析哪些因素是影响产品质量的大原因，进而从大原因出发寻找中原因、小原因及更小原因，并查出和确定主要原因。因果鱼刺图就是用箭头表示小原因、中原因、大原因、某种结果之间的因果关系的图形。该种分析方法即为针对某一结果通过分析，制作因果鱼刺图，并查明和确认主要原因的方法，如图 5-16 所示。

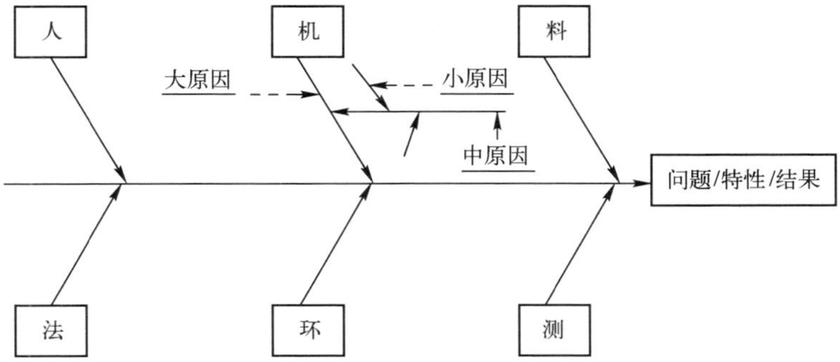

图 5-16　因果鱼刺图

由于影响质量的因素类型和数量非常多，为了尽可能做到有条不紊地查找出各种影响因素，一般按照“人、机、料、法、环、测”6 个方面展开质量问题原因分析。

人：指由人的情绪、身体、文化素质等导致的质量问题。

机：指因机器、设备导致的质量问题。

料：指因原材料不合格等导致的质量问题。

法：指因法规制度或标准规范不健全、不完善或错误等导致的质量问题，也可以指因工作中采用的方法、技术不得当导致的质量问题。

环：指因工作环境影响等导致的质量问题。

测：指因测量不当等导致的质量问题。

绘制因果鱼刺图的步骤如下：

（1）明确要解决的问题，画出主干线，主干线的箭头指向质量问题。

（2）从质量问题出发先分析大原因，常常将人、机、料、法、环、测等作为大原因，也可根据情况加、减或自定大原因。

（3）层层围绕“为什么会这样？”深究原因。

绘制因果鱼刺图时需要注意以下几点：

（1）要充分发挥民主，把各种意见都记录、整理入图。

（2）主要、关键原因越具体，改进措施的针对性就越强。

（3）不要过分追究个人责任，而要从组织上、管理上找原因，实事求是提供整理数据和信息，不互相推脱责任。

（4）尽可能用数据反映、说明问题。

（5）作完因果鱼刺图后，应检查图名、标明主要原因是哪些、文字是否简便通俗、编译是否明确、定性是否准确、应尽可能定量化、改进措施不易画在图上。

（6）在必要时，可再画出措施表。

在应用因果鱼刺图时需要注意：

（1）分析的问题只能是一个，即主干线箭头指向的结果（要解决的问题）只能是一个。

（2）在分析原因时要设法找到主要原因，为了找出主要原因，可作进一步调查、验证。需要注意的是大原因不一定都是主要原因。

（3）因果鱼刺图中的原因是可以归类的，类与类之间的原因不发生联系，要注意避免归类不当和因果倒置的错误。

（4）要广泛地、充分地汇集各方面的意见，包括技术人员、管理人员、检验人员及辅助人员的意见等，需要特别重视有实际经验的现场人员的意见。

例 5：

某装备维修厂维修质量偏低，试用因果鱼刺图分析其原因。

【思路】按照“人、机、料、法、环、测”展开大原因，再利用头脑风暴法分析中原因和小原因。在调查基础上排除不成立的原因，最终找出符合实际情况的质量问题原因，如图 5-17 所示。

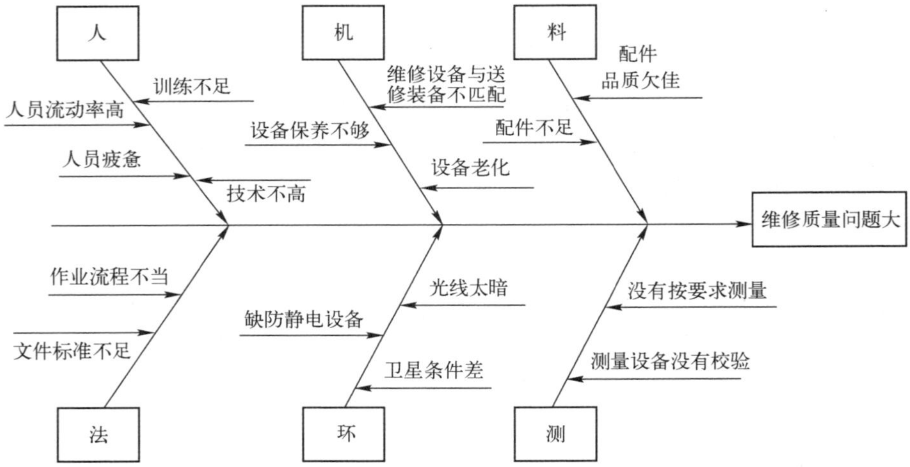

图 5-17　某装备维修厂维修质量偏低的原因

（七）控制图法

20 世纪 20 年代，美国贝尔电话实验室成立了以休哈特为首的过程控制研究组，提出了过程控制理论和监控过程的工具—控制图。控制图是对过程质量特性值进行测量、记录、评估，从而检测过程是否处于受控状态的一种用统计方法设计的图。图上有中心线 CL、控制上限 UCL、控制下限 LCL，并有按时间顺序抽取的样本统计量数值的描点序列。UCL、CL 和 LCL 统称控制线。如果控制图中的描点落在 UCL 和 LCL 之外，或者描点在 UCL 和 LCL 之间排列不随机，则表明过程出现异常。图 5-18 为控制图的基本样式。

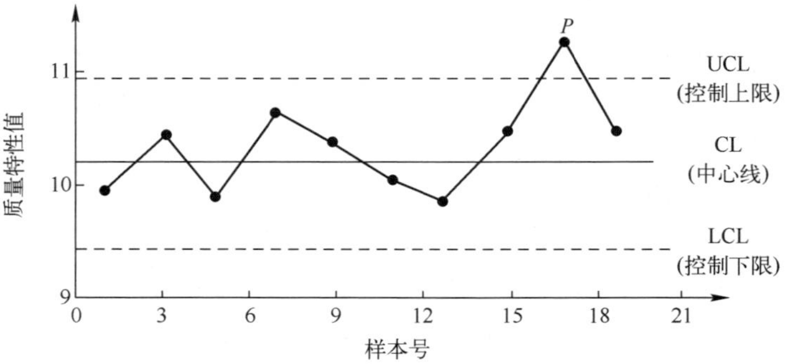

图 5-18　控制图的基本样式

控制图就像心电图一样具有很大的优点，即在图中将描点与控制界限相比较，从而能够直观看到过程是否正常。

控制图可以直接控制工作过程，起到预防为主、稳定过程、保证质量的作用，其用途可归纳为以下几点：

（1）应用于质量诊断。评估过程的稳定性，即过程是否处于受控状态。

（2）应用于质量控制。决定某一过程何时需要调整，何时需要保持原有状态。

（3）应用于质量改进。可以用来确认过程是否得到了改进，以及改进到何种程度。

控制图对过程的判断是以概率事件原理为理论依据。在统计技术应用中，首先应设置对异常判断的小概率 α（如 0.01、0.05 等），设置的小概率 α 实际是判断错误的概率，成为风险度或显著水平，而与风险度相对应的是置信度$(1-\alpha)$。

1. 判稳准则

控制图中的描点在随机排列情况下，符合下列条件之一时即可判稳：

（1）连续 25 个点，落在控制界外的点数为 0；

（2）连续 35 个点，落在控制界外的点数小于或等于 1；

（3）连续 100 个点，落在控制界外的点数小于或等于 2。

2. 判异准则

控制图中的描点在随机排列情况下，按照 GB/T—2001《常规控制图》标准规定有 8 种判异准则模式，列举符合下列条件之一时即可判异：

（1）只有少数几个点就有 1 个点落在上、下限以外（见图 5-18a）；

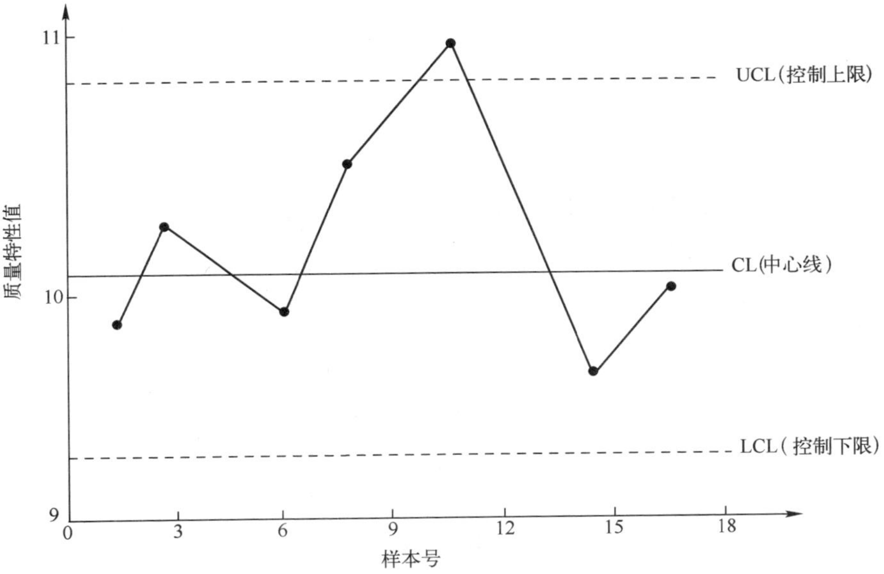

图 5-18a

（2）连续 9 点落在中心线同一侧（见图 5-18b）；

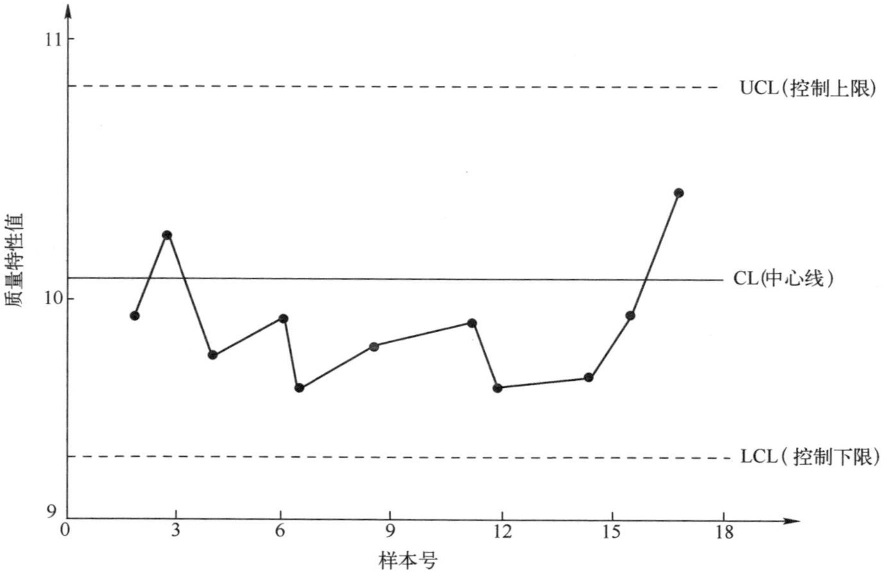

图 5-18b

（3）连续 6 点递增或递减（见图 5-18c）；

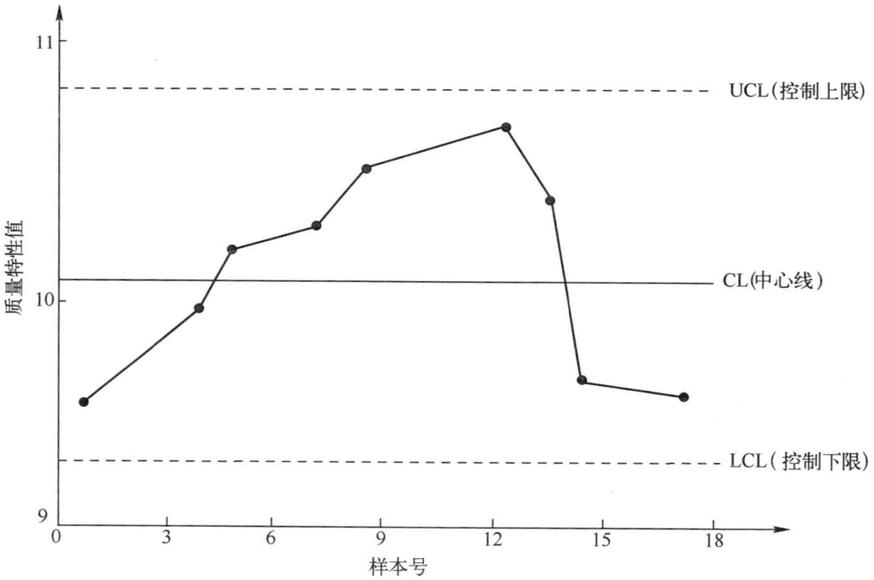

图 5-18c

（4）连续 14 点中相邻点交替上下（见图 5-18d）；

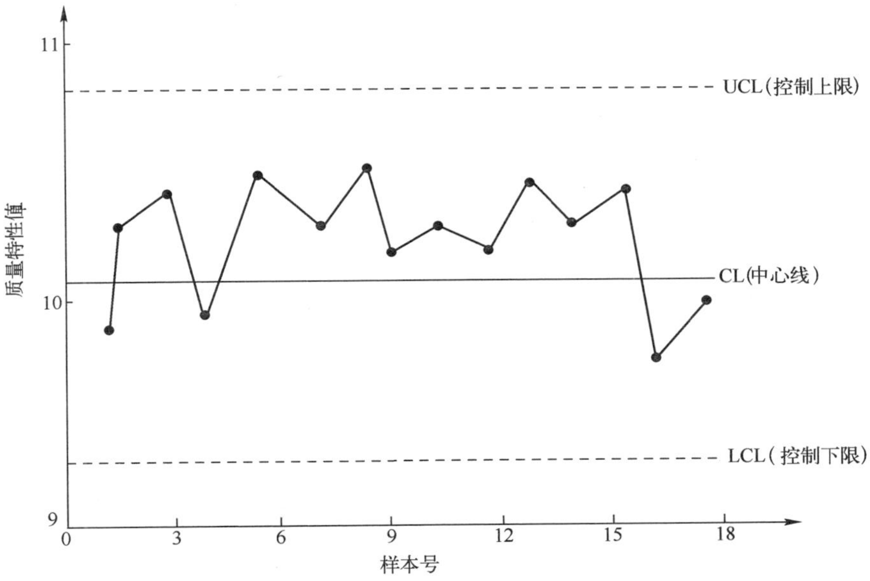

图 5-18d

3. 控制图制作步骤

（1）确定控制对象、采集数据；

（2）计算控制图表中的均值（$\bar{x}$）作为中心线：将所有样本数据相加，再除以样本总数；

（3）计算极差（R）：样本中最大值与最小值之差；

（4）计算控制界线：

$$UCL=\bar{x}+AR$$

$$LCL=\bar{x}-AR$$

其中，A 为系数，通过控制图系数表查得。

（5）画控制图并描点；

（6）对控制图进行分析判断。

在应用控制图时应注意以下几点：

（1）控制图的应用范围。原则上，控制图适用于任何需要控制的过程，但必须符合以下要求：①所选择的控制对象应该能够定量；②所控制的过程必须具有可重复性，即具有统计规律。

（2）控制对象的选择。一个过程往往具有各种各样的特性，需要选择能代表过程的主要质量指标作为控制对象。例如，电动机装配车间，如果对电动机轴的尺寸要求很高，那么就应该将机轴直径作为控制对象。

（3）控制图类型的选用。如何选用控制图，主要依据所控制质量指标的数据性质来进行选择。

（4）控制图的分析与判断。在控制图中，如果描点未出界，且排列也是随机的，则认为过程处于受控状态；如果描点出界，且排列呈现出一定的规律性，则认为过程出现异常。这种“认为”是基于统计学的角度，所谓“异常”，并不意味着产品质量一定不合格。

（5）判断过程异常的处置。一般来说，控制图只起到预警作用，而不能告知产生的原因。因此，发生异常时，应先把异常点数据剔除，重新计算上、下控制界限和中心线，打点、画图、判断；如果还有异常点，则再次剔除，重新打点、画图，直至没有异常点时为止。

（6）控制图的重新制定。控制图是根据稳态下的条件来指定的，当条件发生变化时，控制图也必须重新制定。同时，控制图是科学管理工作过程的重要依据。因此，经过一段时间后，应重新抽取数据进行计算，加以检验。

（7）控制图的保管。控制图的计算以及日常记录都应作为技术资料加以妥善保管，以便对该过程的质量水平有清楚的了解。

二、新七种工具

新七种工具是日本科学技术联盟于 1972 年组织一些专家运用运筹学或系统工程的原理和方法，经过多年的研究和现场实践后于 1979 年正式提出用于质量管理的。新七种工具包括关联图法、亲和图法、系统图法、矩阵图法、矩阵数据分析法、PDPC 法以及箭条图法。新七种工具的提出不是对“老七种工具”的替代而是对它的补充和丰富。

一般来说，老七种工具的特点是强调用数据说话，重视对制造过程的质量控制；而新七种工具基本是整理、分析语言文字资料（非数据）的方法，着重用来解决全面质量管理中 PDCA 循环的 P（计划）阶段的有关问题。因此，新七种工具有助于管理人员整理问题、展开质量方针目标和安排时间进度等。整理问题，可以用关联图法和亲和图法；展开方针目标，可用系统图法、矩阵图法和矩阵数据分析法；安排时间进度，可用 PDPC 法和箭条图法。

（一）关联图法

关联图法又称关系图法，它是把若干问题与其主要因素之间的因果关系用箭条线连接起来表示逻辑关系，以找出关键问题与因素，进而找出解决问题的适当措施的一种方法。它用于解决那些有着“原因—结果”“目的—手段”等逻辑关系的复杂问题，是适应现代管理的一种工作方法，如图 5-19 所示。通过关联图可以找出与此问题有关系的一切要因，从而进一步抓住重点问题，并寻求解决对策。

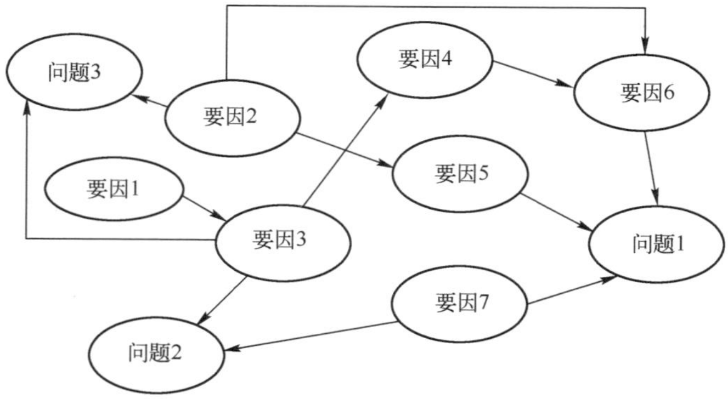

图 5-19　关联图

1. 关联图的特点

关联图具有以下特点：

（1）容易掌握关联关系，从而有效地掌握重点；

（2）组员的共识容易形成，并利于增长见闻；

（3）对要因复杂的问题，比其他手法更易处理要因关联关系；

（4）表现形式不受拘束，图形可自由书写；

（5）不同成员图形呈现不同面貌，但结论应很相近。

2. 关联图的用途

关联图可用于以下方面：

（1）制定质量管理的目标、方针和计划；

（2）产生不合格品的原因分析；

（3）制定质量故障的对策；

（4）规划质量管理小组活动的展开；

（5）用户索赔对象的分析。

3. 关联图的绘制步骤

（1）提出认为与问题有关的各种因素；

（2）用简明而确切的文字或语言加以表示；

（3）把因素之间的因果关系，用箭头符号做出逻辑上的连接（不表示顺序关系，而是表示一种相互制约的逻辑关系）；

（4）根据图形，进行分析讨论，检查有无不够确切或遗漏之处，复核和认可上述各种因素之间的逻辑关系；

（5）指出重点，确定从何处入手来解决问题，并拟订措施计划。

在绘制关联图时，箭头的指向，通常是：对于各因素的关系是原因——结果型的，则是从原因指向结果（原因→结果）；对于各因素间的关系是目的——手段型的，则是从目的指向手段（目的→手段）。

4. 关联图的形式

关联图的绘制形式一般有以下四种：

（1）中央集中型的关联图。它是尽量把重要的项目或要解决的问题，安排在中央位置，把关系最密切的因素尽量排在它的周围。

（2）单向汇集型的关联图。它是把重要的项目或要解决的问题，安排在右边（或左边），把各种因素按主要因果关系，尽可能地从左（从右）向右（或左）排列。

（3）关系表示型的关联图。它是以各项目间或各因素间的因果关系为主体的关联图。

（4）应用型的关联图。它是以上述三种图型为基础而使用的图形。

（二）亲和图法

亲和图法是日本川喜田二郎于1968年提出的质量管理工具，简称KJ。“KJ”二字取的是川喜田二郎名字（KAWAJI）罗马拼音的第一个字母。这一方法是从错综复杂的现象中，用一定的方式来整理思路、抓住思想实质、找出解决问题新途径的方法，又叫亲和图。

亲和图法不同于统计方法，统计方法强调一切用数据说话，而亲和图法则主要靠用事实说话、靠“灵感”发现新思想、解决新问题。亲和图法认为许多新思想、新理论，往往是灵机一动、突然发现的。但应指出，统计方法和亲和图法的共同点，都是从事实出发，重视根据事实考虑问题。

亲和图法一般用于以下情况：

（1）认识新事物（新问题、新办法）；

（2）整理归纳思想；

（3）从现实出发，采取措施，打破现状；

（4）提出新理论，进行根本改造，“脱胎换骨”；

（5）促进协调，统一思想；

（6）贯彻上级方针，使上级的方针变成下属的主动行为。

川喜田二郎认为，按照亲和图法去做，至少可以锻炼人的思考能力。

亲和图法的工作步骤包括：

（1）确定对象（或用途）。亲和图法适用于解决那种非解决不可，且又允许用一定时间去解决的问题。对于要求迅速解决、“急于求成”的问题，不宜用亲和图法；

（2）收集语言、文字资料。收集时，要尊重事实，找出原始思想（“活思想”“思想火花”）。收集这种资料的方法有三种：一是直接观察法，即到现场去看、听、摸，吸取感性认识，从中得到某种启发，立即记下来。二是面谈阅览法，即通过与有关人谈话、开会、访问，查阅文献、集体 BS 法（Brain Storming“头脑风暴”法）来收集资料。三是个人思考法（个人 BS 法），即通过个人自我回忆，总结经验来获得资料；

（3）把所有收集到的资料，包括“思想火花”都写成卡片；

（4）整理卡片。对这些杂乱无章的卡片，不是按照已有的理论和分类方法来整理，而是把自己感到相似的归并在一起，逐步整理出新的思路；

（5）把同类卡片集中起来，并写出分类卡片；

（6）根据不同的目的，选用上述资料片段，整理出思路，写出方案。

图 5-20 是某公司产品交期不准亲和图。

（三）系统图法

在质量管理中，为了达到某种目的，就需要选择和考虑某一种手段；而为了采取这一手段，又需考虑它下一级的相应的手段。这样，上一级手段就成为下一级手段的行动目的。如此地把要达到的目的和所需要的手段，按照系统来展开，按照顺序来分解，做出图形（图 5-21），就能对问题有一个全貌的认识。然后，从图形中找出问题的重点，提出实现预定目的的最理想途径。它是系统工程理论在质量管理中的一种具体运用。

系统图法，是指能将事务或现象分解成树枝状的方法，故又称树形图或树图。系统图就是把要实现的目的与需要采取的措施或手段，系统地展开，并绘制成图，以明确问题的重点，寻找最佳的手段或措施。

系统图法主要用于以下几方面：①在新产品研制开发中，应用于设计方案的展开；②在质量保证活动中，应用于质量保证事项和工序质量分析事项的展开；③应用于目标、实施项目的展开；④应用于价值工程的功能分析的展开；⑤结合因果分析图，使之进一步系统化。

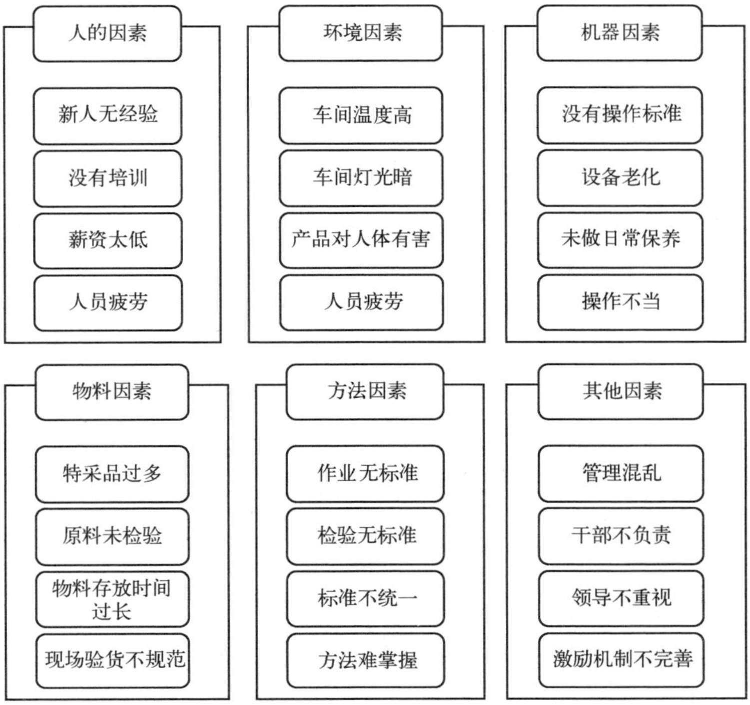

图 5-20 某公司产品交期不准亲和图

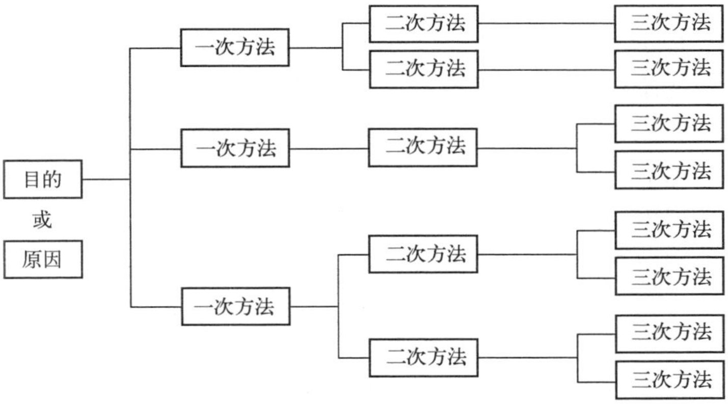

图 5-21 系统图展开模式

(四) 矩阵图法

矩阵图法，是指借助数学上矩阵的形式，把与问题有对应关系的各个因素，列成一个矩阵图；然后，根据矩阵图的特点进行分析，从中确定关键点（或着眼点）的方法。这种方法，先把要分析问题的因素，分为两大群（如 $\boldsymbol{R}$ 群和 $\boldsymbol{L}$ 群），把属于因素群 $\boldsymbol{R}$ 的因素（$\boldsymbol{R}1,\boldsymbol{R}2,\cdots,\boldsymbol{R}m$）和属于因素群 $\boldsymbol{L}$ 的因素（$\boldsymbol{L}1,\boldsymbol{L}2,\cdots,\boldsymbol{L}n$）分别排列成行和列。在行和列的交点上表示着 $\boldsymbol{R}$ 和 $\boldsymbol{L}$ 的各因素之间的关系，这种关系可用不同的记号予以表示。在矩阵图中，$\boldsymbol{L}$ 表示质量目标或用户需求，$\boldsymbol{R}$ 表示针对需求或目标提出的质量措施，●、○、△

分别表示 ***L*** 和 ***R*** 关系的强弱。如图 5-22 这种方法，用于多因素分析时，可做到条理清楚、重点突出。它在质量管理中，可用于寻找新产品研制和老产品改进的着眼点，寻找产品质量问题产生的原因等方面。

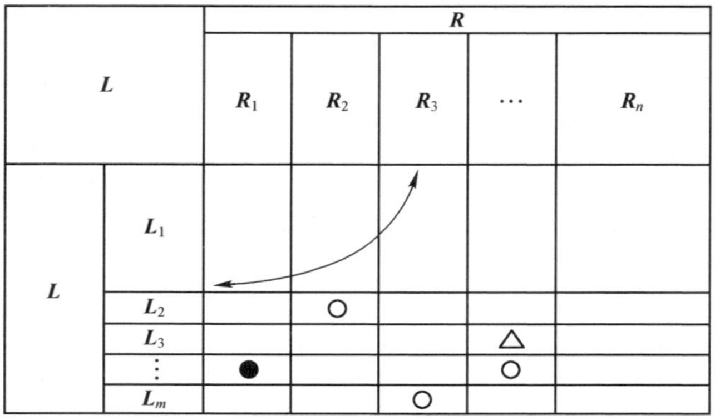

图 5-22　矩阵图

（五）矩阵数据分析法

矩阵数据分析法，与矩阵图法类似。它区别于矩阵图法的是：不是在矩阵图上填符号，而是填数据，形成一个分析数据的矩阵。它是一种定量分析问题的方法。应用这种方法，往往需要借助电子计算机来求解。

（六）PDPC 法

PDPC 法系统地确定在发展状态下一个项目会产生什么错误，以形成对策来预防或者抵消这些问题。通过使用 PDPC 法，可以修订计划避免这些问题或做好准备。当问题真的发生时可以做出最合适的反应，在制订达到质量目标的计划阶段，对计划执行过程中可能出现的各种障碍及结果，做出预测，并相应地提出多种应变计划的一种方法，如图 5-23 所示。这样，在计划执行过程中，遇到不利情况时，仍能有条不紊地按第二计划方案、第三计划方案或其他计划方案完成任务。

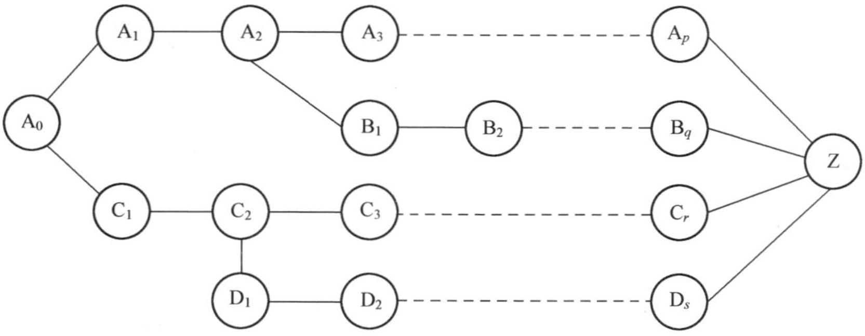

图 5-23　过程决策程序图

（七）箭条图法

箭条图法，又称矢线图法。它是计划评审法在质量管理中的具体运用，使质量管理的计划安排具有时间进度内容的一种方法。它有利于从全局出发、统筹安排、抓住关键线路，集中力量，按时或提前完成计划。图 5-24 是一种典型箭条图，图中①、②、③、④、⑤等表示事件（结点），两个事件之间确定一项作业，如 A、B、C 等，作业过程用箭线表示。箭线下方标注该作业持续的时间。

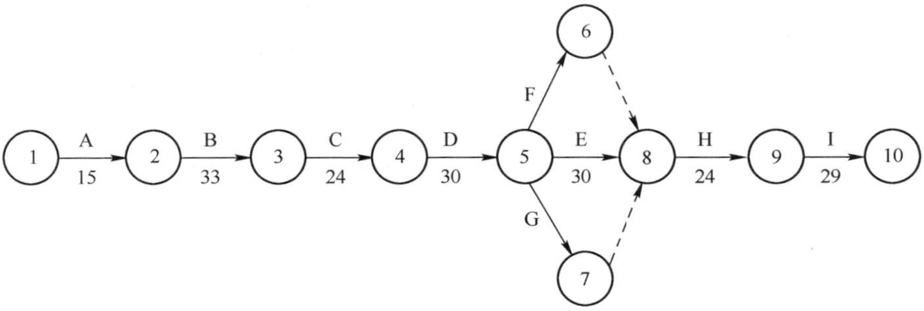

图 5-24　箭条图法

箭条图法的工作步骤：

（1）调查工作项目，将工作项目的先后次序，由小到大进行编号。

（2）用箭线→代表某项作业过程，如②→③等。箭杆下方可标出该项作业过程所需的时间数。各项作业过程的时间的确定，可用经验估计法求出。通常，作业时间按三种情况进行估计：乐观估计时间，用 a 表示；悲观估计时间，用 b 表示；正常估计时间，用 m 表示。则经验估计作业时间 $=(a+4m+b)/6$。

这种经验估计法，又称三点估计法。

例如，对某一作业过程的时间估计 a 为 2 天，b 为 9 天，m 为 4 天，则用三点估计法求得的作业时间为 $(2+4\times4+9)/6=4.5$(天)。

（3）画出箭条图。

（4）计算每个结点上的最早开工时间。某结点上的最早开工时间，是指从始点开始顺箭头方向到该结点的各条路线中，时间最长一条路线的时间之和。

（5）计算每个结点上的最晚开工时间。某结点上的最晚开工时间，是指从终点逆箭头方向到该结点的各条路线中时间差最小的时间。

（6）计算富余时间，找出关键线路。富余时间，是指在同一结点上最早开工时间与最晚开工时间之间的时差。有富余时间的结点，对工程的进度影响不大，属于非关键工序。无富余时间或富余时间最少的结点，就是关键工序。把所有的关键工序按照工艺流程的顺序连接起来，就是这项工程的关键路线。

思　考　题

1. 排列图是一种（　　）。

A. 发现异常的工具　　B. 寻找原因的工具

C. 寻找关键因素的工具　　D. 动态控制的工具

2. 因果鱼刺图是用来（　　）。

A. 寻找影响质量的主要问题的

B. 寻找影响质量的主要原因的

C. 寻找影响质量的次要原因的

D. 寻找解决质量问题的对策的

3. 某部为了找出飞机维修停飞的主要因素，对一年间因维修造成的 721 架（每日出动架次）飞机不完好情况，按五个方面进行了分类统计，如表 5-12 所列。利用排列图分析造成飞机维修停飞的主要原因。

表 5-12　维修停飞原因统计表

原因	频数（维修停飞架/日）	频率/%	累计频率/%
定检	362	50.2	50.2
故障	201	27.9	78.1
特定检查	85	11.8	89.9
修理	49	6.8	96.7
维护影响	24	3.3	100
合计	721	100	

4. 以某部发生的 89 次机务责任飞行事故征候为研究对象作因果鱼刺图，原因分类统计如表 5-13 所列，绘制其因果鱼刺图。

表 5-13　机务责任飞行事故征候原因

错装忘装（52 次）	带外来物（18 次）	超寿使用（11 次）	排故不彻底（8 次）
技术上不懂	岗位职责不明确	查阅文件不认真	技术水平低
交接不清	外部干扰	业务水平低	检查不全面
分工不具体	粗枝大叶		
工作不认真			
未按规定检查复查			
业务水平低包括不知道寿命、不会算寿命			

第六章　航天装备质量策划方法

质量策划是指致力于制定质量目标，并规定必要的运行过程和相关的资源以实现质量目标的过程。质量策划的内容包括质量目标策划、质量特性策划和质量过程策划，每项内容都有典型的策划方法。本章主要介绍质量标杆法、质量成本效益分析法、故障树分析、基于模型的系统工程方法、流程图法、质量功能展开法等质量策划方法技术。

第一节　航天装备质量目标策划典型方法

质量目标策划是分析现状、预测趋势、输入要求、展开功能确定质量目标的过程，航天装备质量目标策划典型方法工具包括质量标杆法、质量成本效益分析法、概率风险评估法、实验设计法等。

一、质量标杆法

（一）基本概念

质量标杆（quality benchmark）法就是在策划航天装备质量目标时，以相似任务或优秀管理组织为标准，加以借鉴和作为榜样追赶。质量标杆法包括赶超型标杆法和借鉴型标杆法。赶超型标杆法是以航天装备质量管理标杆单位为榜样，分析标杆单位的先进做法和管理经验，找出自身与标杆单位的差距，在此基础上分步制定可行的航天装备质量管理赶超目标和计划。借鉴型标杆法实质就是经验法。将要实施的航天装备任务与以往相似或其他航天装备任务的实际做法进行比较，在分析当前任务与以往任务不同的基础上，借鉴以往航天装备任务，特别是同型号或相似型号航天装备任务质量计划的有益成果，制订出新的质量计划。由于航天装备任务基本流程大致相同，因此该方法在实际工作中应用较广。

（二）适用范围

使用质量标杆法时，应充分注意标杆在质量管理中实际发生的各种质量问题及教训。在策划新的航天装备质量目标时，要考虑采取相应的防范和应急措施，尽可能避免类似项目质量事故的发生。

（三）基本原理

质量标杆法用于航天装备质量计划的制订过程，特别是在制订赶超型质量计划时，需要以标杆的质量高度为目标，找出自身与标杆的差距，而后分步制定可行的质量赶超目标和计划。具体地说，就是承担航天装备任务的单位以同类优秀单位为榜样或参照，通过收集资料、分析比较、跟踪学习等一系列规范化的程序制订分步赶超计划，改进并赶超质量标杆或竞争对手，提升航天装备建设与使用质量管理水平。通常的做法是以航天装备标杆单位的质量政策、质量标准与规范、质量管理计划、质量工作说明文件、质量改进记录和原始质量凭证等文件为蓝本，结合自身任务特点制定自身质量管理目标、质量管理计划文件或赶超计划。

（四）应用要点

实施质量标杆法一般包括四个环节。

一是收集信息。为了树立学习的标杆，首先需要选择质量管理水平较高的航天装备建设与使用相关单位或航天任务作为标杆，收集能够反映出标杆对象过去、现在的状态信息和未来的发展趋势的信息。

二是分析信息资料。对收集的有关标杆的信息、资料进行对比、分析、研究，以确定质量管理问题的关键点。

三是找出差距。将自身航天装备建设与使用中质量管理工作与标杆进行比较，以确定在质量管理方面存在的差距。

四是制定对策。根据所存在的差距制定相应的对策。对策包括分阶段制定质量赶超目标和计划，提高航天装备建设与使用质量水平，完善质量管理措施等。

二、质量成本效益分析法

（一）基本概念

质量成本效益分析法是航天装备项目质量计划编制的常用方法，即在保证航天装备建设与使用各项活动及产出物符合质量要求的前提下，追求效益的最大化。对于航天装备，由于其高可靠性、高风险性的特点，在考虑成本效益的同时，需要更加关注航天装备任务的成功。因此一般航天装备质量成本效益分析必须以确保任务成功为前提，在质量与成本发生矛盾时，应确保“质量第一、成功至上”，绝不能因为片面追求效益而降低产出物的质量。

（二）适用范围

质量成本效益分析适用于质量成本和效益都能自主测算的航天装备建设与使用质量目标策划和质量改进。成本效益分析法作为预算决策、经济分析的重要手段，也具有一定的局限性。

成本效益分析的适当性。如在轨卫星等复杂航天装备或对外装备援助等不能完全以货币尺度进行效益分析的领域，成本效益分析的适当性面临极大争议。一般而言，航天装备的成本效益分析需做出假设，即航天装备成本与非航天装备成本没有差异性，但事实往往并非如此。

质量成本效益分析的准确性。航天装备的质量成本和效益分析依赖从过去的装备中收集的数据或者需要对质量成本进行测算，往往由于数据不够全面或测算主观性的存在，成本效益分析的准确性将大打折扣。另外，质量成本效益分析受外部环境影响大。如通货膨胀、利率等外部环境因素的变化，将极大影响成本效益分析的准确性。航天装备成本效益分析时间跨度长，也在一定程度上影响成本效益分析的准确性。

（三）基本原理

1. 质量成本的定义和构成

质量成本是为保证满意的质量而发生的费用以及因未达到满意的质量而产生的一切损失。任何航天装备质量管理需要开展两方面的工作：一是质量保障工作，二是质量失败处理与恢复工作。前者产生航天装备质量保障成本，又称为一致性成本；后者产生航天装备质量纠偏成本，又称为非一致性成本。一致性成本是指用于防止航天装备质量失败的费用，由预防成本（生产合格产品）和鉴定（检验）成本两部分组成。预防成本主要包括航天装备质量计划工作费、质量评审费和审核费、质量教育培训费、质量奖励费、质量体系研究费、质量情报费等，它们是为预防质量问题而支出的费用，能提升质量效益；航天装备鉴定（检验）成本主要包括测试试验费、测试设备维护校准费、测试设备折旧费等。非一致性成本指在航天装备建设期间或使用期间因质量不合格用于处理质量失败的费用，由内部失败成本（组织内部发现的）和外部失败成本（装备使用单位发现的）组成。内部失败成本是指装备还没有交付，在装备研制单位内部发现的质量不合格而带来的损失，主要包括废品损失费、返工返修损失费、停工损失费、事故分析处理费、复验费、装备降级损失费等；外部失败成本是指装备交付后因质量不合格而被装备使用单位反馈不满意等产生的费用，主要包括索赔费用、退货损失、保修费用、追责费用，甚至信誉损失费、政治军事影响费等。

2. 质量成本效益分析

在航天装备质量形成过程中，装备质量总成本与装备质量水平之间呈现出一定的规律性：一致性成本［预防成本+鉴定（检验）成本］与质量水平呈正向关系，一致性成本投入越多，质量水平就越高；非一致性成本（质量损失）随装备质量水平的增加而下降，二者呈反向关系。航天装备质量总成本在质量形成过程中随着质量水平的提升呈现出先降后升的规律，如图 6-1 所示。因此，存在一个质量总成本最低点或区域，可作为航天装备质量效益最佳配置点，据此制定质量目标。

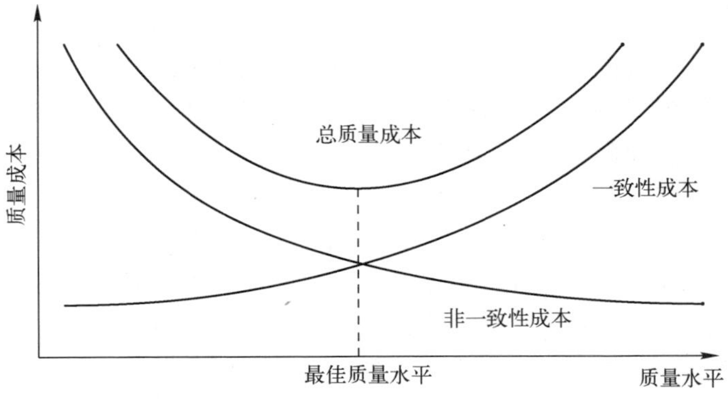

图 6-1 质量成本变化规律

依据航天装备质量成本和水平变化规律，可以从质量成本构成的变化中把装备质量分为改进区、控制区和完善区，确定装备质量成本位于哪一个区域，进而选择合适的质量控制水平，如图 6-2 所示。

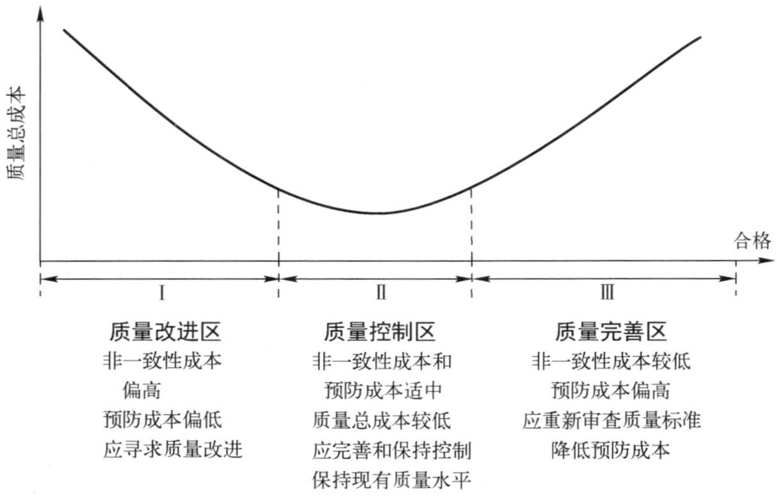

图 6-2　质量成本效益分区及管理措施

（四）应用要点

质量成本效益分析的步骤如下：

（1）测算航天装备项目中的各类质量成本；

（2）绘制航天装备质量总成本与质量水平图；

（3）评估航天装备现行质量成本所在区域；

（4）针对现行质量成本区域制订质量改进计划、采取质量改进措施；

（5）评估航天装备建设与使用中可节省的质量成本。

三、概率风险评估法

（一）基本概念

在开展航天装备质量目标策划时，质量目标的准确定位离不开对装备建设与使用风险的评估。概率风险评估（probabilistic risk analysis，PRA）法，是一种定性和定量相结合的风险评估方法，是各种安全性分析方法的集成运用，是集风险辨识、风险建模和风险量化于一体的综合安全风险分析方法，以风险事故场景为建模依据，通过事件树和故障树相结合的手段实现风险评估。

概率风险评估的运用是一个综合过程，包括风险模型建立和风险模型的定量化。风险模型包括描述危险事件发生可能性的模型和描述危险事件造成损失的模型，通常采用事件树与故障树相结合的方法建模。风险模型定量化主要是计算基本事件、危险事件发生概率的点估计和区间估计以及不确定性，在概率的意义上区分各种不同因素对风险影响的重要程度。PRA 通过系统分析，以科学的方法考查系统风险后果的严重度并对其不确定性进行量化，支持安全风险的管理决策。

20 世纪 60 年代，美国航空航天局（NASA）首次尝试采用概率计算方法对“阿波罗”项目进行概率和可靠性风险值计算，后来因计算风险值很低，概率评估方法被 NASA 放弃转而采用失效模式和影响分析（Failure Mode and Effects Analysis，FMEA）方法。此时，风险分析人员只关注事故发生的概率，并没有将事故发生概率值与风险后果相结合。直到1975年，美国《核电站风险报告》（即著名的WASH-1400报告）问世后，以事件树和故障树相结合的概率风险评估方法才逐步成熟，同时将事故概率值与风险后果综合考虑，形成目前各行业普遍使用的概率风险评估法。该方法可以弥补FMEA方法以定性分析为主，无法描述风险事故中间态势演变过程的缺陷。特别是20世纪80年代“挑战者”号失事，NASA重新认识到概率风险评估的重要性，花费大量的人力物力将PRA在航天领域推广和研究。欧空局（ESA）与NASA紧密合作，将PRA技术用于载人或无人的航天器风险评估。目前，概率风险评估是最典型、应用最广的风险评价方法，主要针对复杂系统进行风险评价，在核工业、航天领域的安全性工作中有着重要的地位。

（二）适用范围

概率风险评估是基于事故场景进行的风险研究。事故场景也就是发生事故的事件链，包括初始事件、一系列的中间事件（环节事件）和后果事件。所谓基于事故场景是指，在用PRA法进行风险评价时，首先要鉴别出系统所有可能的事故场景及其发生的后果和可能性，也因此限制了PRA方法的适用范围。

（1）概率风险评估受到事故场景开发完整性、准确性的影响。事故场景开发的不完整或不准确，就无法准确地进行风险评价，从而不能有效地辅助管理决策。

（2）概率风险评估受到主观因素的影响较大。事故场景的识别在很大程度上依赖分析人员的经验和知识水平、使用方法的熟练程度及对系统的熟悉程度，同时又要综合运用多种分析方法，如FTA、ETA、FMECA、PHA等用来进行事故场景的开发。

（三）基本原理

（1）概率论基础。概率风险评估以概率论为基础，通过定义随机变量和概率分布，描述了事件发生的不确定性和可能性。

（2）数据分析与模型建构。概率风险评估需要大量数据支持，包括历史数据、专家知识数据和实验数据等，通过统计分析与建模技术，将数据转化为概率模型，用于风险评估和预测。

（四）应用要点

建立概率风险评估模型的一般步骤包括：

（1）定义目标和范围，定义航天装备安全风险评估目标和不期望事故后果状态，划定风险评估范围、系统故障和事件链分析详细程度。

（2）熟悉系统，安全评估专家熟悉航天装备系统运行过程，包括系统配置、组成功能以及系统正常运行的成功准则。可参考航天装备技术文件包括系统设计手册、系统运行维护手册以及事故应急手册等，通过熟悉系统这一环节可为初因事件（initial event，IE）选取、系统故障建模提供依据。

（3）初因事件选取，依据工程经验和可靠性安全性分析报告，提取引起不期望事故的扰动或风险因子，包括航天装备系统内部扰动、外部扰动及人因事故。

（4）事件链建模，借助事件序列图（event sequence diagram，ESD）分析方法，以初因事件为起始点按照事故进程反复推演，直到处于不期望事故后果状态。

（5）故障建模，对系统中可能发生的故障事件进行描述和量化，建立故障事件与系统状态之间的数学关系。这种模型可以帮助评估人员了解故障事件对系统性能、安全性和可靠性的影响，从而为风险管理提供决策依据。

（6）数据收集与分析，收集、处理和分析装备系统内部失效数据、人因可靠性数据及共因失效数据；可靠性数据作为 PRA 分析的基础和核心，直接影响评估结果的可信度和有效性。

（7）模型量化与集成，模型量化与集成借助专业 PRA 分析软件完成，通常采用故障树与事件树联解的方式，得到定性和定量分析结果。

（8）不确定性分析，分析风险量化评估结果的可信程度，包括基本事件的不确定性和敏感性分析，为风险决策提供参考依据。

（9）重要度排序和结果分析，依据重要度计算方法，确定出支配性基本事件和支配性最小割集，采用降序排列，找出风险薄弱环节。

概率风险评估流程如图 6-3 所示。

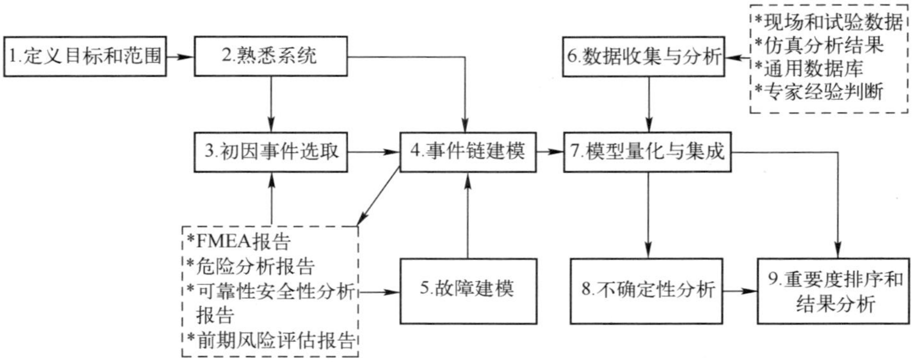

图 6-3　概率风险评估流程

例 1：

以航天试验地面火箭吊装系统风险评估为例说明 PRA 应用。某型防爆式桥式吊装系统由大车、小车、机械支撑结构等子系统组成，其中小车由主起升机构、小车运行机构、小车安全制动器、小车机械架构等部件组成；大车由桥架机构、大车运行机构、封闭式司机室、电缆滑车等组成。

（1）定义目标和范围。依据吊装系统失效模式的不同，将整个火箭吊装任务过程分为上升、平移和下降 3 个阶段。若上升或下降阶段发生丧失动力事故，2 台工作制动器进行工作制动，若 2 台工作制动器同时失效，则采取紧急停机制动动作，启动安全制动。平移过程起升电机不工作，只有工作制动器工作，当工作制动器失效时，与上述情况相同，安全制动器启动工作。确定整个吊装任务成功准则有两个，即吊装过程中不发生弹体溜钩事故；吊装过程中不发生弹体跌落事故。

（2）熟悉系统。可参考航天装备技术文件包括系统设计手册、系统运行维护手册以及事故应急手册等，通过熟悉系统这一环节可为初因事件选取、系统故障建模提供依据。

（3）初因事件选取。考虑到整个吊装任务过程的阶段特性，且各阶段系统失效模式各不相同，将初因事件分为 3 类：起升机构动力丧失类、制动失效类与结构组件断裂类。

结构组件断裂失效涉及整个吊装任务阶段（上升、平移与下降），失效模式包括钢丝绳断裂、吊钩断裂、横梁断裂、滑轮断裂和吊耳断裂。

起升机构动力丧失涉及 2 个任务阶段（上升阶段与下降阶段），失效模式包括起升电机丧失动力、高速传动机构失效以及低速传动机构失效。

制动器失效包括整个吊装任务阶段，失效模式包括工作制动器失效和小车制动器失效，其中小车制动器失效只考虑平移阶段。

（4）事件链建模。以引起弹体吊装跌落初因事件为起始，建立事故场景事件链模型。建模过程中，对初因事件采取包络的分析方法，将事故进程相似初因事件进行合并处理，如将起升电机、高速和低速传动机构失效合并为一个事件树模型中，这样可以大大节省建模和计算时间开销。起升机构上升阶段动力丧失事件树模型由 24 条事件序列构成，2 种后果状态，分别为吊装跌落和安全制动成功。软件使用专业概率风险分析软件 RiskA。

（5）故障建模。故障树建模采用演绎和工程判断相结合的方法，当系统故障模式复杂且具有时序特性时，通常采用动态故障树或贝叶斯网络来构建事故模型。

（6）数据收集与分析。航天试验地面火箭吊装的风险故障数据收集通过历史数据的分析、专家咨询、模拟实验等方式进行。除了评估风险概率外，还需要分析每个风险事件发生后可能带来的后果，包括人员伤害、设备损坏、任务失败等。根据风险概率和风险后果，可以计算出每个风险事件的风险值，通常表示为概率和后果的乘积或加权和。

（7）模型量化与集成。模型量化分析方法有故障树分析、贝叶斯分析、蒙特卡罗模拟等，案例中火箭吊装系统风险评估主要采用故障树分析。故障树分析，通过逻辑门连接基本事件（即可能导致系统故障的具体因素），形成一个树状结构，为每个基本事件分配发生概率，并计算顶事件（即系统故障）的综合发生概率。模型集成采用综合评估方法，将故障树与敏感性分析相结合，确定哪些因素（如设备参数、环境条件、操作过程等）对系统故障或风险水平具有显著影响，从而指导后续的故障预防和控制措施。

（8）不确定性分析。上升和下降阶段吊装系统内部参与工作的系统和设备较多，且运行时间相对较长，系统工作时间越长，失效概率越大。

（9）重要度排序和结果分析。

重要度分析旨在确定吊装跌落状态发生的总概率、各初因事件分别导致的吊装跌落概率以及系统不可用度中各贡献者的重要性，包括初因事件、共因失效、人员操作失误等重要性。通过综合分析，结构组件类发生概率较低，但其重要度和敏感性相对较高，人员失误和敏感性元器件次之。另外，制动器和传动机构失效敏感性和重要度较低。定量化评估结果表明，吊装任务总风险概率值为不可能事件，但从风险重要度和敏感性角度分析，航天试验吊装系统存在两类重要风险因素：一是单点失效类风险因素，如钢丝绳断裂、制动失效；二是共因失效类风险因素，如总电源切换失效事故。针对以上 2 类风险因素，应增加合理的风险监测设施，对重要性敏感性高的设施设备增加维护和预防措施。

四、实验设计法

（一）基本概念

在开展航天装备质量策划时，需要确定航天装备各种质量特性水平的最佳组合，保证航天装备整体质量功能最优化。实验设计法是实现航天装备整体质量功能最优化的重要工具，它是由日本质量管理大师田口玄一创建的质量优化工具，用于测定影响航天装备功能质量的各种变量要素的比值，并识别出对装备质量影响最大的变量，从而找出关键因素以指导装备质量计划的编制。

在航天装备质量管理中，实验设计法就是提供系统的统计框架，确定影响航天装备质量的各个因素，着重指明结果的影响因素并揭示各要素之间的交互作用和协同作用关系，并通过对实验数据的分析，可以得出航天装备质量的最优状态，从而策划航天装备质量目标。

实验设计可以用于航天装备领域质量研究、质量测评、新装备研发等多个领域，包括航天结构轻量化设计、航天医学空间实验研究设计等问题。

（二）适用范围

本质上讲，实验设计法的目的是从诸多因素中找出影响质量较大的一个或几个因素，估计各个因素的效应，明确具有普遍性的规律，为实践活动提供信息与依据。

实验设计法运用于航天装备领域，要考虑数据的来源是否合适、实验采集的数据是否符合实验的目的和要求，否则会影响实验系统精度。

（三）基本原理

实验设计法的基本原理主要概括为以下两点：

一是因果推断。通过控制变量和随机分配参与者到不同条件下，实验设计允许研究者更准确地确定因果关系，达到其他观察性试验无法达到的效果。

二是内部效度。实验设计使研究者能够在控制条件下进行研究，从而提高研究的内部效度，使研究结果更准确，更可靠地推断研究结果与干预措施之间的关系。

（四）应用要点

实验设计法的基本原则，可以归纳如下：

1. 随机化

随机化有两种办法：一种是因素水平的随机变化，在选取因素时，应随机排列，其水平顺序尽量不要由大到小或由小到大来排列；二是实验次序的随机化，不要按规定或规则决定实验的实施顺序，应使其任意化。

2. 区组化

为了提高实验精度，应使实验部位的质量均匀化，即把实验对象区分为均质的若干部分，形成所谓区组，在区组中调查实验因素的影响。区组化类似数据分层，目的在于使组内波动小于组间波动，以降低系统误差的干扰。

3. 重复

实践证明，把同一样本重复两次实验之后进行分析，所得结果可能存在不同。这是由于数据存在波动，所以一次实验所得结果的可信性，低于重复实验所得结果的可行性。因此，为提高实验精度，应做重复实验。

4. 交络

在通过实验收集数据时，为了多取得信息，人们常用增加因素与水平的多元配置法。这必然增加实验次数，为了既取得大量信息，又不增加实验次数，人们常用交络法。交络法要点是，当不需检出因素的交互作用时，可把两因素的交互作用或高次交互作用同区组结合。

5. 正交化

正交化就是以各因素效应能保持全部正交性的因素水平组合为条件，进行实验。

所谓正交性是指实验方法具有如下条件：一是均衡分散性，实验条件均衡分散在配合安全的因素水平组合之中；二是整齐可比性，在每一因素的各水平之和中，其他因素的各个水平的出现次数是相同的。综合各个因素的水平效应和正交分析，最大限度地排除了其他因素的干扰，因而能客观地进行比较与展望。

航天装备质量管理中实验设计法的运用，首先要明确实验目的，其次要选择质量特性值。选择航天装备的质量特性值，就是确定实验要考察的效果。实验设计法具体操作步骤如下：

（1）在航天装备质量要求和约束条件的基础上建立一个数量模型；

（2）罗列出所有影响航天装备质量的变量因素，按经验值输入模型；

（3）依次上下调整上述变量因素，同时对照航天装备质量要求，对输出的效果数据给予综合评估，直至所有的变量因素达到最佳比例组合从而产生最优化的效果值。

第二节 航天装备质量特性策划典型方法

质量特性策划是将质量目标转化为产品功能指标、性能指标等质量特性的过程。质量特性策划典型方法技术包括质量功能展开技术、工作分解结构、故障树分析等。

一、质量功能展开

（一）基本概念

1966 年，日本学者 Akao Yoji 提出此概念。质量功能展开（quality function deployment，QFD）技术，又称质量功能配置，是一种策划、交流、文件说明的技术。质量功能展开技术的目的是确定真正的用户需求，以及将用户需求转变为设计者和生产者所了解的、并能够把握的技术需求。QFD 的基本思想是，通过“做什么”和“如何做”把顾客的需求、偏好和期望设计到产品和过程中，从而使产品达到顾客的要求。QFD 代表了传统的设计方法（设计—试制—调整）到现代设计方式（主动、预防）的转变，是系统工程思想在产品设计与开发全过程的具体应用。

质量功能展开技术是一种系统性的决策技术。与传统质量系统以最小化“消极的”质量（如产品缺陷、服务不佳等）为目标相比，质量功能展开技术积极寻求和发掘顾客需求，以满足顾客需求为基础，关注产品发展的各个环节，尽可能最大化为顾客带来价值的“积极的”质量（如简便易用等）。

基于 QFD 的航天装备质量特性策划，就是在深刻理解航天装备将要承担的任务使命的基础上，通过对需求的具体转化与迭代，将质量功能要求融入航天装备的特性策划过程中，实现从装备使用的需求到承制单位技术设计的转换，实现从事后控制到过程控制的有效转变，达到把装备使用的宏观需求转化为微观的航天装备战术指标和工艺过程。

（二）适用范围

在正确应用的前提下，质量功能展开技术可以保证在整个产品寿命循环中，顾客的要求不会被曲解，避免出现不必要的冗余功能，使产品的工程修改减至最少，减少使用过程中的维修和运行消耗，追求零件的均衡寿命和再生回收等。正是由于这些特点，质量功能展开真正可以使产品研制者以最短的时间、最低的成本设计生产出功能上满足顾客要求的高质量装备。

将 QFD 方法应用于航天装备质量策划工作，具有如下优势：①减少装备设计时间；②减少装备设计变动；③减少装备设计和制造成本；④提高装备质量；⑤提高装备使用者满意度。

但值得注意的是，使用 QFD 方法时，装备使用者感知是通过调研获得的，一旦调研不准，其后的所有分析结果将会误导研制者。除此之外，装备使用者的想法和需求可能变化，装备使用者需求有时是碎片化的。作为一项综合管理系统和结构化的质量控制方法，要顺应如此快速的变化具有一定难度。

（三）基本原理

QFD 采用矩阵图解法建立顾客需求和技术设计需求之间的相互联系，这一图解方法称为质量屋，其基本结构见图 6-4。顾客需求矩阵用于表达通过各种方法获得的顾客需求，设计及技术特征矩阵表示针对顾客需求怎样做，两者的相互关联用关系矩阵来描述；其他矩阵包括设计与技术特征之间的相关矩阵，设计与技术组织或成本的评价矩阵以及竞争性或可行性评价矩阵。基于质量屋的基本框架，通过产品开发各阶段的具体实施，可实现顾客需求到产品详细技术要求的转换。

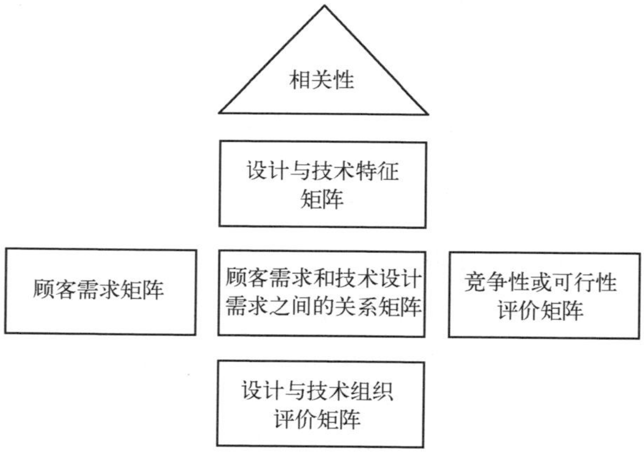

图 6-4　质量屋基本结构

实施 QFD 的流程一般包含四个阶段，在每个阶段均基于质量屋框架，实现输入到输出的转换，而每个阶段的输出作为下一个阶段的输入，以完成顾客需求到产品及其零部件技术要求的转换，并一直转化为产生该产品的过程流和操作指令，实现真正满足顾客需求的产品的设计与生产。

（四）应用要点

将 QFD 方法运用于航天装备质量管理中，首先需要理解国家在航天装备领域出台的相关战略方针及发展规划，明确航天装备质量发展的总体使命，用以指导航天装备的建设方向。构建基于 QFD 的航天装备质量功能展开模型，根据航天装备的建设使命目标，逐步展开为“总体任务需求”“研发活动需求”“制造业务需求”，分别构造“任务规划分析”“研发活动质量管理”“制造活动质量管理”等质量屋。

一是任务规划分析。任务规划分析主要根据对国家相关战略的分析，凝练出航天装备的具体发展任务，得到任务清单列表即任务需求作为输入。结合航天装备任务明确当前的主要研发活动有哪些，并提出对应的研发活动管理完善目标。

二是研发活动质量管理。在航天装备实际研发过程中，研发技术是关键要素，将上一层次输出的完善目标作为研发过程质量管理的输入，确定研发需求，并分析在此阶段提升质量管理效果的完善目标。

三是制造活动质量管理。航天装备的最终形成还需要经历制造过程，这也是最容易出现质量问题的环节。明确提升航天装备性能的关键制造技术，并与制造需求建立对应关系，从而有效满足需求。

通过层层展开和迭代，把航天装备的任务使命展开为装备功能需求，最后展开到装备性能技术指标，有效地将装备使命落实到具体的航天装备制造与生产当中，既提高了航天装备研制生产中的质量管理效果，又满足了航天装备任务需求。

基于 QFD 的航天装备质量管理实施过程主要包括以下六个环节。

1. 确定需求

航天装备建设需求大多来自研制总要求和研制任务书；对于一些创新性较强的装备项目，可以通过向装备主管机关和使用部门进行调查、询问要求，组织专家会议等方式获得；还可以通过查阅相关标准、规范和技术管理文件等来确定。

2. 确定各需求的相对重要性

对于装备使用单位来说，航天装备各项需求并不完全等同，需要评价每种需求的重要性，进行加权评分，再填入质量屋中。在航天装备质量管理过程中，通常运用层次分析法、判断矩阵、模糊综合评判法、专家打分法等计算确定各项需求要素的权重。

3. 辨别并评价竞争力

如果航天装备研制生产面临国内外竞争对手，还需要评估竞争对手当前的水平，确定自身的竞争力。重点研究已有的装备质量水平，或者竞争对手的质量水平，以及现在的装备质量已经实现了哪些功能，还有哪些地方有改进的机会。

4. 研制工作任务书

在前三步的基础上，对需求进行分类评价，对以前航天装备对使用单位需求的满足程度进行分类评价。基于以上分类评价情况，提出了可量化的装备质量改进指标。

5. 构建需求-目标关系矩阵

建立需求与技术要求的关联，分析航天装备需求与技术要求之间的关系，确定技术要求和航天装备质量需求之间的相关性。

6. 确定关键技战术指标

为每项关键技战术特性设定明确的目标值，确保航天装备研制过程中有明确的质量标准。

二、工作分解结构

（一）基本概念

在航天装备质量特性策划时，为了准确把握复杂的装备质量范围和相应的工作范围，需要对装备和相应装备工作进行分解，从简单的任务入手进行质量策划。工作分解结构（work breakdown structure，WBS）可以用于质量特性策划。工作分解结构是项目管理中的一种基本方法，是一种将项目分解为可管理和控制的任务或工作包的工具。它将一个大型的、复杂的项目分解成更小的、可管理的任务，将每个任务进一步分解为更小的子任务，以便项目团队逐步理解和掌握项目的工作范围、目标和进程。

工作分解结构起源于美国军方的型号研制项目，主要应用于项目范围管理，是一种在项目全范围内分解和定义各层次工作包的方法。航天装备型号研制把 WBS 作为项目范围管理的一种核心方法和工具，通过对项目范围以可交付成果、服务为导向进行逐层分解，形成详细定义项目范围的一个树状结构，对项目中可交付成果和服务进行层次化描述。就某一航天装备而言，通常要根据它的装配关系，按系统、分系统、部组件、零件及元器件等关系，建立起航天装备“家族树”。

WBS 通常是一种面向“成果”的“树”，其最底层是细化后的“可交付成果”，该树组织和确定了航天装备项目的整个范围。但 WBS 的形式并不限于“树”状，还有多种形式。

（二）适用范围

工作分解结构的基本逻辑是对项目进行任务分解，将复杂的工作转变为更具可操作性的工作包。该方法的应用应注意以下几点：

（1）分解后的工作包应该是可管理的、可定量检查的、可分配任务的。

（2）分解后的工作包须是相互独立的。WBS 中同一层次的子项是相互独立的，否则将对工作任务和资源的分配带来混乱，增加了工期和成本的不确定性。

（3）分解后的工作包须包含 100%的内外部交付物。WBS 需要根据项目总范畴包含 100%的内外部交付物，即需要在同一个层次上列出所有的分项，每层分解的子项也要 100%覆盖上一级的工作范畴。

（4）工作分解结构应表示出工作间的联系。工作分解结构通常以树形结构的形式展现，根节点表示项目的总目标，下面的分支表示项目的主要阶段或工作包，再下面的分支表示具体的任务或子任务，最终形成一个完整的工作分解结构。

（5）工作分解结构须按照统一规则分解，并建立统一编码体系。WBS 的每个节点都有一个少数的编号和名称，这些编号和名称可以方便地分配任务、跟踪进度和成本、评估风险等。

（6）工作分解结构须包括管理活动。

（7）工作分解结构须包括次承包商的活动。

值得注意的是，项目细分的工作包并非越小越好，工作包的合理大小取决于多个因素，如项目成员的特征、管理沟通模式、行业类型等。

在航天领域项目中，欧洲航天局编写了《空间项目分解结构标准》（ECSS-M-10A），NASA 编制了《工作分解结构参考指南》（*Work Breakdown Structure Reference Guidance*）；中国航天领域对 WBS 的研究和应用也取得了一定的成果，形成了《航天产品项目工作分解结构》《卫星工程中工作分解结构的编制》等标准，为航天器型号研制项目管理提供了标准方法指导和参考依据。然而工作分解结构也面临一些困难。工作分解结构在实际操作过程中，往往由于航天项目极其复杂，虽然编制出航天型号的工作分解结构，但质量难以保证，分解结构的运用也存在一些问题。具体而言，工作分解结构的局限性包括：一是易造成工作的漏项。典型的漏项包括行政管理、支持工作包、界面等；二是编制出来的工作分解结构无法与进度、成本、资源等领域衔接，很难得到真正的运用；三是不同单位间、同一单位内部编制的工作分解结构无法实现统一化和规范化。

（三）基本原理

WBS 是项目管理的核心工具之一，它可以帮助项目团队和利益相关者明确工作范围和目标，组织和管理项目，分配任务和责任，确定进度和成本，提高沟通和协作，减轻项目风险，最终实现项目的成功。一个标准的项目工作分解结构包括几个关键部分。

WBS 词典：一份定义了各种 WBS 元素的文件，是 WBS 的一个重要部分，可帮助项目的参与者和相关方更加清楚地理解工作分解结构的专业术语。

WBS 层级：WBS 层级确定了一个 WBS 元素在结构中的位置。大多数工作分解结构包括三个层级：控制账户、项目交付成果和工作包。大多数 WBS 图表通常包含三个层级，但根据项目的复杂性，可以根据需要添加更多层级。

控制账户：控制账户用于将工作包分组并评估它们的状态。它们用来控制项目范围的特定区域。

项目交付成果：项目交付成果是项目任务和工作包所要达到的预期结果。

工作包：工作包是“WBS 中的最低层级”，是一组紧密相关的任务，规模足够小，可以分配给一个团队成员或部门。

任务：任务构成了工作包，进而构成了项目范围。WBS 将帮助明确每个任务的要求、状态、描述、负责人、依赖关系和持续时间。

（四）应用要点

1. 定义项目范围和目的

分析项目的背景、目的、预期成果以及关键约束条件，明确项目范围和目的，查看项目进展各个阶段的时间节点，明确主要任务。

2. 确定项目阶段

依据项目范围，列出项目的主要任务，并依据主要任务和核心工作划分项目开始到完成的整个过程，分解成不同的阶段。

3. 列出项目交付物

需要明确项目中包含了哪些交付物，并详细列出为了完成这些交付物所需要做的工作，包括最终交付产品、工作任务、所需资源和参与者等内容。

4. 设置 WBS 级别

WBS 的层级结构是根据项目范围和目的来分层解构的。首先，需从项目最终交付物倒推完成这个交付物所需的所有步骤和任务，从而确定项目的主要工作任务；其次，需对主要任务进行解构，即针对每个主要任务进行详细展开，确保每个主要任务都被充分覆盖，确定主要任务下的次级任务；再次，对次级任务进行解构，即继续对每个次一级任务进行分解；以此类推，直至列出项目的所有任务。需要注意的是，在进行任务分解的过程中，要确保每个任务独立、可管理，并且可以直接分配给团队成员。

5. 创建工作包

工作包是 WBS 的最底层元素，指依据最终交付物进一步细化到具体的任务和子任务的组合，即项目层层分解的主要任务和子任务可以被组合为工作包，通常代表了一个具体、可交付的成果或任务。WBS 的运用须为每个工作包选择任务负责人，并匹配相应的工具、资源和权限。

6. 绘制结构图

使用树形结构图或金字塔形结构图来表示工作的分解结果，直观展示项目的层次结构和任务之间的关系。

7. 验证和调整

对分解结果进行审查，确保所有任务都被正确分解，并且没有遗漏或重复。如果发现任何问题或需要改进的地方，及时对 WBS 进行调整和优化，包括修改任务描述、调整任务顺序或重新分配责任等。

三、故障树分析

（一）基本概念

故障树分析法（fault tree analysis，FTA）是一种通过逻辑演绎策划风险管理的方法。它遵循着从结果找原因的原则，通过绘制故障树图，将航天装备质量风险形成的原因由总体到部分按树枝形状逐级细化，梳理航天装备质量故障现象的发生脉络，分析质量风险及其产生原因之间的因果关系并评价故障发生的严酷度，从而对产品故障事件采取预防和控制措施，策划出质量风险控制的技战术指标，即在前期预测和识别各种潜在风险因素的基础上，运用逻辑推理的方法，沿着风险产生的路径，求出风险发生的概率，并能提供各种控制风险因素的方案和指标。

FTA 是一种具有广阔应用范围和发展前途的风险分析方法，尤其对较复杂系统的风险分析和评价非常有效，它使用图形方式，表明系统故障和意外风险的源头，并根据行业设备单元故障概率对可能发生的故障风险进行定性和定量分析，具有应用广泛、逻辑性强、形象化等特点；其分析结果具有系统性、准确性和预测性。同时，它有固定的分析流程，可以用计算机来辅助建树和分析，大大提高了风险管理的效率。1974 年，美国原子能委员会发表了关于核电站危险性评价报告，大量有效地应用了 FTA。采用 FTA 分析行业主要风险因素及其产生的原因，进而针对性给予风险控制方案，对于行业风险防范起到积极作用，此方法在环境安全、航天工程等领域的风险分析和研究中均有应用。

（二）适用范围

在清晰的故障树图形下，清晰、形象地表达系统故障事件的内在联系，并指出单元故障与系统故障之间的逻辑关系，有利于提高系统的可靠性，找出系统的薄弱环节和系统的故障谱。但在航天装备质量特性策划中故障树分析的运用还具有如下局限性：

（1）故障树分析首先需要建树，建树过程复杂，需要经验丰富的工程技术人员、操作及维修人员参加，而且不同的人所建造的故障树不会完全相同。

（2）故障树分析是针对一个特定事故作分析，而不是针对一个过程或设备系统作分析，因此具有局部性。

（3）对于复杂系统，编制事故树的步骤较多，编制的事故树较为庞大，计算也较为复杂，为进行定性、定量分析带来困难。航天装备质量事故的发生往往是一个复杂的系统过程，相应地，故障树的绘制工作量巨大，树状图各部分间关系和脉络及其复杂，需要由固定人员团队“一张图”绘到底。

（三）基本原理

故障树既可进行定性分析，又可进行定量分析和系统评价。一方面，通过定性分析，确定各基本事件对事故影响的大小，从而可确定对各基本事件进行安全控制所应采取措施的优先顺序，为制定科学、合理的安全控制措施提供基本的依据；另一方面，通过定量分析，依据各基本事件发生的概率，计算出顶事件（事故）发生的概率，为实现系统的最佳安全控制目标提供一个具体量的概念，有助于其他各项指标的量化处理。故障树分析的理论基础，除概率论和数理统计外，布尔代数及可靠性数学中用到的数学基础同样应用于故障树分析的定量分析中。

采用 FTA 分析进行风险识别时，将风险事故作为顶事件，反向推溯可能导致顶事件发生的其他事件，将其作为中间事件和底事件，并用逻辑门表示事件之间的联系，具有以下特点：

一是提供了一种系统、规范的方法，用于分析系统中可能存在的各种因素。不仅包括设计缺陷、元件失效、软件硬件因素，还包括环境因素、人为失误等；不仅可分析由单一构件所引起的系统故障，也可以分析多个构件不同模式故障而产生的系统故障情况。因此，此方法能更好地适用于含有大量部件、具有多重功能与工作模式的复杂系统。

二是采用图表呈现，层次清楚、因果关系明了。分析过程能够对产品机理完成进一步梳理和认识，帮助判断可能发生的风险模式和原因，这种“自上而下”构建事件树的系统性风险识别方法，能够直观地表达出各层级风险点及其互相关系，设计人员或使用者及其他第三方人员都容易理解和运用。通过对 FTA 的分析审理和补充完善，使风险源的识别从点到线、由线到面，最后由面到整体。在风险评估过程中，因为梳理的若干风险点在整体层面有清晰的逻辑关系，所以可相对容易地检查确认风险识别的全面性。

三是“识别、分析、计划、跟踪、控制、改进”持续循环控制。在产品研制设计早期预先开展风险评估相关工作，采取预防和纠正措施，并随着技术状态的变化，适时重复该过程，有助于及时发现并处置风险隐患，对于合同风险管控和产品的质量改进起到积极作用。FTA 因具有较好的灵活性和维护性，可随着产品技术状态的变更及时做出相应的调整，适用于项目研制运行全过程风险分析。

四是对系统故障可做定性、定量分析。根据各基本事件的失效率分析顶事件发生的可能性大小，结合故障发生以后可能造成的危害，按风险轻重缓急确定工作对策。

（四）应用要点

FTA 以系统故障为顶事件，通过对可能导致故障发生的人为因素、设备、物料、环境等进行逐级分解作为中间事件，直到把不能分解的基本事件作为底事件，绘制出故障树。

故障树分析可以分为五个步骤。

1. 定义顶事件

顶事件是故障树分析中最不希望发生的故障状态，也是分析的目标和起点。在选择顶事件时，需要确保其具有明确的定义，并能够进行分解，以便分析顶事件和底事件之间的关系。同时，顶事件的选择应能够反映系统的主要故障特征，并便于后续的定性和定量分析。

2. 确定底事件

底事件是所有导致顶事件可能发生的直接原因。

3. 绘制故障树

在定义顶事件和系统分析底事件原因、概率的基础上进行故障树绘制，采用“自上而下”的图形演绎法构建故障树，按照系统牵引分系统，分系统牵引单机的原则，逐层级开展。

4. 对故障树做定性和定量计算

定性分析主要是识别所有可能导致顶事件发生的路径，并确定哪些基本事件是关键因素，对选定的系统作必要的分析，了解系统的组成及各项操作的内容，熟悉其正常的作业图；对系统的故障进行定义，对预计可能发生的故障、过去发生过的故障事例作广泛调查；仔细分析各种故障的形成原因，如设计、制造、装配、运行、环境条件、人为因素等；收集各故障发生的概率数据；选定系统可能发生的最不希望发生的故障状态作为顶事件，画出故障逻辑图等。定量分析则是为每个基本事件分配一个发生概率，计算出顶事件发生概率、各底事件的结构重要度、概率重要度、关键重要度等可靠性指标，以评估不同因素对事故的贡献程度。

5. 制定改进措施控制风险

风险控制是以风险识别、分析和评价结果为依据，采取适宜的策略和控制方法对风险底事件制定并实施控制措施。风险控制的近期目标是消除或减少风险事件发生的可能性或风险发生造成的损失，最终目标是建立风险防范控制体系。风险控制的主要方法有风险回避、风险降低、风险分离、风险分散、风险转移、风险自留等。

风险控制可采取分级处理的方法，对不同等级风险应用不同控制方法组合：重点监控高等级风险，可采取风险降低、分离、分散、转移等一种或多种控制方法，并配合专项检查控制措施的落实情况；定期监控中等级风险，采取风险降低、分离、分散、转移等控制方法，并定期检查控制措施的落实情况；不定期监控低等级风险，采取风险降低、转移等控制方法，不定期检查控制措施的落实情况。

例 2：

以故障树在航天器热试验过程中的运用为例。

开展航天器热试验过程技术风险控制方法研究，在风险控制体系设计过程中，以控制故障状态为目标进行层层深入的逻辑分析，采用 FTA 方法，形象直观地展示系统内部各事件之间的因果关系，从而找出引起故障发生的各项事件及事件组合，制定并实施相应的防范措施。

1. 定义顶事件

首先梳理航天器热环境试验近 10 年发生的不合格案例，按问题类型进行分类，以不合格为顶事件，应用 FTA 等技术风险识别工具，对航天器热环境试验全过程进行系统分析梳理。

2. 确定底事件

以关键风险项目和关键产品为核心，从人、机、料、法、环 5 个方面对风险要素进行分析，逐层分解，绘制故障树，进一步细化分解形成底事件。这些底事件将作为风险严酷度评价的基础。

3. 绘制故障树

以热试验过程电路短路/断路项目为例，根据系统组成及其结构相关性，绘制不合格发生的故障模式如图 6-5 所示。在该子故障树中，试验系统以电路短路/断路为顶事件，可能导致该事件发生的控制柜短路/断路、加热器短路/断路、测量仪器短路/断路、其他电路短路/断路为中间事件，识别出 *X*1 ~ *X*9 共 9 项底事件。

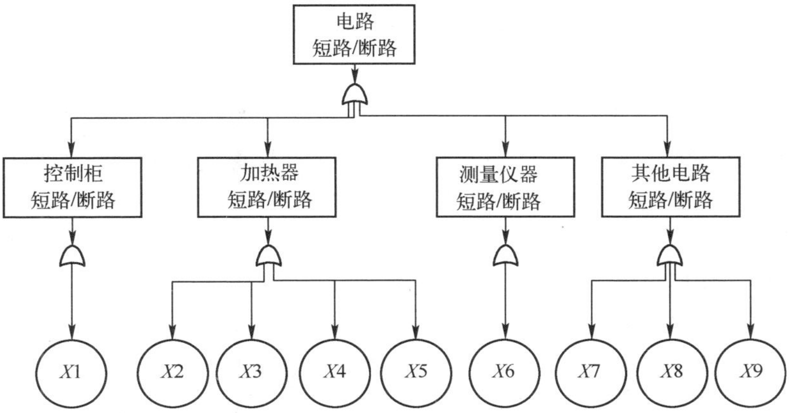

图 6-5 电路短路/断路项目子故障树

4. 风险定性和定量测算

通过绘制故障树识别出风险事件后，需开展风险严酷程度评价，以用于后续有针对性地制定控制措施。风险的严酷程度主要包含导致不合格发生的可能性和风险发生所导致的后果严重程度两方面因素；此外，根据航天器热试验各阶段的不同情况，在进行严酷度评价时还需综合考虑风险的可预知性以及风险发生导致的对研制进度的影响程度。根据各子故障树底事件不同分别采取定量评价、定性评价和综合评价：对低层次单一型问题采取定性评价方式；对重复性高发问题采取定性和定量相结合的评价方式，对共性问题采取综合评价方式。

风险评价综合评定标准综合考虑不合格发生的可能性、严重性、可知性和紧迫性，并根据这 4 个特性对航天器研制任务完成的影响程度设定分值，以 4 项评分相乘的结果来表示风险严酷程度，详见表 6-1。

表 6-1 风险评价综合评定标准 分值（单位：分）

可能性		严重性		可知性		紧迫性	
评定标准	分值	评定标准	分值	评定标准	分值	评定标准	分值
基本不会发生	1	经济损失很小，轻微损伤，不影响主要功能	1	很容易被检出，提前预警时间较长	1	对进度无影响	1
可能性较小	2	经济损失较小，轻微损伤，影响主要功能，采取应急措施后可恢复功能	4	不太容易被检出，提前预警时间较长	2	影响程度一般，可通过资源投入等方式纠偏	4

续表

可能性		严重性		可知性		紧迫性	
评定标准	分值	评定标准	分值	评定标准	分值	评定标准	分值
可能性中等	3	经济损失中等，一般故障，须排故处理	8	较难被检出，提前预警时间较短	3	影响程度严重，纠偏代价巨大	8
频繁发生	4	经济损失大，严重损伤，工序停止，须更换产品	16	很难被检出，无提前预警时间	4	推迟发射进度	16

5. 制定风险控制方法

基于FTA的热试验技术风险控制，针对航天器热试验过程各子故障树的每一项底事件，制定控制措施矩阵，明确控制方法及落地措施。包含人员职责、文件程序、检查确认、工具方法等，根据风险等级的不同，制定控制要求的落实维度采取风险降低、分离、分散、转移等一项或多项控制方法。在对识别出的底事件进行风险评价的基础上，针对底事件的严酷程度，从底事件实施步骤涉及的岗位控制及相关的控制制度和控制活动2个维度构建风险控制矩阵模型。以岗位控制措施为横向，以控制制度和活动为纵向，横向的岗位控制措施从热试验过程涉及的各个岗位角色出发，梳理技术指挥、操作人员和产品保证人员的岗位职责；纵向的控制制度和活动从工具方法、检查确认等维度梳理。

第三节 航天装备质量过程策划典型方法

过程是将输入转化为输出的相互关联或相互作用的一组活动。航天装备质量过程策划是通过过程识别、过程配置和过程控制实现装备质量合乎要求地形成。航天装备典型质量过程策划技术主要有基于模型的系统工程方法、流程图法、飞行时序动作分析与确认等方法。

一、基于模型的系统工程方法

（一）基本概念

基于模型的系统工程（model based system engineering，MBSE）方法通过完整的需求捕捉、功能分析、设计综合、评估验证等多个技术过程，为质量工作提供了一套规范化的框架，对于打通从“用户需求”向设计、制造和检验过程中“质量管理要求”有效传递，实现质量可设计、可控制、可检验，最终从根源上提升质量具有重要意义。

MBSE是对系统工程活动中建模方法正式化、规范化的应用，以使建模方法支持系统要求、设计、分析、验证和确认等活动，旨在通过一种形式化的建模手段来实现产品的研制过程，重点强调建模方法的应用问题，将模型作为思考问题的基本方法和设计工作的思维基础。不同于传统的系统工程，MBSE用系统建模语言构建系统架构模型，实现从“以文档为主、模型为辅”向“以模型为主、文档为辅”的转变。

MBSE有广义和狭义之分，广义的MBSE覆盖产品设计、生产、装配、测试、试验、维护、报废等全寿命周期阶段，而狭义的MBSE仅针对产品的方案论证和方案设计阶段构建系统模型（需求和架构），并使用系统模型指导和驱动全寿命周期其他阶段的工作活动。

（二）适用范围

本节所述的 MBSE 方法主要是指狭义的 MBSE，即利用系统的模型架构来指导装备设计和论证工作。

（三）基本原理

MBSE 是系统工程为了适应复杂装备研制需求而逐步发展起来的，其层层分解、综合集成的思路并没有变化。MBSE 的核心变革就是采用形式化、图形化和关联化的建模语言及建模工具改造传统系统工程的技术过程，使用模型来代替自然语言描述的文档，以逻辑连贯一致的多视角通用系统模型为桥梁和框架，实现跨领域模型的可追踪、可验证和全寿命周期内的动态关联，进而驱动全寿命周期各阶段的系统工程过程和活动。

在 MBSE 概念中，系统模型是一种集成框架，是整个系统设计成果的生态系统。MBSE 要求应用统一的建模语言来沟通各专业学科模型，而不是抛弃各专业原来使用的模型，系统架构模型就像接入互联网的“集线器”一样，设计师可以从系统架构模型中直接提取相关的参数，比如从参数图中提取相关参数就可以建立数学模型。

统一的建模语言是 MBSE 的支柱，目前主流的系统建模语言是国际系统工程学会联合对象管理组织（OMG）对 UML 2.0 的子集进行重用和扩展形成的统一系统建模语言 SysML，其实质便是向系统工程领域的 UML 扩展语言，目前已成为 MBSE 的标准建模语言。

（四）应用要点

MBSE 的重点实施步骤是指需求分析、功能架构设计与逻辑架构设计过程。

1. 需求分析

按照装备使用单位需求、装备需求、系统需求、分系统需求、设备需求逐层细化需求，并采用结构化需求清单的方式逐条管理需求，对每条需求附加分类和状态属性，进行元素级的技术状态管控。单个需求语句不依赖上下文推断，语句描述进一步通用化、规范化。同时，需要实现需求的全局编目，将需求集成并分配到系统各个层级，按数据库的过滤方式从层级、学科、阶段、相关方、状态、需求类型等各角度进行透视。

2. 功能架构设计

开展功能分析与架构设计，从装备行为（用例/任务、活动/流程、时序、状态）和装备结构（组成、接口、参数）两条主线，沿装备层级自顶向下逐步细化，形成描述系统、分系统、设备方案属性和工作原理的功能架构模型，建立技术指标要求与系统方案实现的关联关系，逐层分类回答指标要求的满足情况和符合程度。

3. 逻辑架构设计

在系统逻辑设计与综合模拟阶段主要采用仿真建模语言进行建模及联合仿真。根据系统功能分析形成的系统功能架构组成，将复杂系统自顶向下拆解为若干层级，并定义好各层级、各模型之间的接口关系。建模时，按照统一建模接口规范，自顶向上逐步构建系统模型，直接完成整体系统模型的构建与综合验证。

例 3：

基于 MBSE 的某型飞行器质量策划，针对虚拟的某型飞行器，采用 MBSE 方法进行需求定义与跟踪、架构设计与分析、逻辑设计与仿真等。

1. 需求定义与跟踪

针对该飞行器梳理需求，形成需求文档。从功能要求和系统组成要求两个方面定义了需求模型；从性能、标准化、信息化、软件工程化、质量保证、寿命、装备使用、试验项目等方面形成了系统需求模型。

通过分析技术需求和系统功能需求之间的对应关系，将装备使用单位需求分解为装备系统的需求，并在 SysDesim. Req 软件中建立系统需求跟踪关系。

2. 架构设计与分析

根据导入定义的需求条目，基于 SysDesim. Arch 软件对该型飞行器进行了功能分析和架构分析，首先分析了利益相关者，构建了发射用例、初段飞行用例、中段飞行用例、任务段飞行用例等多个用例，进一步明确需求。

进一步细化用例，建立了细化活动图，在细化活动图中将系统分解为分系统，构建了发射黑盒、初段飞行黑盒、任务段飞行黑盒、发射白盒、初段飞行白盒、中段飞行白盒、任务段飞行白盒等不同阶段活动，定义了发射器状态、导航卫星状态、目标状态等状态图；生成了主成功场景时序、初段飞行主成功场景时序、末制导例外场景时序等不同场景的时序图。并通过行为图运行活动或状态机仿真，验证了系统架构模型的协调性。

对快速响应能力分解、用电匹配、质量及操稳特性计算、飞行力学计算、可靠度维修度等算例进行参数求解，验证了战技指标复合型及分配基线协调性。

3. 逻辑设计与仿真

基于模型语言（Modelica），采用 SysDesim. Sim 建模仿真工具，针对该飞行器建立动力学与运动学模型、质量质心模型、气动模型、动力系统模型、制导控制系统模型共 6 个分系统及专业模型，实现了闭环仿真验证，以检验系统工作协调性和功能实现程度。

建模过程中采用自顶向下的建模机制。首先根据实际系统的物理拓扑结构建立顶层模型，各分系统用“空部件”代替；定义各分系统之间的接口，可以是具体的变量，也可以是接口要求，该接口在后续子部件的设计过程中将逐步完善；各分系统进一步分解，直至可以采用数字模型直接描述的底层组件进行内部机理建模；所有底层设计完成后，顶层自动更新，再建立链接，得到系统层模型进行综合仿真验证。

基于构建的该飞行器多领域逻辑模型，利用搭建的飞行器系统级仿真模型进行了全弹道飞行仿真。得到俯仰角、马赫数、飞行高度、俯仰/滚转/航向三个方向的综合舵偏角变化曲线，计算结果与传统半实物仿真得到的曲线基本一致。

二、流程图法

（一）基本概念

流程图是描述产品质量管理工作流程和项目流程各个环节间相互联系的图标，通常由若干因素和箭线相连的一系列关系组成。

流程图有助于预测产品质量管理中发生质量问题的环节，有助于分配项目质量管理的责任，找出解决项目质量问题的措施。一般情况下，在流程图分析和确定项目实施和质量形成过程的基础上，可进行项目质量计划的编制。

按照不同的分类标准，流程图可划分为如下几种类型：按照流程路线的复杂程度划分，可以分为简单流程图和复杂流程图；按照流程内容划分，可以分为内部流程图和外部流程图；按照流程图的表现形式划分，可以分为实物形态流程图和价值形态流程图。

（二）适用范围

流程图能够将复杂的问题分解成若干个简单明了、易于识别和分析的单元，也是识别航天装备质量风险的有效方法，但具有如下局限性：

（1）流程图不能识别航天装备建设与使用实施中的一切风险，也不能解释导致风险事故的所有因素。

（2）绘制流程图往往需要耗费大量的时间、物力和人力。

（3）绘制流程图对绘图人员有较高要求。要准确绘制流程图，需要绘图人员充分了解和把握业务活动之间的逻辑关系以及业务流程的各个阶段，并具有抽象、概括、提炼主要流程的能力。

（4）当业务流程非常复杂时，可能导致流程图的绘制难以把握和估计所有细节，导致流程图出现疏漏和错误，以及影响风险识别的准确性和全面性。

（三）基本原理

流程图是一种描述程序流向的图形，一般由处理框、判断框、起止框、连接点、流程线、注释框等元素构成。

流程图统一规定的标准符号见表 6-2。

表 6-2　流程图统一规定的标准符号

符号	名称	意义
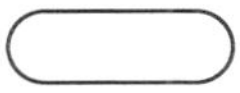	起止框	表示流程或结束
	判断框	表示流程需要执行或处理的内容
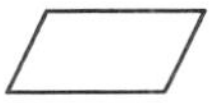	输出/输入框	表示对某一流程条件进行判断，用来决定执行某一操作
	处理框	表示数据或资料的输入或输出
	流程线	表示程序执行的方向和顺序

流程图的工作原理可概括为如下几点：

一是梳理工作思路。流程图有助于梳理航天装备建设与使用流程的先后顺序，让策划、思考的思路更清晰、逻辑更顺畅，有助于流程的逻辑实现和有效解决实际问题。

二是展示操作过程。流程图能够将工作过程中复杂的、有问题的、重复的部分、多余的环节以及可以简化和标准化的地方都显示出来，从而简化复杂操作过程、提高工作效率。

三是比较操作步骤。流程图有助于比较实际操作步骤和理想过程之间的差距，有利于寻求改进的机会。

四是查找工作缺漏。流程图有助于查漏补缺，避免活动流程、逻辑上出现遗漏，确保活动流程的完整性。通过梳理、琢磨流程上的步骤和关键节点，可以快速发现遗漏之处，以便及时整改，保证后续方案执行得顺畅。

（四）应用要点

1. 拆分流程

将航天装备建设的复杂流程拆分为一系列清晰、具体的任务或步骤，并确定航天装备建设各业务活动之间的逻辑关系。

2. 选择流程图的符号和元素

如流程线、判断符号、输入输出符号等，以构建流程图的框架。

3. 绘制流程图

按照工作的逻辑顺序和关系，使用选定的符号和元素绘制流程图，确保流程图清晰、准确并符合行业标准。

流程图本身只能反映航天装备建设业务流程各环节的逻辑关系，在实际应用时还需要对流程图作出进一步解释、剖析，并绘制流程图解释表。风险管理部门通过查看流程图及其解释表，识别流程中各个环节可能发生的风险以及导致风险的原因和后果。

例 4：

航天任务管理软件研制过程包括八个主要阶段：系统分析与设计、软件需求分析、软件设计、软件实现、软件测试、验收交付、试验验证、运行维护。航天任务管理软件研制流程如图 6-6 所示。

三、飞行时序动作分析与确认方法

（一）基本概念

飞行时序动作分析与确认方法基于逻辑推演和仿真的思想，检查实现的条件，而达到消除风险的目的。常以发射准备、点火到飞行结束的飞行时序过程为出发点，以每个飞行时序动作为牵引，对每个动作或影响成败的关键环节的输入条件、输出结果、设计指标及满足情况、设计余量、可靠性措施、环境及相关影响、试验验证或仿真、计算等工程分析情况进行系统梳理，进一步查找需要进行深入分析和确认的问题，从而消除技术上可能存在的风险和隐患，最终得出从设计要求、设计结果到飞行实现能够完整闭合的推演分析结论。飞行时序动作分析与确认是以型号飞行的时间轴（时序动作）为牵引而进行的分析，是一种正向思维的分析方法。这种方法一是对型号已经开展的风险识别、分析、应对等工作进行监督；二是针对发现的新风险制定风险应对措施；三是全面梳理出技术风险，为发射前的最终决策提供依据。

（二）适用范围

飞行时序动作分析与确认适用于装备各研制阶段飞行时序动作分析与确认工作，用来识别和控制航天装备技术风险。

（三）应用要点

1. 飞行时序动作分析与确认工作流程

航天装备型号总体根据确定的飞行时序，系统梳理每一个飞行时序动作（如火工品时序动作、软指令动作等），按照飞行时序动作分析与确认表，初步给出飞行时段和飞行时

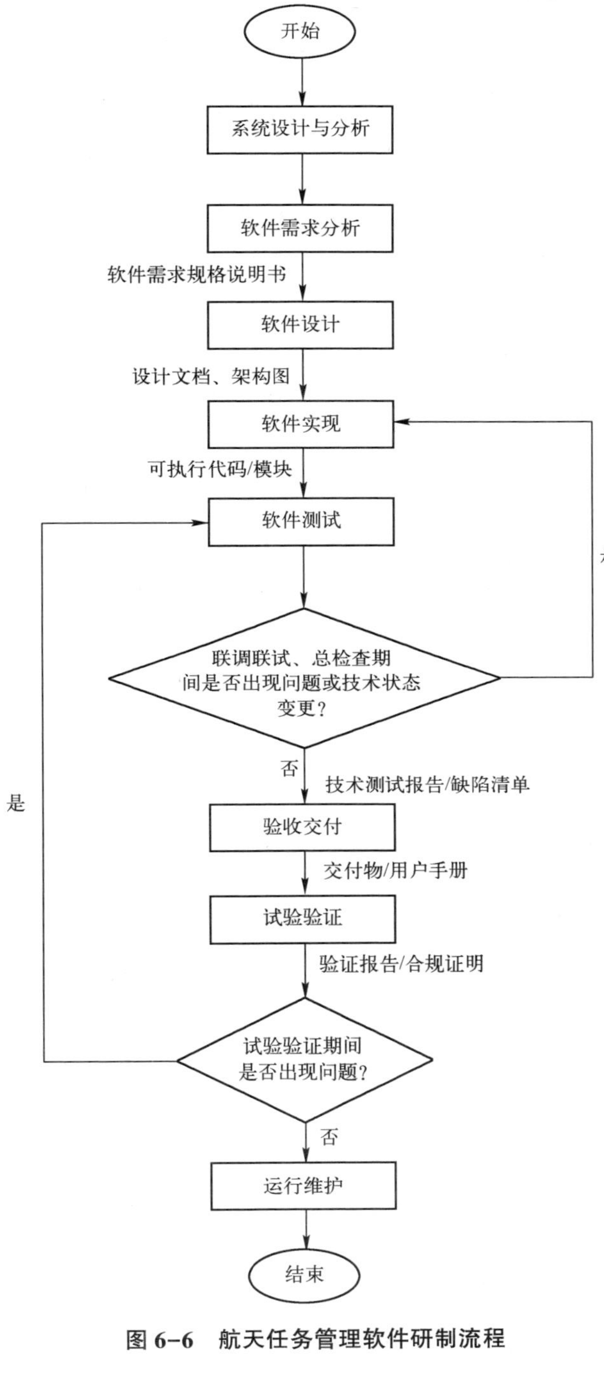

图 6-6 航天任务管理软件研制流程

序，识别飞行时序动作所涉及的分系统及单机。

各分系统按照型号总体给出的飞行时段和飞行时序，组织各分系统对飞行时序进行补充完善，并分解为相应的飞行时序动作。

型号两总组织型号队伍讨论，确定飞行时段、飞行时序和飞行时序动作选取的合理性。

各分系统、单机承制单位按照确定的飞行时段、飞行时序和飞行时序动作，充分利用研制程中和以往飞行试验获得的数据和结果，对每个飞行时序动作的指标实现情况、设计（或工艺）保证措施、产生的环境及其相关设备（系统）适应性、试验验证情况等进行分析和确认，并找出可能存在风险的飞行时序动作。

各分系统将确认结果提交型号总体汇总，针对可能存在风险的飞行时序动作，型号两总组织对其制定的改进措施进行确认，并实施闭环管理。

2. 飞行时序动作分析与确认工作重点

（1）功能性能实现情况确认。

功能性能实现情况确认，主要包括：①装备型号或分系统的输入条件；②产品的输出（响应）结果；③产品设计指标要求及实现情况；④产品的裕度分析情况，以及各类设计指标处于边缘状态的项目；⑤产品各类试验验证情况。

（2）环境适应性分析。

环境适应性分析，主要包括：①装备型号工作环境的指标要求；②装备型号满足环境指标要求情况，重点分析不满足任务书有关环境要求的项目、飞行状态（环境）与地面试验状态（环境）存在的差异、环境适应性处于技术指标的边缘或未完全认识的项目；③环境适应性试验考核情况。

（3）时域分析。

时域分析，主要包括：①飞行时段分配的合理性；②飞行时序传递关系的正确性；③飞行动作的协调匹配性。

（4）空域及相关影响分析。

空域及相关影响分析，主要包括：①各项动作的空间行为对相关产品或动作产生的影响，重点分析产生的多余物（活动物）对周边产品的影响；②各项动作对周围环境带来的变化（影响），如热环境、力学环境、电磁环境等；③相关产品的适应性分析。

（5）设计（或工艺）保证措施确认。

设计（或工艺）保证措施确认，主要包括：①针对设计上的单点采取备保措施的有效性；②可靠性、安全性措施的有效性；③多余物预防控制措施的有效性。

思　考　题

1. 航天装备质量目标策划的方法技术有哪些？请简述其中一种技术的基本原理和应用要点。

2. 质量功能展开的应用要点有哪些？请结合实例论述。

3. 在运载火箭研制过程中，经过对顾客需求的分析，确定了技术水平、可靠性水平、研制周期、有效载荷、环境要求等方面较为具体指标作为输入因素，根据这些具体目标，QFD 小组经过多轮讨论，得出了对应的工程措施，即近地轨道运载能力要求、GTO 轨道运载能力要求、可靠性指标、使用无污染推进剂、飞行航区不经过人口稠密区、火箭运输便利、单位有效载荷发射价格低、研制周期短、飞行过载能力要求。据此建立了火箭总体设计质量屋，如表 6–3 所列。请根据该表中有关数据确定火箭设计工程措施重要度。

表 6–3 火箭总体设计质量屋

研制总要求	设计方案要求									
	研制总要求重要度	近地轨道运载能力要求	GTO 轨道运载能力要求	可靠性指标	使用无污染推进剂	飞行航区不经过人口稠密区	火箭运输便利	单位有效载荷发射价格低	研制周期短	飞行过载能力要求
运载能力满足未来五年的国内外需求	5	9	9	9	5	5	7	7	1	5
单位有效载荷发射价格低于国际水平	3	7	3	3	1	3	3	1	5	9
可靠性达到国际先进水平	4	5	3	7	3	3	3	1	3	7
研制费用低	3	7	9	5	3	7	1	7	3	5
对环境污染小	3	3	3	5	9	5	3	1	7	5
发射时不危及发射场和航区人员安全	5	1	3	5	1	9	3	1	5	3
可满足载人的需要	5	5	1	5	1	1	5	1	3	9

第七章　航天装备质量控制与保证方法技术

航天装备质量控制与保证是航天装备管理工作的重要部分，是确保航天装备达到所要求质量水平的重要抓手，是提升航天装备质量管理水平的重要手段。合理地利用不同的航天装备质量控制与保证方法技术能够更好地确保航天装备质量，保持其固有可靠性。本章从航天装备质量控制与保证的概念内涵出发，明确控制与保证的实施流程，介绍航天装备质量控制与保证的方法体系，并选取关键件、重要件、关键工序质量控制，6S 管理，“双想”，质量问题归零 4 种方法，介绍不同航天装备质量控制与保证方法技术的理念、适用范围以及主要内容流程，为航天装备质量控制与保证实践提供方法指导。

第一节　航天装备质量控制与保证方法概述

一、航天装备质量控制与保证的内涵

（一）航天装备质量控制内涵

1. 基本概念

质量控制是根据相关计划要求，设置衡量质量控制的相关标准，然后在航天装备全寿命周期内，将实际工作结果与预定标准进行比较，以确定工作运行过程中出现的偏差及其严重程度，进而有针对性地采取一系列调整措施，对实际工作进行纠正调整，确保组织资源的有效利用和工作目标的圆满实现。

航天装备质量控制是对保证航天装备质量采取的有效措施，它关注的是过程，即如何确保航天装备及服务在生产、使用过程中符合质量标准，其目标是确保航天装备符合特定质量标准和要求，提供一致的航天装备质量，通过实时跟踪、记录和评价航天装备及服务的质量指标的方法得以实现；其核心活动是对航天装备及服务的质量指标实现情况进行实时监控和评价。

2. 基本流程

对于航天装备质量控制，不管是新技术的论证研制，还是航天装备的生产、试验鉴定、使用，其控制过程都遵循几个基本环节，即明确对象、确定标准、衡量成效、纠正偏差。航天装备质量控制实施流程图如图 7-1 所示。

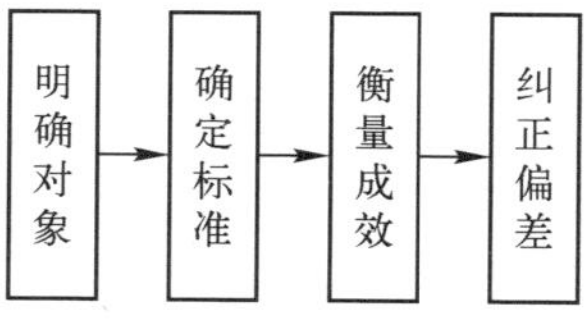

图 7-1　航天装备质量控制实施流程图

（1）明确对象。

开展航天装备质量控制工作第一要确定的是航天装备质量控制的对象。控制工作的最初动机就是促进航天装备质量有效地取得预期的结果，因此，要确定控制的对象，首先要

确定控制的主体，即对谁实施控制。航天装备全寿命阶段质量工作涉及多个部门、多项活动，组织者没有必要对所有成员的所有活动进行控制，而必须在影响质量效果的众多因素中选择若干关键环节作为重点控制对象，进而高效地实现航天装备质量控制。第二要明确控制的内容，即控制什么内容。要从航天装备的论证出发，明确其在论证设计、生产制造、试验鉴定、使用维修等不同阶段，到底对哪些质量特性或者质量目标实施控制。

（2）确定标准。

标准是工作人员检查和衡量工作及其结果的规范。没有一套合理、科学、可行的标准，衡量航天装备质量或纠正质量偏差就失去了客观依据。也就是说，针对控制对象要明确其质量标准是什么。控制对象的不同，为它们建立标志正常水平标准的方法也不一样。一般建立标准的方法有三种：利用统计方法来确定预期效果、根据经验和判断来估计预期结果、在客观的定量分析基础上建立质量标准。

（3）衡量成效。

衡量成效是管理者通过一定的测量方法，对管理活动的实际成效进行衡量，并将相关结果与标准进行对照比较的过程。在测量方法确定时，必须明确测量方式（手段）、测量工具的准确度和精确度，只有准确的方法、手段、工具才能对相关活动的实际成效进行衡量。对于实际成效的衡量，必须确保其真实、有效，能够真正反映活动的成效，这是随后措施开展的基础。对成效与标准的对照比较，是一种判断、评估的过程，判断、评估可以是仪器执行，也可以是人工判别，还有可能是两种方式并存。

（4）纠正偏差。

利用科学的方法，依据客观的标准对航天装备质量绩效进行衡量，可以发现计划执行中出现的偏差。纠正偏差就是在此基础上分析产生质量偏差的原因，制定并实施必要的纠正措施。这项工作使得航天装备质量控制过程得以完善，并将控制和管理其他职能相互联结，使组织计划得以遵循，使组织结构和工作安排得以调整。为了保证纠偏措施的针对性和有效性，必须在制定和实施纠偏措施的过程中注意相关问题。一是找出偏差产生的原因。偏差原因是纠正措施制定的基础和依据，因此，在开展纠正偏差工作时，首先要明确到底是哪些原因导致的质量偏差，这个偏差最终造成的后果有哪些。进而，根据分析，在众多深层原因中找出最主要的原因，为纠偏措施的制定明确方向。二是确定纠偏措施的实施对象。纠偏原因确定后，需要确定纠偏措施的实施对象。这是因为，航天装备相关工作是一项复杂的系统工程，这就导致装备产生偏差的对象可能是多方面的，可能是具体的实施过程出现问题，也可能是活动的计划或者相关标准产生偏差，这就要求管理者在确定偏差原因后，运用系统工程的原理，明确产生偏差的主要对象，进而将其确定为纠偏实施对象。三是选择恰当的纠偏措施。针对产生偏差的主要原因和主体对象，就需要制定调整工作或调整计划与标准的纠偏方案，进而将相关方法付诸实施。

（二）航天装备质量保证内涵

1. 基本概念

质量保证是指为使人们确信某一产品、过程或服务的质量所必需的全部有计划、有组织的活动，也可以说是为了提供信任表明实体能够满足质量要求，而在质量体系中实施并根据需要进行证实的全部有计划和有系统的活动。就是说，质量保证其实是一种质量承诺，就是按照一定的标准生产产品的承诺和规范，以期达到具备质量承诺，取信于人，预防质量隐患、质量偏差的目的。

航天装备质量保证是对航天装备质量的承诺和诚信，它关注的是结果，即航天装备质量及服务质量是否满足既定的质量标准；其目标是通过建立和执行质量管理体系，确保航天装备及服务在设计、生产和交付使用过程中符合质量标准，提高整体质量水平和装备使用方满意度；其方法包括预防性的控制和持续改进，通过定义和规划质量保证流程、记录质量保证流程、选择检查表等工具，并对研制者、使用者进行相应的培训来实现质量保证；其核心活动是建立质量保证体系，进而确保各质量控制活动得以贯彻执行。

2. 基本流程

实施航天装备质量保证是一项系统工程，往往是通过建立质量保证体系的手段开展实施，以实实在在的管控手段取信于装备主管单位，在装备主管单位中建立良好的口碑。质量保证体系的搭建、实施是一项系统的工程，也需要遵循一定的流程和步骤。航天装备质量保证体系实施流程图如图 7-2 所示。

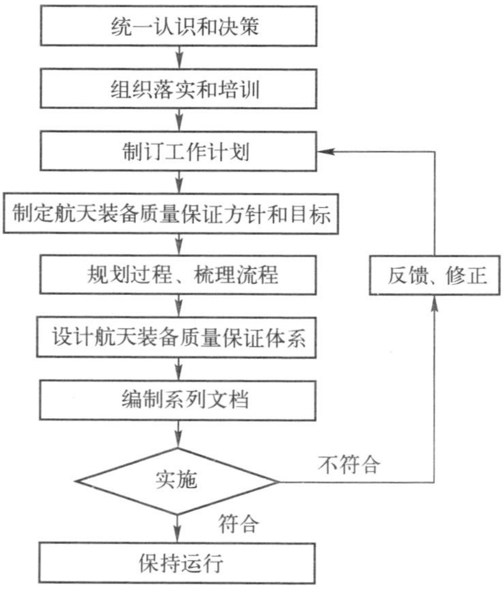

图 7-2　航天装备质量保证体系实施流程图

（1）统一认识和决策。

航天装备质量保证体系是提高航天装备质量的有效措施，而质量保证体系的搭建，不仅仅是最高管理层或质量管理部门的事情，更是全体航天装备工作者的事情，只有全体人员达成共识，都有强烈的质量意识，都把质量作为头等大事来做，才有可能把质量工作做好，才有可能达到一个满意的质量结果。因此，在搭建质量保证体系之初，就应该先统一全体人员的认识，认可质量保证的重要性；领导层坚定搭建质量保证体系的决心，组织人员建立符合装备要求的质量保证体系，为以后工作的开展奠定坚实的基础。

（2）组织落实和培训。

航天装备质量保证体系建立之后，很重要的工作是落实、执行。需要通过培训的方式让相关人员尽快掌握航天装备质量保证体系的规划，熟悉、理解相关的规定和决定，进而减少下一步工作落实中的阻力。在培训之后，相关的管理者就需要按照体系的规划计划，开展体系实施前的组织保障工作，建立相关的组织机构，划定职责范围，细化操作岗位并选配合适的工作人员，进而逐步形成一个成系统、高协作的组织体系，为航天装备质量保证工作的开展奠定基础。

（3）制订工作计划。

工作计划是在思想统一、组织培训之后的一项重要工作，是航天装备质量保证实施的重要基础，为后续质量保证的开展规划了细节、指明了方向。工作计划的制订一般遵循“WHAT”法则。“W”代表做什么，即工作的目标和任务，指的是要明确相关计划在一定时间内所要达到什么样的目标，完成什么样的任务。“H”代表怎么做，即计划的工作方法，指的是工作计划的制订要明确完成相关任务时相应的措施和办法，这是实现计划的保证。“A”代表谁来做，即相关计划工作谁来负责，指的是执行计划的工作程序和时间安排，先干哪项工作，后干哪项工作，相关工作谁来负责。“T”代表什么时间做，即完成时限，指的是计划必须有明确的完成时限，每项工作的实践进度如何安排，这是保证工作按期完成的保证。

（4）制定航天装备质量保证方针和目标。

航天装备质量保证方针和目标是保证体系建设、运行的指导和依据，是各项保证工作开展的纲领性目的，保证体系涉及的任何工作、任何个人、任何组织都要依据这一方针和目标开展具体的工作。方针的制定要与整个航天装备质量管理的方针保持一致，进而保证装备质量达到预定目标，提升装备使用单位对装备质量的信任度。同时，方针需要不断评审，以保持持续性、适宜性和有效性。同时，应提供制定和评审质量保证目标的框架。目标是依据方针定的，目标应反映管理者当前或者一定时期的需求，必须是可测量的，能够被评估的。另外，目标还必须是可以分解的，这样才能将整体目标分解到不同的组织、部门和岗位，确保其能够落实下去。

（5）规划过程、梳理流程。

过程、流程是指业务开展的基本流程，反映了业务开展过程中相关工作的顺利或次序，是对相关工作开展顺序的布置和安排。通过过程、流程中每个业务步骤的不断开展，构成了一个完整的保证体系运行流程。航天装备质量保证体系正是由一个个工作、一项项业务组成的，并按照顺序一个个地运行下去，这些工作和业务是紧密相连，又环环相扣的。通过合理的规划、有序的运行，航天装备质量保证体系才能高效实施，起到事半功倍的效果；反之，如果规划不合理、运行过程不顺畅，则适得其反，增加工作量，同时，无法保证航天装备质量。

（6）设计航天装备质量保证体系。

在统一认识和培训、编制任务计划、明确方针目标、规划过程流程基础上，就可以编制、设计航天装备质量保证体系。也就是说，航天装备质量保证体系是在统一所有人员认识之后，根据相关的任务计划，对标既定的方针目标，把对航天装备质量保证有影响、相互作用的各个要素环节关联起来，构成一个前后衔接的有机整体，形成一个流程快捷顺畅的工作体系。这个体系不仅包括人员、设备、经费、仪器等硬件设备，还包括程序、流程、制度、方法、表格等软件文件。

（7）编制系列文档。

航天装备质量保证体系能够统一大家的认识、顺序开展实施，必须依靠各项规章制度和系列要求文档，如各种布置、安排的规定，制定的方针、目标，实现方针、目标的措施、方法、管理方案，各个过程和步骤的沟通和衔接、各项规章制度、操作规程，以及运行记录的整理、统计、分析等。只有把这些文档进行详细的编制，才能确保在体系运行过程中，有章可循、有据可依，相互配合、相互约束。

（8）运行、反馈、修正。

一个科学、合理的体系，必须具有自我调整、自我修订反馈的机制。这就要求体系在实施、运行实施过程中，航天装备质量保证体系能够不断观察、总结，同时根据实施的具体效果，确定下一步工作的开展。如果实施、运行能够达到组织制定质量保证体系的目标，能够充分体现质量保证的方针，体系就可以继续运行。如果实施、运行过程中，发现有些环节有误差，没有达到预期的目标，不是组织想要的结果，或者有些不合理的建议，就要及时反馈，进行相应修正，最终确保体系运行的适宜性、有效性。

二、航天装备质量控制与保证方法体系

（一）航天装备质量控制方法体系

航天装备质量的形成伴随着大量的信息，这些信息是进行管理、控制、决策及技术方案形成的重要依据。航天装备质量控制就是通过在质量形成过程中所产生的各类信息进行控制管理，最终确保航天装备质量能够按照既定要求实施。目前，随着信息技术的发展以及采用先进的质量管理技术理论的方法，航天装备质量控制方法也得到了快速发展，各种科学、有效的航天装备质量控制方法被提出、应用。结合不同航天装备质量控制方法的原理，本章对航天装备质量控制方法进行了梳理，常用的质量控制方法有关键件、重要件、关键工序质量控制、强制检验点、“双想”、质量问题归零、质量信息上报与通报等。

1. 关键件、重要件、关键工序质量控制

关键特性是指如果达不到设计要求或发生故障，可能导致装备功能失效或型号主要系统失效或对人身财产的安全造成严重危害的特性。重要特性是指如果达不到设计要求或发生故障，可能导致装备不能完成预定的功能，但不会引起型号主要系统失效的特性。关键件是指具有关键特性的装备（一般指零件、部组件）。重要件是指具有重要特性的装备（一般指零件、部组件）。关键工序是指在装备生产过程中对装备质量起决定性作用并需要进行严密控制的工序。关键件、重要件、关键工序质量控制适用于装备研制、生产过程的质量控制。

2. 强制检验点

强制检验点的控制是装备研制生产过程中重要的质量把关活动。强制检验点是在装备研制生产过程中，由装备使用单位或上级技术抓总单位提出的对装备关键过程或关键特性进行检验的检验点。强化对装备关键过程和关键特性指标的检验，确保装备的性能指标满足要求。强制检验点适用于研制、生产过程的质量控制。

3. “双想”

“双想”是前期工作回想（以下简称“回想”）和后期工作预想（以下简称“预想”）

的总称。“回想”是指围绕型号发射（飞行试验）任务目标，从设计质量、装备质量、操作质量等方面，对已完成的工作是否满足要求、是否存在薄弱环节和需进一步确认环节等进行分析和重新审视的过程。“预想”是指围绕任务发射场工作流程，从后续操作的要求、步骤、设备、环境、人员等方面，对即将开展工作中可能出现的问题和隐患及故障处理预案等进行预先分析的过程。对“回想”发现、经确认的前阶段工作中存在的问题和隐患，要及时排除；对“预想”提出、经确认的问题及隐患，要及时制定预防措施和解决办法。“双想”适用于发射场工作，贯穿发射（飞行试验）任务全过程，任务完成后的发射场撤收工作等要一并纳入“双想”工作范畴。

4. 质量问题归零

质量问题归零是指对在设计、生产、试验鉴定和使用中出现的质量问题，从技术上、管理上运用适当方法，分析问题产生的原因、机理，并采取纠正和预防措施解决已发生的质量问题，同时通过举一反三，避免问题重复发生的闭环管理活动。质量问题归零适用于航天装备从初样阶段开始各阶段的质量问题技术归零和管理归零工作。

5. 质量信息上报与通报

质量信息上报与通报是利用信息、发挥信息价值的重要环节，是主管部门及时、准确获取质量和相关工作状况以及存在的主要问题等信息的重要渠道，是有关单位及时开展举一反三等质量工作的重要依据。航天装备的全寿命期各单位都应按有关规定，定期或实时地将装备质量状况及所发现的质量问题信息上报和通报给有关部门，以便决策层根据实际需要做出科学的决策，指导和控制相关质量工作的进行。信息上报、通报实施闭环控制，是有效开展各项质量工程活动和提高质量的基本途径。质量信息上报和通报适用于装备承制、使用各级单位、部门之间以及和上级机关、用户之间的信息上报和通报。

（二）航天装备质量保证方法体系

航天装备质量保证又称“产品保证”，是航天装备实现过程的一部分，支持航天装备在设计制造、集成和试验等各个阶段的质量控制，在装备研制、生产全过程所进行的一系列有计划、有组织的技术和管理活动。产品保证包括产品保证管理，质量保证、可靠性保证、安全性保证、材料保证、工艺保证、零件保证、元器件保证、软件保证等。随着我国航天装备的不断发展，航天装备质量保证的方法也在不断创新、发展。目前，在航天装备领域应用比较多的产品保证方法主要有故障模式、影响与危害性分析，故障树分析，单点故障模式识别与控制，元器件质量大数据分析方法等。

1. 故障模式、影响与危害性分析

故障模式、影响与危害性分析（FMECA）是分析装备所有可能的故障模式及其可能产生的影响，并按每个故障模式产生影响的严重程度及其发生概率予以分类的一种归纳分析方法，是属于单因素的分析方法。故障模式、影响与危害性分析适用于装备的研制、生产和使用各个阶段，是装备可靠性分析的一个重要工作项目，也是开展维修性分析、安全性分析、测试性分析和保障性分析的基础。

2. 故障树分析

故障树分析（fault tree analysis，FTA）是一种图形演绎的分析方法。在装备设计阶段，通过对装备每种故障模式有影响的所有较低级别的故障进行识别，判断潜在的系统故障模式和灾难性危险因素，发现可靠性和安全性薄弱环节。通过消除和减少这些故障的影响，改进装备设计，使用逻辑归纳法，确定出现一种肯定不希望的使用结果的可能原因。故障树分析适用于在装备研制、生产、使用阶段进行故障树建造和对单点故障树进行定量、定性分析。故障树的各种故障事件包括硬件故障、软件故障、人的失误、环境影响等各种故障因素，以及能导致人员伤亡、职业病、设备损坏或财产损失、环境严重污染等事故的各种危害因素。

3. 单点故障模式识别与控制

单点故障是指会引起系统故障，而且没有冗余或替代的操作程序作为补救的产品故障。单点产品一旦失效，就会引起系统故障，甚至导致工程飞行试验失效或在轨无法正常运行。保证单点不失效是工程技术风险控制的重要工作目标。单点故障模式识别与控制工作适用于航天装备研制各个阶段，并随研制工作进展及技术状态变化不断完善。

4. 元器件质量大数据分析方法

元器件质量大数据是指在航天装备研制生产过程中，从元器件的选用、采购、生产、质量保证、电装、板级/组合级/整机级装备生产调试过程、装备交付使用过程中产生的大量质量数据信息。元器件质量大数据分析方法是运用大数据技术的元器件质量保证，是以数据驱动的方式为装备元器件质量保证提供质量数据资源融合、数字化管理手段以及可视化决策支持的新型质量保证模式。该方法适用于航天“五统一”元器件质量保证模式的数字化升级，以及各类装备总体单位及研制单位、装备主管部门的元器件质量数据的集中管理和科学决策。

第二节　关键件、重要件、关键工序质量控制

一、基本概念

关键件、重要件、关键工序质量管理是航天装备生产制造阶段常用的质量控制方法，该方法是在整个生产制造过程中寻找影响生产质量的关键件、重要件以及关键工序，进而通过制定控制方法、措施，确保航天装备质量的方法。关键件、重要件、关键工序质量控制方法的关键、起点是寻找航天装备质量的关键特性、重要特性，关键件、重要件以及关键工序。其中，关键特性是指航天装备或者零部件如果达不到设计要求或发生故障，可能导致航天装备功能失效、型号主要系统失效以及对人身财产的安全造成严重危害的特性；重要特性与关键特性概念相应，是指航天装备或者零部件如果达不到设计要求或发生故障对装备产生影响，其侧重于导致航天装备不能完成任务，但不会造成装备主要系统的失效；关键件、重要件则是指具有关键特性、重要特性的零件或者部组件；关键工序是指在航天装备生产过程中，对航天装备质量起决定性作用并需要进行严格把控的工序。

二、适用范围

关键件、重要件、关键工序质量控制是航天装备质量控制常用方法，其方法可用于航天装备全寿命各个阶段，为航天装备质量把控提供重要的方法和技术支撑。在生产设计阶段，设计者一般将关键件、重要件列为设计的重点，进而通过对关键件、重要件设计质量的把控，提升整个装备的设计质量；在审查质量阶段，生产者除了强化对关键件、重要件等零部件的生产把控，同时，增加对关键工序的把控，进而确保航天装备按照设计质量进行生产制造；在使用阶段的日常管理维护过程中更加强调对关键件、重要件的质量把控，确保航天装备始终保持良好的质量状态；在储存阶段强调入库、出库前对关键件、重要件的质量检测，确保其在存储过程中不受损害。

三、主要内容

（一）确定原则

1. 关键件确定原则

（1）具备关键特性。

从关键件的概念可以看出，确定装备是关键件首先其必须具备关键特性，这是关键件确定的首要原则，也是必要原则，只有具备关键特性的零部件、装备才可能确定为关键件。

（2）导致装备功能/主系统失效。

关键件除了具备关键特性外，还需判断当零部件、装备的关键特性达不到设计要求或发生故障时，其是否会导致装备功能/主系统失效。也就是说，当零部件、装备具备关键特性时，如果其失效并不会导致装备功能/主系统失效或者导致装备功能失效的概率较低，则其有可能不是关键件。

（3）对人身、财产安全造成严重危害。

关键件除了具备关键特性外，还需判断当零部件、装备的关键特性达不到设计要求或发生故障时，其是否会对人身、财产安全造成严重危害。也就是说，当零部件、装备具备关键特性时，如果其失效并不会对人身、财产安全造成严重危害或者导致危害的程度较低，则其有可能不是关键件。

关键件确定原则示意图如图 7-3 所示。

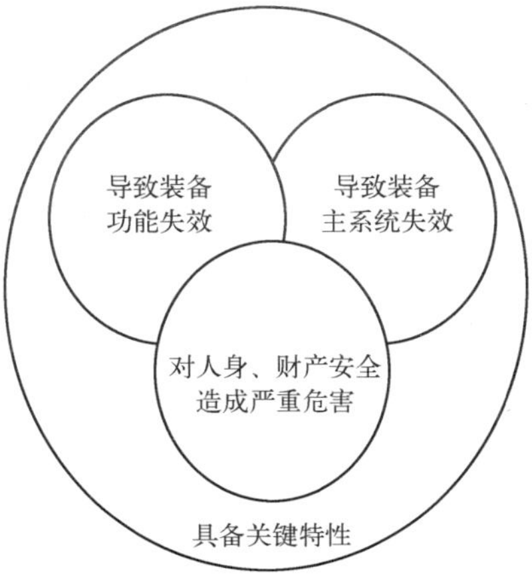

图 7-3　关键件确定原则示意图

2. 重要件确定原则

（1）具备重要特性。

从重要件的概念可以看出，重要件首先其必须具备重要特性，这是重要件确定的首要原则，也是必要原则，只有具备重要特性的零部件、装备才可能确定为重要件。

（2）导致装备不能完成预定功能，但不会引起主要系统失效。

重要件除了具备重要特性外，还需判断当零部件、装备的重要特性达不到设计要求或发生故障时，其是否会导致装备不能完成预定功能，且不会引起主要系统失效。也就是说，当零部件、装备具备重要特性时，如果其失效并不会导致装备不能完成预定功能，但不会引起主要系统失效，则有可能不是重要件。

重要件确定原则示意图如图 7-4 所示。

3. 关键工序确定原则

（1）关键特性/重要特性所构成的工序。

关于关键工序的认定原则，首先考虑其是否为航天装备设计阶段已经认定具备关键特性或者重要特性的工序，如果工序内部包含关键特性、重要特性则可认定其为关键工序。

（2）对航天装备质量影响较大的工序。

关键工序是影响整个项目质量的关键环节，因此，只要是对整体航天装备质量产生影响的环节都可作为关键工序。例如，相关工序在实施过程中加工或者装配难度大、质量不稳定的工序，相关工序在实施过程中需要的原材料昂贵或加工周期长的工序、相关工序在实施过程中出废品后经济损失大的工序以及关键外购器材或外协件入厂验收的工序等。

（3）对人身、财产安全造成严重危害的工序。

在确定关键工序时，如果工序出现问题会导致相关危害的工序也需要将其纳入关键工序。如部分工序出现问题时，会对运行工序的人员、单位财产的安全造成严重危害的工序。

关键工序确定原则示意图如图 7-5 所示。

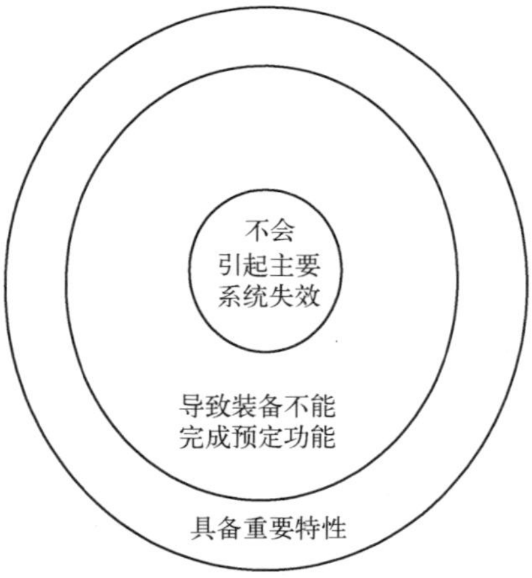

图 7-4　重要件确定原则示意图

图 7-5　关键工序确定原则示意图

（二）确定时机

关键件、重要件、关键工序的确定时机一般是在航天装备初样、正（试）样研制阶段提前确定，并且按照不同阶段、不同时机进行确定。

1. 初样研制阶段

设计部门一般按照相关设计要求，根据装备性能要求确定关键件和重要件，同时制定质量控制措施；生产研制部门则是根据装备零件、部件的生产工艺要求开展关键工序的初期识别，并制定关键件、重要件、关键工序控制方案；同时，在初样研制阶段末期，一般设计部门和生产部门共同确定产品关键件、重要件和关键工序，并同步确定关键件、重要件、关键工序详细的控制措施。

2. 正（试）样研制阶段

在正（试）样研制阶段主要是结合正（试）样研制阶段相关工作对前期确定的关键特性、重要特性，关键件、重要件、关键工序以及相关的控制措施进行再次确定、核准，进一步确认相关内容的准确性。对不合理、不准确的关键件、重要件、关键工序以及相关控制措施进行修订完善，最终以正式的形式确定航天装备的关键特性、重要特性，关键件、重要件、关键工序以及控制措施。

（三）控制流程

航天装备关键件、重要件、关键工序质量控制方法侧重点在于其流程控制，其控制流程一般可按照关键特性识别、控制方案制定、控制措施制定、评审、实施、总结 6 个阶段开展实施。关键件、重要件、关键工序控制流程如图 7-6 所示。

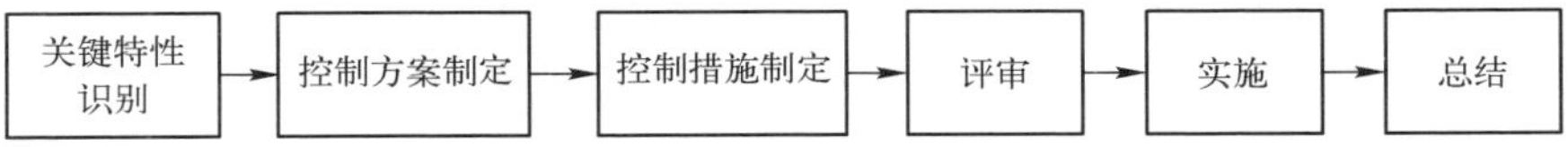

图 7-6　关键件、重要件、关键工序控制流程图

1. 关键特性识别

关键特性识别阶段主要是由航天装备设计人员、生产工艺人员按照 QJ 892A 的规定要求，开展装备特性分析和生产关键过程分析。首先，通过技术要求和设计以及 FMEA 等可靠性分析，识别出装备关键特性和重要特性，并进一步分析所涉及的部、组件或电路等，并细化到零件、部件或元器件，确定关键件和重要件，按照 QJ 3230 编制产品特性分类分析报告；其次，将产品的关键特性、重要特性由设计分析文件转化为生产过程中操作实施的工艺文件、检验文件；该过程主要是通过分析确定装备的关键特性、重要特性以及关键工序，进而确定航天装备的关键件、重要件和关键工序。

2. 控制方案制定

控制方案制定阶段主要是装备生产工艺人员根据前期的关键特性识别，对装备生产过程进行工艺分析，制定关键件、重要件控制方案。根据关键检验点确定原则，对关键件、重要件在加工、装配等生产过程中涉及关键特性形成的环节设置关键检验点；将用户要求的强制检验点落实到工艺流程中；根据关键工序确定原则，将装备尤其是关键件、重要件在加工、装配等生产过程中的工序确定为关键工序。然后，形成“关键件和重要件明细表”。

3. 控制措施制定

控制措施制定阶段主要是装备工艺人员根据工艺总方案和相关的设计文件，编制工艺规程，确定生产过程详细的加工、装配、检验等方法，在相应的工艺文件中编写关键件、重要件的关键检验点和关键工序操作的详细要求，将关键件、重要件的关键检验点和关键工序操作的详细要求编写在相应的工艺文件中，如量化的检验要求、检测工具、环境条件、特殊岗位以及判定准则等。形成“关键件和重要件过程控制结果检查表”。

4. 评审

评审阶段主要是对前期确定的关键件、重要件、关键工艺以及相关的质量控制方案和措施进行专家评审。该过程一般邀请质量保证（产品保证）人员按照 QJ 1302.3 的规定组织关键件、重要件、关键工序工艺评审工作。

5. 实施

实施阶段，主要是利用前期产生的工艺文件，在装备生产过程中开展关键件、重要件和关键工序的操作、检验和数据确认，并将过程记录作为生产过程数据包重要内容之一。

6. 总结

总结阶段，主要是对前期实施阶段的总结和确认，即在航天装备生产完成后，根据生产实施开展情况对关键件、重要件和关键工序相关参数进行汇总和确认。该过程一般通过设计人员和质量保证（产品保证）人员收集、汇总关键件、重要件和关键工序的相关数据，最终形成“关键件、重要件控制措施落实情况汇总表”。

（四）文件标识

为确保关键件、重要件和关键工序在航天装备全寿命阶段能够被关注、重视，需要对关键件、重要件、关键工序进行标识、分类，特别是在其相关文件固定位置上要对其进行符号标识。

1. 关键件、重要件文件标识

相关特性标识、特性分类符号一般应按照 QJ 892A 的规定，在设计（包括技术要求和图样）、工艺等文件中对关键件、重要件进行标注，并在设计文件明显处加盖“关键件”和“重要件”字样。

2. 关键工序文件标识

对于关键工序来说，也需要同关键件、重要件文件标识一样，在相关的工艺程序文件中显著位置加盖“关键工序”字样或采用规定的其他形式标识，用于下一步相关过程中能够被操作人员识别。

（五）控制要求

按照关键件、重要件、关键工序方法开展质量控制时，需要对其进行严格的控制实施，每个阶段的控制内容和要求不尽相同。本章以航天装备设计、生产阶段质量控制为例，介绍设计，工艺，生产过程，试验验证，外协，质量记录、数据包等过程的控制要求。

1. 设计控制

设计阶段主要是对已确定的关键件、重要件、关键工序、整个装备的技术状态按照相关要求进行执行控制。例如，对于已确定的关键件、重要件的技术状态需要修改，必须严格落实审批制度，技术状态文件审批权限一般应相对于原审批权限提高一级。另外，在此阶段还可能涉及对原方案的核准验证。例如，根据实际需求，往往需要开展关键件、重要件原设计方案的仿真试验或专项试验，进一步验证原设计的准确性。

2. 工艺控制

工艺控制主要是通过初样和正样设计文件工艺审查、编制《关键工序工艺规程》、产品投产前工艺评审等方式实施控制。在工艺部门初样和正样设计时，其相关设计文件需要进行审查。审查过程中需对整个设计文件、图样及装备特性分类分析报告进行审查，对可能包含关键工序的设计方案从工艺改进方面提出降低风险的意见。在编制《关键工序工艺规程》时，需要对关键件、重要件、相关项目的控制措施进行明确，确保其具体和可行；需要明确关键工序的人员、设备、工艺方法和参数要求；需要对质量影响巨大的参数设置检验点，提出相关的检验要求和过程检验记录要求。

3. 生产过程控制

生产过程主要是通过人、机、料、法、环方法对其生产过程实施质量控制。在人员方面，需要对执行关键件、重要件和关键工序的操作和检验人员进行考核认证，确保其持证上岗。在设备仪器方面，对涉及主要工艺参数的设备、仪器进行计量校准，使其满足《关键工序工艺规程》中对设备、仪器的要求；必要时还需进行预操作试验，以获得符合要求的操作方法。在原材料方面，要严格按照设计要求采购、使用原材料。当原材料无法满足要求必须采用代料时，应将替代方案报本单位的技术状态管理委员会批准；对于关键件、重要件原材料使用代料时，必须秉持“以优代劣”的原则，并进行论证和试验验证，最后提交大单位技术状态管理委员会批准。在最后的检验闭环阶段，要确保检验的设备仪器在有效周期内，特殊情况下可在检验前重新进行校准，同时，同一批次相同工序要采用同一个检验设备仪器；需要关键件、重要件和关键工序进行严格检验，关键工序应实施工步（一个工序的若干步骤）检验。另外，对于关键件、重要件和关键工序的不合格处理及质量问题归零也要提出相关要求；关键件、重要件中关键特性和重要特性在正样产品研制过程一般不允许超差使用，对关键件、重要件不合格审理后需让步接收时，应提交上一级审批，并报项目办备案；出现的故障和不合格排除后必须形成报告，出现的质量问题必须归零。

4. 试验验证控制

整个质量控制实施过程中，如果出现需检测项目在过程中不能直接获得检测结果时，应安排试验件进行破坏性检测或按设计文件规定采用事后试验的方法进行检验，检验过后要形成检测报告。破坏性检测和事后试验所使用的试验件，应由质量检验部门妥善保存、备查。

5. 外协控制

如果关键件、重要件或关键工序需要外单位协助，必须签订外协合同，同时在合同中甲方要明确质量和工艺要求，制定外协加工质量保证措施、应交付的过程记录和凭证。同时，甲方应对关键工序实施现场监控。在验收过程中，要严格按照合同要求进行验收，检查乙方须提供的质量记录和凭证。

6. 质量记录、数据包控制

质量记录、数据包是指在相关关键件、重要件研制过程中所产生的各项记录文件和数据包。在关键件、重要件、关键工序方法进行质量控制过程中，相关工作项目要开展表格化文件管理和数据记录保存机制；相关记录文件和数据要详细、完整、有效，要及时做好对记录的分析、整理、保存，保证各项记录具有可追溯性。对于特殊的控制过程，可采用照相、录像等措施进行记载。关键件、重要件和关键工序的质量记录、客观凭证应收集、汇总形成数据包归档，随产品交付时，可以交付复印件，但应由质量部门盖章。

第三节　6S 管理

一、基本概念

（一）6S 管理起源

6S 管理办法是由日本的丰田公司提出的，该方法是为了在产品生产过程中对人员、设备、材料等生产要素进行有效管理，有效提升生产率，防止出现生产事故。早在 1955 年，丰田公司就提出了“安全始于整理整顿、终于整理整顿”的口号，但是当时只是为了通过管理提高作业空间和作业安全，后因生产管理和质量管理的需要，逐步提出了清扫、清洁和素养，形成了 5S 管理方法。1986 年丰田公司将 5S 方法进行总结、著书、推广，掀起了 5S 管理的热潮。20 世纪 90 年代，5S 管理方法进入中国并开始在相关企业管理中进行普及，后因安全生产的需要，将 5S 方法扩展成为 6S 方法，并被人们普遍采纳。6S 是整理（seiri）、整顿（seiton）、清扫（seiketsu）、清洁（seiketsu）、素养（shitsuke）、安全（safety）这 6 个词的英文首字母。6S 管理活动就是从整理、整顿、清扫、清洁、素养和安全 6 个维度，开展企业的管理。

（二）推行 6S 管理的意义

航天装备建设与使用单位对推行 6S 管理都比较重视，注重将 6S 管理与质量管理、安全管理、质量文化建设相结合，积极探索建立 6S 管理的长效机制，开展 6S 管理检查评价活动。

（1）建立整洁、规范、安全的任务（工作）现场。航天装备建设与发射等任务 100% 成功的要求高，任务（工作）场所要求保持整齐清洁，通过 6S 管理，现场环境得到改善，人员精神面貌得到改观，有助于减少意外事故发生。

（2）减少故障出现。清扫时检查各项设备设施，保持技术状态，正常持续运作，降低设备故障出现的概率。

（3）增加工作效率。妥善存放仪器、物品，减少因寻找仪器、物料及工具等而影响任务（工作）进度；降低故障率，减少因实施维修停止任务（工作）进展，提高效率。

（4）提高任务（工作）质量。工作过程、原料、设施及工具贮存均能有所规范，减少任务（工作）出现瑕疵而造成任务失败（工作失误）。

（5）孕育良好的质量文化。通过整理、整顿、清扫、清洁和素养改善工作场所管理，使人员对工作环境产生自豪感、归属感，从而激发自发性的安全改善行动。

海尔是第一家将 6S 管理引入中国的企业，在海尔的每个车间都可以看到 6S 大脚印，它是一块边长为 60 厘米的正方形图案，红框白底上印着 2 个绿色大脚印，脚印正前方高悬着 6S 标语“整理、整顿、清扫、清洁、素养、安全”，每日班前后，当班表现优秀的员工要站在脚印上介绍自己的先进经验，将好的 6S 工作方法与大家分享，如图 7-7 所示。

图 7-7 海尔的 6S 大脚印

二、适用范围

6S 管理方法是质量管理中比较常用、经典的方法。该方法主要用于现场管理要求严、涉及要素多、容易出现操作失误和安全事故易发的现场管理。对于航天装备全寿命来说，该方法可以应用于不同寿命周期阶段的航天装备质量管理。在航天装备设计与生产单位，6S 可用于提升单位的管理效益，有效提升航天装备的设计、生产质量，为航天装备质量的“优生”奠定基础。在航天装备试验阶段，6S 管理可以有效确保试验质量，确保整个试验的安全管理；在航天装备采购阶段，6S 管理可以有效提升采购的效率。试验阶段和采购阶段采用 6S 管理方法，为航天装备质量的“优育”保驾护航。在航天装备使用阶段采用 6S 管理，能够确保航天装备使用的质量，有效提升航天装备履行相关使命任务的效率。在航天装备退役报废阶段使用 6S 管理，能够有效提升航天装备退役报废后的再利用效率，为航天装备“再生”提供支撑。

三、主要内容

（一）整理

整理就是将场所内所有物品分为必需品和非必需品，现场只放置必需品，长期不用、但有潜在可用性的物品撤离，永远不可能用到的物品处理掉。整理的目的就是腾出空间；防止误用，塑造整洁的工作环境。

要做好整理，按照以下步骤实施：

（1）全面梳理现场的所有物品（特别是不能遗漏放置在抽屉、箱子及柜子等处隐藏看不到的物品），将其登记列表（表 7-1）。

表 7-1 物品清单

放置区域	物品名称	使用频度	必需品/非必需品
工具箱、抽屉、锁柜	工具（如锤子、扳手和切削工具）	每天	必需品
	测量工具（螺旋测微仪、游标卡尺和千分尺等）	每天	必需品
	清洁工具（抹布、手套、机油等）	每周	必需品
	个人用品	不需要用	非必需品
	损坏的工具	不能用	非必需品

续表

放置区域	物品名称	使用频度	必需品/非必需品
地面	设备、大型夹具、台车等	每天~每周	必需品
	零件	每天~每周	必需品
	工具	每天~每周	必需品
	废弃零件	不需要用/不能用	非必需品
零件仓库和材料仓库	库存零件	每月~两年	必需品
	库存原材料	每月~两年	必需品
	多年未使用的零件或材料	不需要用/不能用	非必需品
	被更换的零件	不需要用/不能用	非必需品
车间外	多年未使用的零件或原材料	不需要用/不能用	非必需品

（2）按天、周、月等周期记录列表中物品的使用情况，记录一段时间后，分析各物品的使用概率，制定必需品和非必需品的判别标准（表 7-2）。

表 7-2 必需品和非必需品的判别标准

类别	使用频度		处理方法	备注
必需品	每时		放工作台上或随身携带	
	每天		现场存放（工作台附近）	
	每周		现场存放	
非必需品	每月		仓库存储	
	每三个月		仓库存储	定期检查
	每半年		仓库存储	定期检查
	每一年		仓库存储（封存）	定期检查
	每两年		仓库存储（封存）	定期检查
	未定	有用	仓库存储	定期检查
		不需要用	变卖/废弃	定期检查
	不能用		废弃/变卖	立刻废弃

（3）按照判别标准，区分必需品和非必需品，将非必需物品移到仓库存储或直接废弃。

（二）整顿

整顿是将必需品以定位、定量的方式有序放置并标识，确保在需要时能够快速取到。整顿的目的就是使现场一目了然，减少寻找时间，缩短准备的时间，使物品保持立即可取的状态，形成井井有条的工作秩序。整顿一般按照对现场的布置进行总体规划、画出规划图，规定放置方法，划分区域并进行标识，按场所标识放置物品四个步骤实施整顿。

实施整顿时要遵守“三定”原则：定点、定容、定量。定点即设计物品放置的固定位置；定容即设计用什么容器、颜色；定量规定合适的数量。如发射任务，要以发射流程为依据，梳理发射活动及相关的安全风险管理需要设施设备等，对发射场进行整体规划，设计各类设施设备及物品的数量、放置位置，使其使用起来既安全又便捷。

“三定”原则很好理解，但实施起来比较困难。实施时需要有相当的经验。例如，定点时要考虑场地的规划、业务流程、物料搬运的距离等。定容时要考虑空间的利用、取用的方便、标识的方法、目视管理的需要、安全因素及投入资金等。定量则更要结合工作实际来确定最大量、最小量。所以，只有充分考虑现场管理的需要，进行周密的调查分析，才能很好地实施“三定”原则，物品定位图如图 7-8 所示。

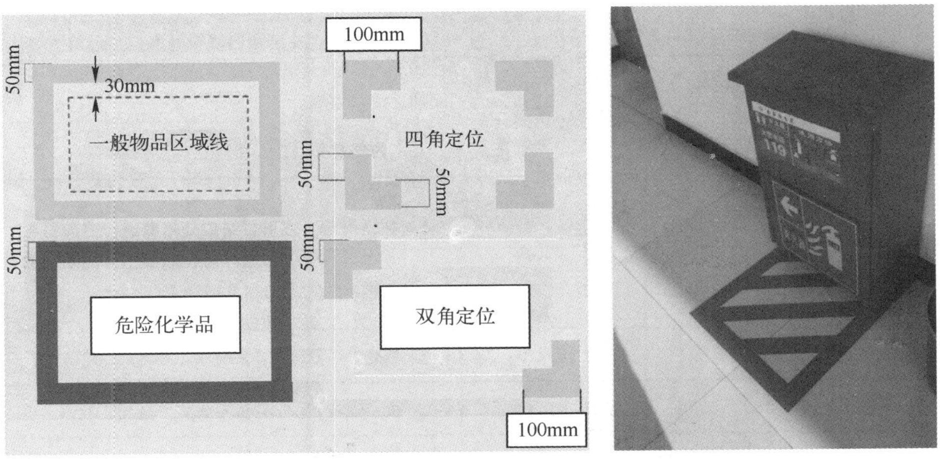

图 7-8 物品定位图

例如，工作场所常用的灭火器的放置，要考虑灭火器的数量、易取性、安全放置、定位标识。

（三）清扫

清扫是将工作场所内看得见和看不见的地方打扫干净，不仅包括环境的清扫，还包括设备的擦拭与清洁，以及污染源的改善。清扫的目的是创造干净环境，消除安全隐患。清扫一般按照建立清扫责任区、责任到人，与点验、保养相结合，清扫一切垃圾，查找危险源及污染源，建立清扫标准并明确清扫对象、清扫范围、清扫方法和要求、清扫周期、清扫时间、清扫工具五个步骤实施。

设备清扫标准如图 7-9 所示。工作中使用的设备、备品备件要定时清扫，并在清扫过程中检查设备、备品备件是否出现故障问题，也可以边清扫边对设备进行保养。

（四）清洁

清洁是指持续整理、整顿、清扫，维持前 3 个 S 的成果，并将前面的好的行为及做法进行标准化、制度化。清洁的目的是持续创建整洁明亮的工作任务环境，通过制度使得良好的行为、经验得以复制，成果得以推广，促进组织质量文化的生成。清洁一般按照固化前 3 个 S 的成果、持续深化改善，将前面的做法形成标准作业和规章制度、明确职责，确定检查的标准和方法、定期检查，建立配套奖惩规定并实施四个步骤实施。

（五）素养

素养，就是通过各类教育训练活动，将前 4 个 S 固化下来，制定共同遵守的好习惯、好品德，提高人员的素质。素养的目的是持续实施、固化前 4 个 S，直至成为全员的习惯；

提升质量意识，铸造和谐团队精神，凝练组织的质量文化；提升相关方的满意度。素养一般按照持续推进前4个S直到形成习惯，教育培训、学习掌握规章制度，遵守执行规章制度、提高工作技能、提升自身素养三个步骤实施。

设备名称	造粒机	设备编号		清扫总点检基准书	版本		编写	
所属区域	制粉车间	清扫责任人			文件编号		审批	

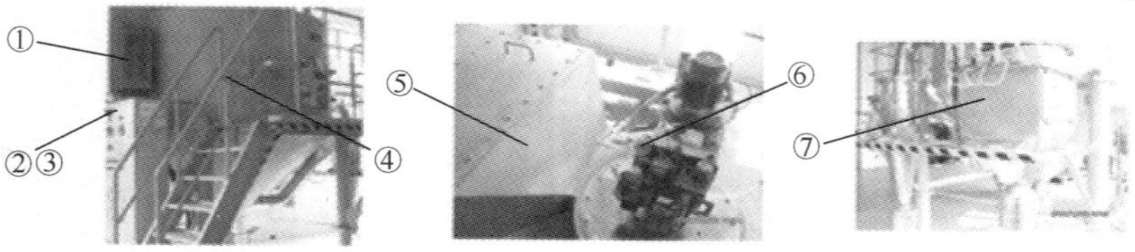

序号	清扫部位名称	清扫基准	清扫方法	清扫工具	清扫周期	注意事项	活动分区	
							运转中	停止时
①	加热器	无灰尘、浆料	干抹布擦	抹布	每天	防止进水	√	
②	电控柜	无灰尘、浆料	表面用干抹布擦	抹布	每天	防止进水	√	
③	电控柜内部	无灰尘、浆料	在电工指导下用吸尘器、干抹布清理	吸尘器、干抹布	停机时	注意安全		√
④	机身	无灰尘、浆料	用湿抹布擦，楼梯、平台用拖把拖	抹布	每天	注意安全	√	
⑤	机器顶部	无灰尘、浆料	用湿抹布擦	抹布	停机时	注意安全		√
⑥	喷雾头	无灰尘、浆料	用湿抹布擦	抹布	停机时	注意安全		√
⑦	旋风分离器	无灰尘、浆料	用湿抹布擦	抹布	停机时	注意安全		√

图7-9 设备清扫标准

（六）安全

安全就是消除安全隐患，预防安全事故，保障人员设备安全，保证工作连续开展，减少安全事故造成的各类损失。一般按照经常性安全教育，拟定安全工作守则，寻找潜在的危害部位、消除危险源，采取多重防护、防止意外发生，定期维修保养、预防故障发生五个步骤进行安全管理。

第四节 “双想”

一、基本概念

“双想”是典型的航天装备质量管理方法。我国航天发射场一直保持着“点火时间不到、双想不止”的传统和做法。“双想”是指前期工作的“回想”和后期工作的“预想”。其中，“回想”是指围绕型号发射（飞行试验）任务目标，对前期完成的工作质量进行

“回想”，分析项目内容的完整性，测试操作、数据判读等各项活动是否存在问题、隐患或工作漏项，发现的问题是否已经归零。“预想”是指围绕任务发射场工作流程，对后续即将开展的活动进行“预想”，分析工作重点、难点和关键环节，审查所有的操作规程和方案预案是否完备，查找易出现问题或可能出现问题的环节，及时制定预防措施和解决方法。对“回想”发现、经确认的前阶段工作中存在的问题和隐患，要及时排除；对“预想”提出、经确认的问题及隐患，要及时制定预防措施和解决办法。

二、适用范围

“双想”方法一般适用于工作程序复杂、工作接口多、操作难度大、安全性要求高的质量管理工作中。如：航天发射任务前3~5天，军地双方一般会组织开展“双想”活动，可以说，“双想”方法为我国航天发射的安全稳定提供了很大的支撑。同时，“双想”方法还贯穿我国航天型号发射（飞行试验）任务全过程，特别是在任务完成后的发射场撤收工作中，也要同步开展“双想”工作。

三、主要内容

（一）“双想”工作模式

“双想”是航天发射过程中确保航天发射任务按计划、高质量完成的重要保障，其运用贯穿于航天发射各个环节。“双想”一般由研制单位、发射单位共同组织开展，一般按照“试验队—中队（分队）—岗位人员”自上而下发动、布置，按照“岗位人员—中队（分队）—试验队”自下而上主动双想、反馈确认的模式开展运行，整个过程做到系统开展、全面覆盖。

“双想”工作的开展虽然依靠人员“头脑风暴”的模式开展，但是也具备科学的基础。航天装备型号研制过程中所形成的技术资料、操作说明、故障预案、生产过程记录、产品质量报告、检查确认报告、归零报告、分析报告等材料都是“双想”工作开展的基础，也为航天发射过程中的“双想”工作提供了科学、系统的技术支撑。当“双想”过程中发现相关问题或隐患时，在对其进行处理时一般都是航天装备研制单位、发射单位共同协商沟通并进行处理。另外，“双想”工作并非独立存在于航天发射过程中，其往往和发射场专项质量检查确认、复核复算等工作紧密结合。

（二）“双想”工作流程

“双想”活动贯穿于航天发射整个流程，在每个任务节点开始之前要开展“预想”，任务结束后要进行“回想”，特别是在过程中出现问题或者发现隐患时要重点执行“双想”工作。具体流程如下。

1. 任务准备阶段

在任务进场前要结合动员会开展思想动员，强化“双想”工作意识，强化参加任务人员的责任心，同时，提出“双想”工作的总体要求。在人员进场后，要针对不同的任务、不同的航天装备型号、航天发射场的工作特点、工作流程制定“双想”工作计划，明确“双想”工作要求，部署“双想”工作，制定和下发“双想记录表”，引导所有人员开展“双想”工作。

2. 任务实施阶段

研制厂商人员、发射场人员都要结合航天发射任务、特点，以及发射场工作流程开展“双想”工作。

首先要针对前期所开展的工作进行“回想”，即要对前期所完成的工作质量进行分析、总结；分析前期各项工作是否按照预定的计划实施，相关的内容的完整性、测试操作、数据判断等活动是否准确、是否存在遗漏或者隐患，对后续的工作是否产生非正常的影响；总结前期工作是否有可改进的地方，如果前期出现问题，相关问题是否已经完全解决，是否已经归零，同时总结经验，为以后的相关工作奠定基础。

其次要结合不同工作岗位的不同任务进行“预想”，即要对即将开展的各项工作进行“预想”，分析下一步任务的重点工作是什么？关键环节是什么？有无重难点问题或需要重点关注的问题？结合这些分析“预想”，工作人员还需对下一步的工作流程、操作规程进行检验核对，同时对可能出现的风险进行识别、制定相关的预案及预防措施，对后续即将要开展的活动进行“预想”，分析工作重点、难点和关键环节，审查所有的操作规程和方案预案是再完备，查找易出现问题或可能出现问题的环节，及时制定预防措施和解决方法。

3. 任务总结阶段

任务总结阶段应进行发射场“双想”工作总结并纳入“发射场质量工作总结”。对“双想”工作中提出的涉及发射场试验队之间接口关系的项目，由相关试验队联合完成确认和处理。对于发射场“双想”提出的问题和隐患，需发射场前后方联动进行确认和处理的，相关单位必须积极组织协调，配合开展工作，确保发射场工作顺利开展。根据发射场“双想”工作梳理出的问题，相关单位应及时完善设计、工艺文件和有关管理要求。

（三）“双想”的内容

发射场“双想”工作可参考以下内容确定每个阶段的重点内容：

1. 任务准备阶段

任务准备阶段的重点工作主要包含以下问题：

- 装备出厂前遗留工作项目，是否在发射场已落实？是否有不放心的问题？
- 装备出厂前不覆盖发射场测试项目，发射场检测测试保证措施是否充分？
- 负责的相关工作、装备是否为型号出厂前技术风险分析评估的高、中风险？风险控制措施是否清楚，是否已得到落实？
- 负责的相关工作、装备技术状态是否清晰，装备状态最终确认环节是否明确，装备过程记录是否能充分真实反映装备最终状态，装备技术状态变化是否清晰，是否已全部落实？

2. 任务实施阶段

- 各岗位人员应对当日（或前一阶段）的状态检查、操作、测试等各环节进行“回想”，反思是否存在疑点、不放心环节？
- 对下一个工作日（或后一阶段）工作项目从状态准备、过程关注点、故障模式、故障影响等多个方面进行“预想”，重点加强装备转运、加注、转场、发射等环节和“难操作”“易出错”项目及安全风险等级较高操作项目的“预想”工作。

- 负责的相关工作、装备是否涉及Ⅰ、Ⅱ类单点故障模式，装备Ⅲ类关键特性及控制措施是否明确、量化，控制措施是否落实？
- 负责的相关工作、装备在飞行过程中历经的环境和执行的动作是否明确，是否还存在地面没有充分验证的地方？
- 负责的相关工作、装备与其他工作、装备的接口是否清晰，接口参数是否明确，是否还有不协调的地方？
- 负责的相关工作、装备曾出现的质量问题的归零措施是否有效落实？
- 其他型号相同或类似工作、装备出现质量问题是否需在本装备上举一反三，举一反三的措施是否得到落实？
- 按发射场工作流程和飞行任务剖面，是否还存在工作漏项？
- 表格化工作是否均已落实，表格是否齐全、无漏项，表格内容是否全面、具体，表格化工作检查是否到位？
- 对自己负责的工作、装备在发射场的操作项目、流程是否清楚？
- 发射场最后一次操作为不可测试的项目，其操作文件是否齐全、人员是否落实、保证措施是否到位，结果确认是否到位？
- 作为二岗，工作、装备质量交底时是否将技术状态变化和工作、装备质量状况向一岗进行明确交底，工作要点和测试注意事项是否在工作前进行了讨论、交流，达成一致意见，能否做到监督一岗的口令、操作？
- 制定的相关预案考虑是否全面充分，流程、职责是否明确？
- 是否与发射场及用户方进行充分协调，预案是否具有可操作性，演练是否充分，预案提出的相关保证措施是否已得到落实？
- 是否还存在其他不放心的问题、对其他岗位不放心的问题或部位？

3. 任务总结阶段

- “双想”工作总结报告是否已完成，是否已纳入“发射场质量工作总结”？
- 任务实施阶段出现的相关问题是否已找到产生的原因，相关的改进措施是否可行？
- 任务实施阶段出现的相关问题是否已经复现，问题是否已经归零？
- 任务实施阶段反映出的相关部门沟通协调、接口关系及配合工作是否顺畅，后续工作该如何改进？
- 相关装备、发射场是否存在隐患及问题，是否已沟通解决？
- 相关发射流程是否有改进之处，是否需要对流程、工艺文件和有关管理进行优化？

第五节　质量问题归零

一、基本概念

质量问题归零是一种系统性的质量管理方法，是指在设计、生产、试验鉴定和使用中出现的质量问题，从技术上、管理上运用适当方法，分析问题产生的原因、机理，并采取纠正和预防措施解决已发生的质量问题，同时通过举一反三，避免问题重复发生的闭环管理活动。它有助于确保航天装备符合设计要求，提高用户满意度，并促进组织的整体质量水平，能够实现对航天装备全寿命各个阶段发生的质量问题进行闭环管理，帮助相关管理部门以结构化的形式收集质量问题信息，规范质量问题填报及审批流程，建立质量问题归零工作待办事项并进行执行跟踪，实现质量问题归零信息的统计分析。质量问题归零一般包括管理归零和技术归零。管理归零是从管理的角度对质量工作进行改进的工作模式，一般遵循过程清楚、责任明确、措施落实、严肃处理、完善规章五条标准。技术归零是从技术的角度对质量工作进行改进的工作模式，一般遵循定位准确、机理清楚、问题复现、措施有效、举一反三五条标准。

二、适用范围

质量问题归零方法适用于航天装备全寿命各个阶段，是航天装备工作人员经常使用的质量改进方法。该方法对解决航天装备质量管理工作中重复性出现的质量问题，有章不循、违规操作等人为质量问题，无章可循、规章制度不健全造成的质量问题，技术状态管理问题，既有设计或工艺等技术因素又有管理方面的漏洞或薄弱环节造成的质量问题，以及行政领导和型号指挥系统确认需要进行管理归零的质量问题等。可以说，质量问题归零目前已经成为航天装备质量管理领域一项重要的改进方法，对提升航天装备质量、减少航天装备故障和事故、提升航天装备工作效率具有重要意义。

三、主要内容

（一）质量问题归零工作

1. 管理归零工作

（1）过程清楚。过程清楚就是在开展管理归零工作前，要理顺、查清质量问题发生发展的全过程，分析问题产生的原因，特别是查找质量管理上的薄弱环节或漏洞，进而为后期相关工作奠定基础。

（2）责任明确。责任明确是在过程清楚的基础上，根据质量职责分清造成质量问题的责任单位和责任人应承担的责任，并从主观和客观、直接和间接方面区分责任的主次、大小，即要根据职责分清造成质量问题的责任单位和责任人。

（3）措施落实。措施落实主要是针对出现的管理问题，制定相关的预防、纠正、整改措施，并将措施落实到相关工作的过程。措施制定与落实是提升航天装备质量的直接手段，是确保管理归零科学、正确实施的重要保证。

（4）严肃处理。严肃处理是对由管理造成的质量问题应严肃对待，从中吸取教训，达到教育人员和改进管理工作的目的。对重复性故障以及有章不循、违章操作等人为责任因素造成质量问题的责任单位和责任人，按照情节和后果，给予经济处罚和/或行政处分。

（5）完善规章。完善规章是针对管理上的薄弱环节或漏洞，完善质量管理体系和各项规章制度并加以落实，从制度上防止质量问题重复发生。例如，把归零工作的措施固化到相关的规章制度、作业指导文件、标准和规范中，避免类似问题再次发生。

2. 技术归零工作

（1）定位准确。定位准确是根据实际情况和需要，对在航天装备研制生产和使用过程中发生的所有质量问题进行分析，准确确定发生航天装备质量问题的部位或工序，进而准确识别出问题发生的根源。

（2）机理清楚。机理清楚是指在质量问题定位后，要通过地面试验或理论分析等各种手段，弄清问题发生的根本原因。相关的手段可以是分析、计算或实验，其目的是确定问题发生的具体原因和机理。

（3）问题复现。在定位准确、机理清楚后，通过地面仿真试验或其他试验方法，复现问题发生的现象，从而验证定位的准确性和机理分析的正确性。问题复现是技术归零的重要环节，为后续措施制定和举一反三工作提供依据。

（4）措施有效。措施有效是在定位准确、机理清楚的基础上，制定出有针对性的、具体可行的纠正措施及实施计划，并且措施要经过评审和验证。

（5）举一反三。举一反三是把发生的质量问题的信息反馈给本单位、本系统、本型号和其他单位、其他系统、其他型号，实现本次质量问题及解决措施进行总结升华，从而防止同类事件发生。

对于管理归零工作，过程清楚是前提，责任明确是关键，措施落实是手段，严肃处理是核心，完善规章是延伸。对于技术归零工作，定位准确是前提，机理清楚是关键，问题复现是手段，措施有效是核心，举一反三是延伸。“归零五条”之间的关系如图 7-10 所示。

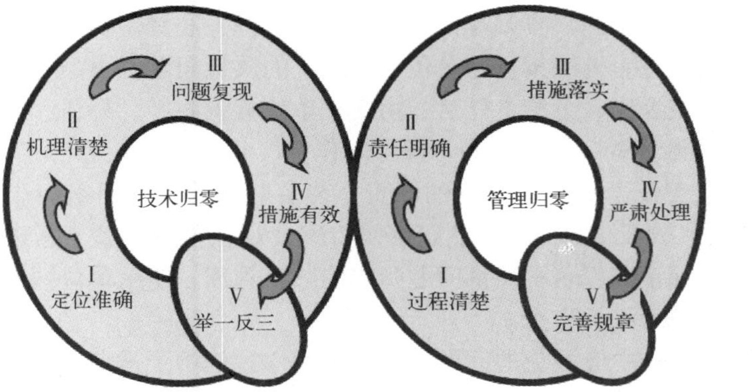

图 7-10 “归零五条”之间的关系

（二）质量问题归零实施

1. 质量问题归零实施流程

（1）查明问题的发生过程和责任。

- 责任单位行政正职应及时组织有关人员查明问题产生的过程，分析原因，查找管理上的薄弱环节或漏洞，并确定相关人员应承担的责任；
- 对由几个单位共同完成的任务，管理归零工作由提供最终任务的单位负责组织，并分解到有关单位共同做好归零工作。

（2）采取措施和完善规章。

- 针对管理上的薄弱环节或漏洞，对相应管理环节采取纠正措施和预防措施；
- 凡属于质量管理体系要求或规章制度不健全的问题，补充和完善相关的规章制度。

（3）对问题的处理。

- 对造成质量问题的管理上的原因应严肃对待，从中吸取教训，特别应加强人员的思想教育和制度的宣贯与培训；
- 对确属重复性质量问题和人为责任质量问题责任单位和责任人，以及弄虚作假、隐瞒不报的有关责任人，应按照责任和影响的大小，按规定给予批评教育、通报、离岗培训等行政和（或）经济处罚。

（4）完成管理归零报告。

- 管理归零报告由责任单位组织编写，要按照规范要求编写报告；
- 管理归零报告应由质量管理部门、质量监督代表和相关部门签署意见，经本单位主管副职审查、行政正职批准后上报；
- 对于同一类管理问题，可编写一份管理归零报告，但在报告中应说明是发生在哪些装备上。

2. 质量问题归零实施重点

（1）职责。研制生产单位应规定航天装备型号研制组织及职能部门实施“归零五条”的职责，型号总指挥负责领导和组织本型号的归零工作，型号设计师系统负责本型号设计质量问题的技术归零工作，技术归零报告由总师审批。生产单位工艺师系统负责装备生产质量问题的技术归零工作，总工程师审批技术归零报告。质量保证部门负责质量问题归零的归口管理。计划调度部门负责归零工作的计划、资源、经费落实。行政部门必要时对归零报告组织专家进行评审并决策。跨单位、跨系统的质量问题，由型号总指挥或总设计师组织有关单位，查找原因、分清责任后，由责任单位负责归零。外协、外购装备的质量问题，按“谁采购、谁负责”的原则进行归零工作。

装备使用单位实施“归零五条”的职责；装备归口管理部门组织装备使用单位按照“双五条归零标准”分析事故原因，制定修复方案，尽快恢复装备正常的技术状态，并保持相关记录。质量保证部门负责质量问题归零的归口管理。使用单位拟制技术和管理归零报告，技术部进行技术把关审查。

（2）“归零”工作中应避免的问题。在技术归零过程中要避免：把现象说明当作问题归零，把“上不上系统”当作“要不要归零”的标准，把故障定位当作机理分析，把故障保持当作问题复现，把纠正当作纠正措施，把故障剥离当作举一反三，把例外放行当作完成归零。

在管理归零过程中要避免：以技术概况代替过程清楚，以直接责任代替全部责任，以形式化、口号化措施代替管理上的具体措施，以经济处罚代替严肃处理。

思　考　题

1. 关键件、重要件、关键工序质量控制的主要思想是什么？
2. 推行 6S 管理的意义是什么？
3. 如何利用“双想”方法开展航天发射活动质量控制？
4. 试分析凝练航天发射领域质量归零流程。

第八章　航天装备质量评价与改进方法技术

航天装备质量评价与改进是航天装备质量控制的重要环节，也是提升航天装备管理水平的重要手段。航天装备质量评价是通过相关的评价准则、方法衡量质量管理体系是否达到管理者所期待的能力水平，科学、量化地认识航天装备质量管理体系的完善程度和薄弱环节；航天装备质量改进是继评价之后，针对航天装备质量管理体系存在的不足、薄弱环节，改进航天装备质量管理体系的过程。本章从航天装备质量评价与改进的概念内涵出发，明确评价与改进的实施流程，介绍航天装备质量评价与改进的方法体系，并选取技术成熟度评价、顾客满意度评价、制造成熟度评价、质量改进（QC）小组等方法，介绍不同航天装备质量评价与改进方法技术的理念、适用范围以及主要内容流程，为航天装备质量评价与改进实践提供方法指导。

第一节　航天装备质量评价与改进方法概述

一、航天装备质量评价与改进的内涵

（一）航天装备质量评价内涵

1. 基本概念

航天装备质量评价，又称航天装备质量管理体系评价，是针对建立航天装备质量管理体系自我完善和持续改进机制，提高质量管理体系运行有效性的需求，借鉴国内外各类质量管理评价的模式和方法，结合航天任务组织管理以及质量管理体系建设的特点，研究提出的创新性的航天质量管理体系评估的模式、方法和工作机制，建立反映航天质量管理特点、规律和要求的覆盖质量管理体系运行过程与结果的评估模型和评估准则，采用成熟度等级的定量化评价方法对评估要素和质量管理体系的成熟度等级进行判定，建立了组织内部分级实施的系统完整的质量管理体系评估机制，形成了完善的评估组织管理体系、系统的管理和技术文件体系以及健全的评估队伍体系。

质量管理体系评价的重点：一方面，评价装备和航天任务实现过程及其相关的管理过程、资源保护过程，分析和发现质量管理体系中的薄弱环节，总结质量管理体系建设的有效做法和成功经验；另一方面，关注在装备和航天任务质量、装备使用方满意程度和质量经济效益等方面质量管理体系的运行结果，尤其是体现“成功才是硬道理”的重要认识，把航天任务的结果作为最重要的评价内容，实施结果对过程具有否决作用的评价方式。

2. 基本流程

航天装备质量评价是一个复杂的过程，涉及多个方面，包括确定评价目标、建立评价指标体系、数据收集与量化、构建评价模型、确认评价结果、问题识别和提出改进建议

等，其评价流程如图 8-1 所示。

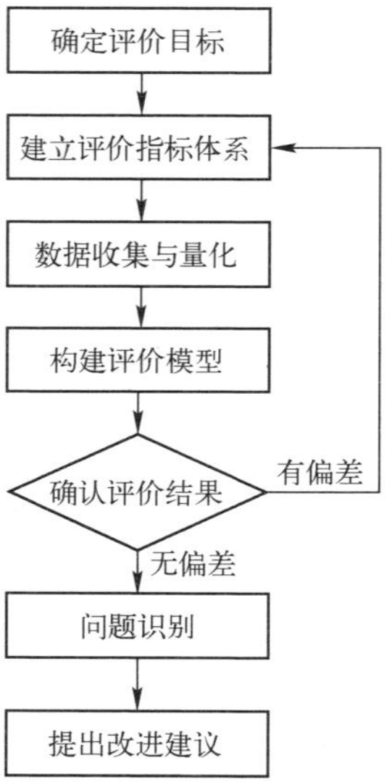

图 8-1　航天装备质量评价流程图

（1）确定评价目标。

确定评价目标是航天装备质量评价的第一步，是对评价过程要达到什么目的进行明确，是管理者在航天装备质量评价过程中所追求的具体目的和期望。只有确定了评价目标，评价实施者才能够按照目标对评价主体进行分析，因此，其是航天装备质量评价的起点。航天装备质量评价目标的确定需要满足装备生产者/使用者的需求和期望，需要涵盖装备或服务的功能、性能、可靠性、安全性等特性，需要与航天装备相关活动的战略目标相一致。同时，航天装备质量评价目标的确定需要具备可衡量性、明确具体性、持续改进性等特点。

（2）建立评价指标体系。

航天装备质量评价指标体系是开展评价的重要环节，是对评价目标的具体分解和细化。评价指标体系建立的好坏直接决定了评价结果的正确性，因此，在建立评价指标体系时，必须运用系统工程思维，将对评价目标产生影响的各种因素考虑在内，并按照定性指标和定量指标相结合的方式，构建能够全面反映评价目标的指标体系。同时，指标体系构建时，还需注意指标间的独立性，相关指标之间不可存在交叉重叠问题。

（3）数据收集与量化。

数据收集与量化是评价组织实施者根据所建立的评价指标体系，通过收集整理航天装备质量运行过程中所产生的相关数据，实现对指标数值的量化过程。由于评价指标体系中往往包含定性指标和定量指标，因此，在具体的实施过程中，需要组织人员针对不同的指标进行具体分析，特别是对定性指标的量化，要注意量化过程中人为主观意志的影响。

（4）构建评价模型。

评价模型是航天装备质量管理评价的主体，运用科学的模型方法实现评价指标聚拢的过程。在评价实施过程中，组织实施者根据所建立的评价指标体系，实现了对相关影响因素的分析和量化，但是，这些指标量化值是独立的，每个量化值只能表示评价目标在某一方面的表现。这就需要评价组织实施者根据评价对象的特殊性，选择一个科学、系统、简便的评价模型将所有的指标量化值进行聚拢，最终形成一个能够代表评价目标的结果。

（5）确认评价结果。

在评价指标体系、数据收集与量化、评价模型构建的基础上，评价组织实施者就可以通过相关的模型计算，获得目标评价的结果。这个结果应能够准确地反映出所评价对象的质量情况，如果感觉评价结果与现实运行过程中存在有偏差，或者与预测者不一致，那么需要评价组织实施者重新返回评价指标体系这一环节，对这个评价过程进行检查、调整。

（6）问题识别。

问题识别是评价组织实施者根据评价分析结果，对照航天装备质量运行实践，识别影响航天装备质量的问题，找出相关原因的过程。对于影响航天装备质量提升的相关工作或环节，要找出其问题症结，进而为后续开展质量改进提供支撑。

（7）提出改进建议。

提出改进建议主要是在问题识别的基础上，以提升航天装备质量水平为目标，提出一些切实可行的整改建议和措施。该过程是航天装备质量评价的最终目的，是提升航天装备质量水平的直接手段和方法。

（二）航天装备质量改进内涵

1. 基本概念

ISO 9000:2015 对质量改进的定义是：质量改进是质量管理的一部分，致力于增强满足质量要求的能力。美国著名质量管理专家朱兰博士，在欧洲质量管理组织第 30 届年会上发表的《总体质量规划》论文中指出：质量改进是使效果达到前所未有的水平的突破过程。质量改进的对象是本书中所叙述的“广义质量”：不仅包括产品（或服务）、体系以及与它有关的过程、方法，还包括团队的质量、环境质量和工作质量等。为确保有“突破性”的效果、效率或可追溯性，组织应注意识别需改进的项目及其关键质量要求，并考虑改进所需的过程、资源，以增强组织体系或过程的能力。航天装备质量改进方式一般分为两种：一种方式是通过质量计划活动来实现的，是对装备特性的改进，进而增进装备使用方的满意。另一种方式就是通过揭示产生缺陷的原因，并采取措施，减少浪费和消除装备使用方的不满。

目前，世界各国均重视质量改进的实施策略，方法各不相同。美国麻省理工学院的罗伯特·海斯（Robert Hayes）教授将其归纳为两种类型：一种称为“递增型”策略，另一种称为“跳跃型”策略。它们在质量改进阶段的划分以及改进的目标效益值的确定两个方面有所不同。这两种质量改进模型的特点和优缺点，如表 8-1 所列。

表 8-1　两种质量改进模型的特点和优缺点

改进的类型	特点	优点	缺点
递增型质量改进	改进步伐小，改进频繁。最重要的是每天、每月、每年都要改进各方面的工作。即使改进的步子很微小，但可以保证无止境地改进	将质量改进列入日常的工作计划中，保证改进工作不间断地进行。由于改进的目标不高，课题不受限制。所以具有广泛的群众基础，可以达到“汇集涓涓细流成大海”的效果	缺乏计划性，力量分散，所以不适用重大的质量改进项目

续表

改进的类型	特点	优点	缺点
跳跃型质量改进	两次质量改进的时间间隔较长，改进的目标值较高，而且每次改进均须投入较大的力量。需组织的领导者做出重要的决定，集中最佳的人力、物力和时间	能够迈出相当大的步子，成效较大	不具有“经常性”的特征，难以养成在日常工作中“不断改进”的观念

2. 基本流程

质量改进是质量管理的一项非常重要的内容，贯穿于产品或服务形成的全过程，存在于任何过程和活动中，一般包含确定改进对象、掌握运行现状、调查原因、拟定对策实施改进、确认效果、总结经验、保持成果等过程。质量改进的基本流程如图 8-2 所示。

（1）确定改进对象。

航天装备质量管理融入装备全寿命各个阶段，涉及的组织、过程及项目众多，因此，在改进之前，首先，对改进的对象进行明确；其次，由于管理活动中，不同的阶段、不同的部门、不同的过程对质量的影响也不尽相同，因此，要选取对质量影响较大的对象或者项目进行改进；最后，由于受人力、物力、财力和实践的限制，在改进过程中，不可能对所有项目实施改进或同步实施改进，因此，在改进开始时，需要对改进的对象进行选取、排序。

（2）掌握运行现状。

确定改进对象后，管理者需要对改进对象的运行现状进行了解、分析。首先，熟悉改进对象的整体运行情况，分析出在整个运行过程中质量波动较大的点、工序、流程等，这些必然是对质量影响较大的影响因素，也是质量改进的重点部位和环境。其次，在对改进对象现状进行了解掌握时，不能仅从目前运行的角度进行分析观察，还要从时间、地点、种类、特征四个维度对其进行分析。即要从不同的时间点区分析项目，从不同的部位、地点分析项目，从不同的种类、角度、等级、标准看项目，从不同的特性、形状、症状区分析项目。

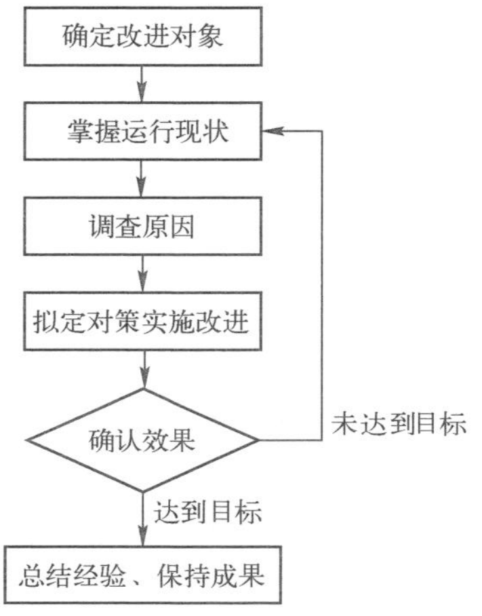

图 8-2　航天装备质量改进流程图

（3）调查原因。

调查原因，主要是在项目掌握分析的基础上，找出影响航天装备质量产生的原因，并对相关的原因进行分析，找出主要原因和次要原因，并确定问题和原因之间的因果关系。这一环节是航天装备质量改进的重要环节，直接决定了质量改进的成败。对原因的调查一般是通过收集信息、寻找原因、划分主要原因、确定主要原因等环节开展的。收集信息主要是对可能影响质量的原因信息进行收集，整理和分析；寻找原因主要是通过信息收集，并通过因果图等形式确定产生的所有原因；划分主要原因主要是根据掌握的信息去除已经确认的无关因素，并对因果图进行修订；确定主要原因主要是结合划分的主要原因，进行新的数据和证据收集，最终确定对质量影响的主要原因。

（4）拟定对策实施改进。

拟定对策实施改进是航天装备质量改进的主要环节，是在原因分析的基础上，结合组织的实际情况，针对性地拟定具体的对策措施。对策措施一般包含两种：纠正措施和预防措施。纠正措施主要是对产生质量问题的原因进行纠正、调整，进而解决质量问题；预防措施主要是在消除问题产生原因的基础上，提出相关的措施办法预防相关问题再次发生。同时，在拟定对策实施改进的过程中一定要注意：拟制的相关对策一定不能引起其他问题，确保不会产生连锁反应。这就要求改进实施者在提出改进措施时要运用系统的思维解决问题，同时要针对性地从多个对策方案中选择最优、最合理的方案措施。

（5）确认效果。

确认效果是一个判断过程，是在改进组织将相关对策措施付诸实际之后，通过数据的收集整理，对对策措施实施后的效果进行总结分析，进而对比、判断、评估所实施的对策措施是否实现了改进的既定目标。如果效果没有达到预定的改进目标，则可能在掌握运行现状、调查原因及拟制对策实施改进等阶段出现了偏差，需要管理者退回到掌握运行现状阶段，重新进行分析、判断并拟制对策措施。

（6）总结经验、保持成果。

总结经验、保持成果是航天装备质量改进的最后阶段，是经验总结、举一反三的阶段。该阶段主要是对效果满足目标值的对策措施进行梳理、总结凝练的过程，通过该阶段可将相关的措施转化为流程和步骤，确保相关的成果能够凝练固化下去，进而转化为标准的细则和规范，指导后续的工作。

二、航天装备质量评价与改进方法体系

（一）航天装备质量评价方法体系

航天装备质量评价方法是评估工作的重要手段，是评价科学与否的重要保证。主要是按照有关评估细则和评估指标体系，对单位质量管理过程中的文件资料审查、分析，质量管理任务完成情况，质量效益情况进行自评估和现场评估，进而判定航天装备质量管理情况结果的过程。航天装备质量评价方法实施的最终目标是查找、分析航天装备质量管理体系运行过程中的问题和薄弱环节，总结和推广体系运行过程中的优秀实践经验、先进工具方法，进而实现“以评促建”的目的。目前，随着航天装备质量理论与实践的创新发展，涌现出多种航天装备质量评价的方法，如技术成熟度评价、制造成熟度评价、产品成熟度评价、顾客满意度评价、星级现场评价、质量管理体系评估等方法。

1. 技术成熟度评价

技术成熟度是指某项技术在某个领域、某个时间节点达到的成熟状态，也就是技术经过研究、开发、验证和应用所达到的成熟状态的程度。技术成熟度按照技术载体形态可分为硬件技术成熟度、软件技术成熟度和制造技术成熟度。

技术成熟度适用于航天装备预研、论证、工程研制和使用，开展技术成熟度评价可以支持预先研究等方面的技术创新成果的正确性和可用性的评估，规范化地实施新技术、新工艺的选用和控制工作，识别出关键技术项目及其潜在的技术风险。

2. 制造成熟度评价

制造成熟度是装备制造（生产）能力满足预期的装备生产目标的程度。制造成熟度等

级是用于衡量制造成熟度的尺度，要求在可接受的成本限制条件下具备生产可靠的装备及其各组成部分的能力。

制造成熟度评价主要用于评价装备的制造准备程度、某项技术潜在制造工艺的成熟度及识别制造过程中潜在的风险区域，确保快速、稳定地实现装备的生产。

3. 产品成熟度评价

产品成熟度是依据产品的设计、生产、试验和应用情况，对其质量与可靠性以及可应用程度的度量。产品成熟度等级用于衡量产品成熟度的尺度。

产品成熟度评价适用于航天单机产品（航天器或运载火箭的组成部分）的成熟度评价。

4. 顾客满意度评价

顾客满意度评价是组织为了解顾客对其提供的产品的满意程度，策划和设计获取顾客满意信息的程序，实施调查、计算并分析顾客满意结果的过程。

顾客满意度评价适用于产品和服务或组织的顾客满意度评价，也可以用于承制单位组织、顾客方组织和受委托的第三方评价机构实施的顾客满意度评价工作。

5. 星级现场评价

现场管理是指用科学的管理制度、标准和方法对装备生产/使用现场各要素，包括人（岗位人员和管理人员）、机（设备、工具、工位器具、工装夹具）、料（原材料、辅料）、法（加工、检测方法）、环（环境）、信（信息）等进行合理有效的计划、组织、协调、控制和检测，使其处于良好的结合状态，达到优质、高效、安全的目的。星级评价是对生产/使用现场按三星级、四星级和五星级 3 个等级进行评价。星级现场评价适用于集团公司下属研制单位的生产现场及航天任务现场管理，包括加工、装配、调试、试验、发射等现场管理星级评价工作。

6. 质量管理体系评估

质量管理体系评估是针对建立质量管理体系自我完善和持续改进机制，提高质量管理体系运行有效性的需求，借鉴包括卓越绩效模式评价、麦肯锡质量管理成熟度评价、日本科技联盟质量管理体系评价等国内外质量评价的模式和方法，结合航天装备建设及使用单位工作职责和质量管理体系建设的特点，提出创新性的航天质量管理体系评估模式、方法和工作机制，建立反映航天质量管理特点、规律和要求的覆盖质量管理体系运行过程和结果的评估模型和评估准则。采用成熟度等级的定量化评价方法对评估要素和质量管理体系的成熟度等级进行判定，建立分级实施的系统完整的质量管理体系评估机制，形成完善的评估组织管理体系、系统的管理和技术文件体系以及健全的评估队伍体系。质量管理体系评估适用于航天装备建设与使用相关单位质量管理体系评估。

（二）航天装备质量改进方法体系

航天装备质量改进方法是通过在以往和现有信息分析结果的基础上，制定相关的改进措施和手段，进而实现改进航天装备质量性能的方法。相关方法往往不是一次性的活动，而是持续和循环的过程，也就是说航天装备质量改进方法是一个长期的、不间断的、一个阶段接着一个阶段的活动过程。通过持续改进才会使顾客日益增长的要求和期望得到满足，才能不断开发出降低质量成本的途径，获得质量经济效益。目前，应用于航天装备领域的质量改进方法相对比较多，常用的方法有以问题为导向的产品质量分析、持续改善、QC小组等。

1. 以问题为导向的产品质量分析

以问题为导向的产品质量分析是指质量问题发生后或对一定时期内某类装备发生的质量问题，通过对装备及其结构、使用和技术条件、装备研制过程等进行系统的研究，以确定问题原因，识别薄弱环节、明确纠正措施和实施质量改进的过程。该方法适用于承担航天型号研制生产和使用任务的各级单位，在装备全寿命周期开展以问题为导向的质量分析工作。

2. 持续改善

持续改善方法是指逐渐、连续地增加改善。持续改善被作为系统层面的一部分来加以应用并进行改进。通过流动和拉式系统来改进进度、流程的灵活性和对顾客的响应速度，改善活动从头到尾地改进了业务进程。持续改善方法适用于装备建设与使用全流程的持续改进，通常适用于航天领域。

第二节　技术成熟度评价

一、基本概念

（一）成熟度

“成熟”通常表示一件事物发展到其可能的最佳发展状态，“成熟度”则表示一件事物在其生命周期内可以发展到的成熟的程度或状态，“模型”可以作为一种将概念表征为逻辑结构的工具，能用来展示事物发展过程中的不同阶段、发展路径、变化或进度情况等。由此，“成熟度模型”可以作为一种评估成熟度的工具和方法，它可以提供开展成熟度评价的指标体系、工作过程、评价方法等系统内容，也能帮助各类组织度量和改进提升自身管理水平。最早的成熟度理论，是 Crosby 于 1979 在其《*Quality is Free*》一书中提出的，也就是“质量管理成熟度方格”，用 5 个方格来代表组织不同的质量管理水平。1987 年，美国卡内基·梅隆大学软件工程研究所在此基础上将成熟度通过等级的概念进行传达，提出了基于软件过程的成熟度模型（capability maturity model，CMM），获得管理领域广泛认可。在此后的研究中，各国各领域的研究者主要以 CMM 为基础，结合各自研究的实际情况和特点，对成熟度模型进行修正，从而构建了不同领域不同内容的成熟度模型。不同的成熟度模型，均可作为相应组织相应活动用来改进或评估自身管理水平的工具方法，均描述了事物从完全无序到逐渐成熟的管理过程，其模型基本构成可以概括为三部分，如图 8-3 所示。

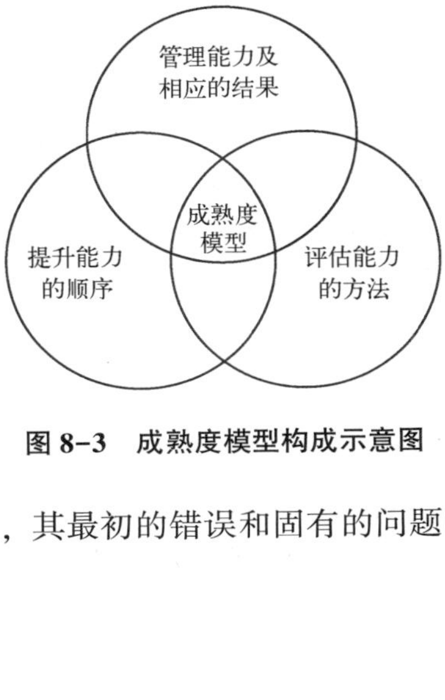

图 8-3　成熟度模型构成示意图

（二）技术成熟度

所谓成熟技术，是指该技术经过一段时间的使用验证，其最初的错误和固有的问题已经通过进一步开发被消除或降低。通常，按照技术载体形态，技术分为硬件技术、软件技术和制造技术。因此，技术成熟度按照技术载体形态可分为硬件技术成熟度、软件技术成熟度和制造技术成熟度。

为了衡量技术成熟度，技术成熟度等级的概念被提出，这是一套度量技术成熟度的标准，是一种用于评定开发中的技术（如模型、材料、工艺、设备等）成熟度所使用的度量标尺。我国航天装备技术成熟度分为 9 个等级，如表 8-2 所列。

表 8-2 我国航天装备技术成熟度等级

技术成熟度等级	定义
1	发现并报道了基本原理
2	已确定技术方案和/或应用
3	方案的关键功能、特性通过了分析与试验证实
4	部件或功能试验模型在实验室环境下得到确认
5	部件或功能试验模型在相关环境下得到确认
6	系统或分系统的模型或样机在使用环境中（地面或空间）得到验证
7	系统样机在使用环境中得到验证
8	真实系统已完成，并通过试验与演示的鉴定
9	实际系统通过了多次成功执行任务（地面或空间）的证明

（三）技术成熟度评价

技术成熟度评价（technology maturity assessment，TMA）是一个系统性的评价过程，是为了确定技术成熟度等级而考查项目的技术设计水平、技术实施能力、技术成果应用、技术风险评估以及技术支持能力的活动。技术成熟度评价是确定航天装备关键技术成熟度的评价过程，一般是通过对关键技术项目成熟度有关的数据和信息进行评价分析，确定这些技术当前已发展到什么样的等级。其最终结果通常是形成一份技术成熟度评价报告。

二、适用范围

技术成熟度评价方法是航天装备质量评价中常用的评价方法，其常用于航天装备预研、论证、工程研制和使用过程中，为技术管理决策提供支持。在航天装备预研、论证阶段主要借助技术成熟度评价确定新技术应用于航天装备的可行性；在航天装备工程研制阶段主要用于新技术、新工艺的选用和控制过程以及对技术风险的管控过程；在航天装备使用阶段主要用于采用新技术、新方法开展装备维护、修理、保障等活动的可行性和风险性判定。

三、主要内容

（一）评价准备

评价准备阶段是技术成熟度评价的起点，是做好技术成熟度评价工作所做的各项准备活动。技术成熟度评价准备阶段主要开展评价目标确定、评价组织确定、评价要求确定等工作。其中，评价目标确定主要是评价组织方对要开展评价的关键技术进行确定、明确的过程。评价组织确定主要是成立评价领导工作组织、评价专家组等机构。其中，评价专家组应由评价组织方确定，相关专家一般由独立于被评价方的同行专家组成，评价专家组组长应由该领域内具有扎实专业理论知识和丰富工程经验的专家担任，评价专家组成员应承担保守评价技术秘密的责任。评价要求确定主要是对开展评价工作的具体要求进行明确，如实施计划、评价流程等。

评价准备阶段一般需要召开评价准备会议，该会议一般由三方人员组成，包括相关部门（论证或研制单位科研管理部门、装备总体单位等）代表、评价专家组成员、被评价方的项目负责人和技术负责人等。在此过程中，被评价方一般需要准备被评价技术的资料及清单。

评价准备会议主要内容的一般流程如下。

1. 介绍会议基本情况

评价准备会议首先需要由评价组织方向与会人员介绍会议的基本情况，如此次评价准备会议的目的、原则、技术项目、要求等；随后，评价组织方宣布评价专家组的组成及职责，并确定评价专家组组长，经所有人员同意后，宣布评价专家组的最终组成。

2. 介绍评价流程

该过程是在评价专家组组长和成员确定后，向与会人员介绍此次技术成熟度评价的具体标准、实施流程、评价方法以及相关注意事项。

3. 与会人员交流

该过程主要是评价专家组与评价组织方、被评价方进行沟通，对评价细则的理解、评价时间的安排、关注重点等达成一致意见。

4. 文件资料确认

该过程主要是评价专家组根据评价的目标及评价的相关要求，对被评价技术的子技术及其备查技术文件清单进行确认，为后续现场评价奠定基础。

5. 宣布评价实施安排

结合前期与会人员交流情况以及文件资料确认情况，评价组织方对评价工作的具体实施安排进行调整优化，并最终宣布评价工作的具体实施安排。

结合评价准备会议最终形成的意见、要求以及实施安排，被评价方需要尽快按照要求做好现场评价准备工作。一是办理评价备查技术文件借阅手续，包括研究报告、试验报告及其他必要的分析、计算和相关信息资料等，备查技术文件对应每个技术成熟度等级提供相应的技术资料，为现场评价做好准备。资料、场所等方面的评价准备工作应符合有关保密要求。二是根据与评价专家组的沟通情况，可依据技术成熟度评价细则开展子技术的技术成熟度自评，填写“评价细则表”。

（二）现场评价

现场评价一般分为评价工作首次会议、资料查阅问询、形成评价结论、评价工作末次会议 4 个阶段。

1. 评价工作首次会议

评价工作首次会议主要由评价专家组组长主持召开。首先，宣布评价的子技术、要求、评价专家组成员以及评价实施计划安排；其次，被评价单位介绍技术在预研和/或论证、工程研制中的相关情况，包括原有的技术储备、相关理论原理的掌握情况、技术攻关、设计应用、样机制造、研试和设计文件、试验验证、技术状态控制、质量问题归零、技术评审的结论以及相关证据材料等，并结合填写的“评价细则表”说明自评意见。

2. 资料查阅问询

在评价工作首次会议之后进入资料查阅问询阶段，这一阶段主要是评价专家，依据技术成熟度等级评价细则，通过查阅相关资料、向被评价方技术人员询问和讨论等方式（必要时，进行科研、生产等现场考察）对每项子技术的每级的每项评价条目进行逐级、逐项的评价，填写“评价细则表”，对不能满足评价细则要求的情况如实反映在评价记录中。

3. 形成评价结论

形成评价结论阶段主要是评价专家组对被评价技术的各子技术进行讨论，深入分析技术原理是否真正掌握，判定该技术是否可以选用，确认技术分析和试验是否到位，发展技术攻关的瓶颈，给出技术成熟度等级，形成评价意见和结论。评价专家组按照该技术中子技术的最低等级作为该技术的技术成熟度等级的原则，确定其技术成熟度等级，形成评价结论和相关建议。评价专家填写“评价专家建议表”和“评价专家签署表”。同时，评价专家组将个别评价专家对多数评价专家的集体意见所持的保留意见详细记录并上报评价组织方。

4. 评价工作末次会议

评价结论形成之后，评价专家组要及时组织评价工作末次会议。该会议由评价专家组组长主持召开，主要向被评价方通告评价情况，包括评价结论、发现的薄弱环节和问题等。

（三）评价后工作

技术成熟度评价之后，评价专家组要及时编写《技术成熟度评价报告》，并向评价组织方汇报评价工作情况、评价结论和相关建议。评价组织方组织审查评价报告，复议评价专家组中个别专家的保留意见，审查确认评价结论和相关建议。评价报告通过审查后，发送至被评价方及装备总体单位，必要时送达被评价方的上级主管部门。被评价方完成技术成熟度评价文档（评价文件清单、评价细则、现场记录、评价专家意见签署表和评价报告等）的归档工作。被评价方落实评价意见和建议，对未达到等级要求的技术，制定针对性提升计划。评价组织方组织检查意见建议落实的情况，跟踪被评价方对提升技术成熟度计划的实施情况。

第三节　顾客满意度评价

一、基本概念

1. 顾客

顾客是指能够或实际接受为其提供的，或按其要求提供的产品或服务的个人或组织。

对于航天装备来说，其顾客一般可分为 4 类：装备使用单位、订货方装备主管部门、军事代表机构和上一层级装备研制单位。

2. 顾客满意度

顾客满意是指顾客对其期望已被满足程度的感受。航天装备顾客满意是指航天装备使用单位对装备质量特性的形成、保持和恢复等过程，以及装备性能满足规定或预期要求的程度的判定和认可程度。航天装备顾客满意度就是对这种满意程度的系统、量化的描述。规定要求主要是指研制总要求、合同或协议等明示的要求，预期要求包括一些公认的、装备必须包含的、不一定在合同任务书中写明的隐含要求，以及用户关注的承制单位必须履行的其他要求。

3. 顾客满意度评价

航天装备顾客满意度评价是指航天装备研制单位为了解装备使用方对其提供的装备的满意度，策划和设计获取顾客满意信息的程序，实施调查，计算并分析顾客满意结果的过程。航天装备顾客满意度评价工作的组织方应根据型号和装备的特点与具体情况，选择适宜的评价方法，必要时可在本评价准则基础上增加、细化评价内容，以确保评价过程和评价结果有效。评价准则不使用条款就可进行适当裁剪。

二、适用范围

航天装备顾客满意度评价适用于装备使用方满意度评价，也可以用于承制单位组织、装备使用方组织和受委托的第三方评价机构实施的顾客满意度评价工作。

三、主要内容

（一）顾客满意度评价模型

装备顾客满意度评价模型分为输入层、评价层和输出层三个层次。

1. 输入层

输入层主要是为模型提供信息输入，根据使用方、订货方装备主管部门、军事代表机构和上一层级装备研制单位四种顾客对装备全寿命各个阶段所关注的重点为模型提供输入信息。

（1）使用方。

使用方是装备最终使用者，是直接操作、使用、维护装备的直接顾客。因此，其重点关注装备的好用度、操作性、维修性、环境适应性等基本状态信息以及装备性能是否能满足航天任务需求。

（2）订货方装备主管部门。

订货方装备主管部门是装备购置者，是航天装备的直接购买顾客。因此，其重点关注装备研制生产过程的进度和交货期、所选用新技术是否进行了技术成熟度评价、转阶段和出厂评审情况、重大质量问题归零、沟通、交付后战技指标和质量特性指标的实现情况以及航天装备的经济性等方面。

（3）军事代表机构。

军事代表机构是装备购置的监督者和执行者，因此，其除了关注订货方装备主管部门关注的内容，还重点关注航天装备研制生产过程中技术状态控制情况、装备性能达标情况、装备研制进度控制情况以及装备服务保障过程和结果等内容。

（4）上一层级装备研制单位。

装备的研制生产通常由多个层级、多个单位共同完成，上一层级单位就是下一层级单位的顾客。因此，其重点关注装备的下一层级装备的技术、质量、进度、服务保障等方面。

2. 评价层

评价层是开展满意度评价的过程，主要根据评价的标准、要求以及各种信息开展评价。评价层主要由过程类和结果类两个大的评价模块组成，每个评价模块由若干子模块组成。过程类评价模块是指装备使用方对研制、生产、服务等过程形成结果的期望以及判定和认可程度，是针对结果的满意程度的评价，主要包括技术、质量、进度、人员、其他资源（包括经费、设施设备等）、信息沟通、服务保障 7 个子模块。结果类评价模块包括战技指标、质量指标、交货期、经济性共 4 个子模块。

3. 输出层

输出层则是根据评价层所得出的信息确定顾客的满意度，在顾客满意度的基础上集成得到的顾客满意度指数，还包括通过评价了解的以及研制、生产、服务过程和结果中存在的问题和差距。

装备顾客满意度评价模型如图 8-4 所示。

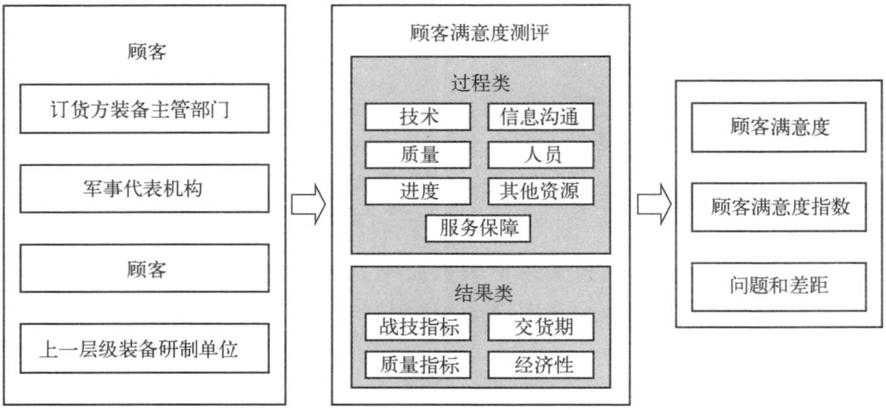

图 8-4 装备顾客满意度评价模型

（二）顾客满意度评价程序

1. 评价准备阶段

顾客满意度评价前首先需要根据评价内容做好准备工作。一是结合装备科研生产计划制订评价计划，确保评价与任务相结合、相协调。二是以型号为主线，明确评价相关部门和人员的职责与分工，如顾客满意度测评工作的实施、顾客满意度信息获取、顾客满意度测评的分析由谁实施和如何实施。三是对顾客进行明确分类，即明确填写“用户满意度测评表”的对象。四是选取、确定顾客满意度评价方法，以及各类顾客的测评准则。五是明确各型号针对各类顾客满意度调查的频次、时机、方式和要求。

2. 评价实施阶段

评价实施阶段主要是根据前期制订的评价计划，按步骤开展评价。一是按计划的节点、时机、方式和要求，向各类顾客及时发放“用户满意度测评表”，收集各类顾客满意度信息。二是组织或指导顾客成立顾客代表小组，集中讨论确定对其测评的顾客测评的满意度等级，填写“用户满意度测评表”；需要注意：最终提交给评价组织方的测评表必须经相关顾客组织盖章认可。三是回收“用户满意度测评表”，由相关人员汇总统计不同顾客的满意度，进而确定顾客满意度分值。四是采用不同的方法对多个型号的顾客满意度进行集成计算，最终得出承制单位的顾客满意度指数。

3. 评价总结阶段

评价总结阶段主要根据最终得出的满意度结果，开展分析和整改。该过程主要是分析顾客满意和不满意的地方，对于满意的地方要继续坚持，对于不满意的部分可在与顾客进行深入沟通了解后，及时分析自身存在的问题，形成相关的整改意见和建议，编写形成“用户满意度测评报告”，并在后续的工作中进行改进和调整。

第四节 质量改进小组

一、基本概念

（一）质量改进小组的定义

质量改进小组（QC 小组），是指在生产或使用工作岗位上从事各种劳动的人员，围绕组织的经营战略、方针目标和现场存在的问题，以改进质量、降低消耗、提高人员的素质和经济效益为目的组织起来，运用质量管理的理论和方法开展活动的小组。这个概念包含了 4 层含义：①QC 小组活动秉承“全员参与”的质量管理基本原则，参与人员可以是组织内任何人，如高层领导、一般管理者、技术人员、岗位操作人员等。而且，由于航天装备质量管理应该覆盖装备全寿命周期，从装备论证研制到使用单位的人员可以突破行政组织的范围，跨行政组织组成 QC 小组，使用单位的人员可以将装备使用过程中的问题反馈给论证研制单位的人员，共同解决、改进装备问题。②QC 小组活动选择的课题是广泛的，可以围绕组织的经营战略、方针目标和现场存在的任何技术上或管理上的问题。③小组活动的目的是提高人员的素质，充分发挥人员的积极性和创造性，实施改进质量、降低消耗、提高经济效益。④小组活动强调让数据说话，强调运用质量管理的理论和方法，突出科学性。不使用质量管理的理论和方法的小组，不能称为 QC 小组，或者说该项活动不具有科学性。

（二）QC 小组的基本原则

1. 全员参与

组织内部的全体员工自愿加入、积极参与群众性质量管理活动，小组活动过程中应充分发挥每位成员的积极性和创造性。

2. 持续改进

为提高员工队伍素质，提升组织管理水平，质量管理小组应坚持不懈地开展质量改进和创新活动。

3. 遵循 PDCA 循环

为持续、有效地开展活动并实现目标，质量管理小组活动遵循策划（P）、实施（D）、检查（C）、处置（A）的程序（也称 PDCA 循环），开展活动。

4. 基于客观事实

质量管理小组活动过程应基于数据、信息等客观事实进行调查、分析、评价与决策。

5. 应用统计方法

质量管理小组活动中应适宜、正确地应用统计方法，对收集的数据和信息进行整理、分析、验证，并作出结论。

质量管理小组活动基本原则示意图如图 8-5 所示。

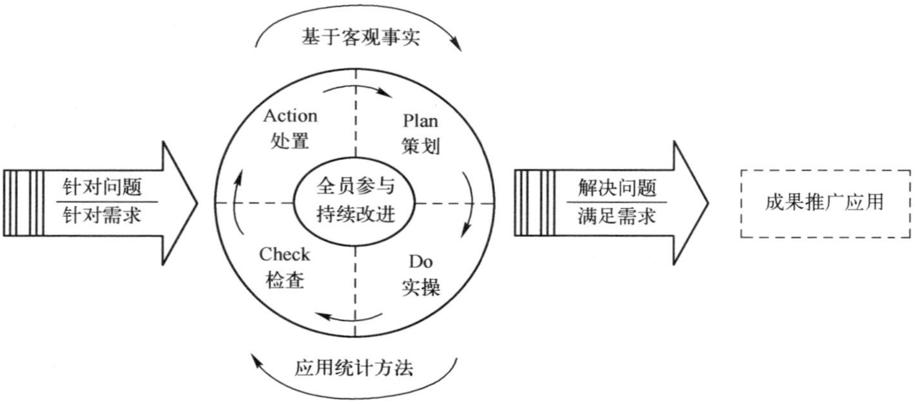

图 8-5　质量管理小组活动基本原则示意图

二、适用范围

QC 小组是各类组织中群众性质量管理活动的一种有效的组织形式，根据活动课题涉及的范围，自下而上或上下结合组建的群众性组织，带有非正式组织的特性，适用于解决现场身边的问题、现场感到困难的问题，或遵循组织愿景或质量方针的选题。

三、主要内容

QC 小组活动程序应严格按照 PDCA 循环模式，包含活动策划（P）、实施（D）、检查（C）、处置（A）四个阶段，选择课题、现状调查、设定目标、分析原因、确定主要原因、制定对策、实施对策、检查效果、制定巩固措施、总结和打算十个步骤，并将分析出的本轮活动的不足和改进措施作为下一轮 QC 小组活动的输入，不断提高 QC 小组活动的质量。其中问题解决型课题的活动程序与创新型课题的活动程序略有不同，具体如图 8-6 和图 8-7 所示。

QC 小组活动时要注重各种质量管理工具的运用，提高活动的科学性，在 QC 小组活动的十个步骤中，可采用的质量管理工具方法如表 8-3 所列。

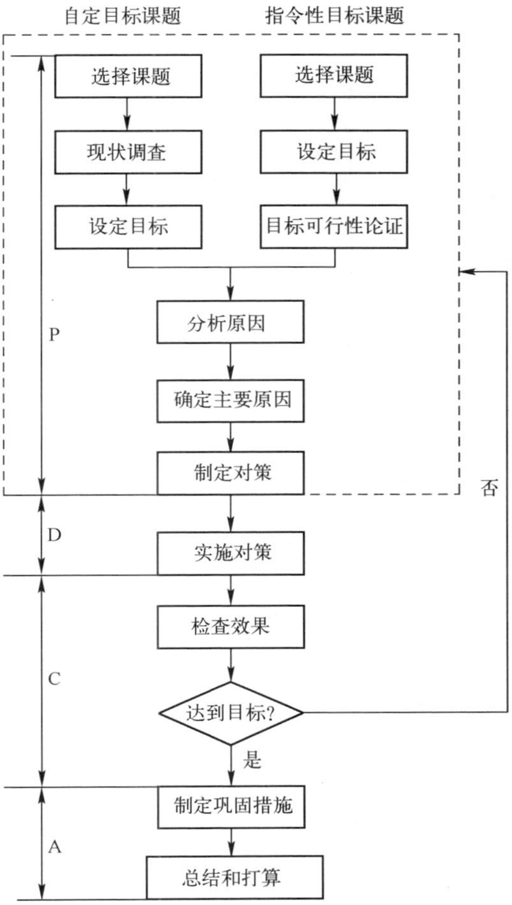

图 8-6 问题解决型课题的活动程序

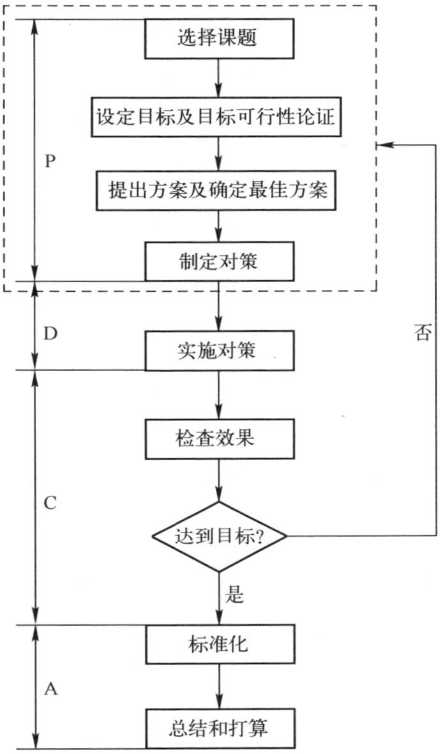

图 8-7 创新型课题的活动程序

表 8-3 QC 小组活动各步骤中质量管理工具方法

序号	活动程序	1	2	3	4	5	6	7	8	9	10	11	12	13	14	15	16	17	18	19
		分层法	调查表	排列图	头脑风暴法	亲和图	因果图	树图	关联图	水平对比法	流程图	PDPC法	简易图表	直方图	散布图	控制图	优选法	正交试验设计法	矩阵图	箭条图
1	选择课题	●	●	●	○	○				○	○		●		○	○			○	
2	现状调查★	●	●	●						○	○		●	○	○	○				
3	设定目标		○							●			●							
4	目标可行性验证☆	●	●	●						○	○		●	○	○	○				
5	分析原因				○		●	●	●											
6	确定主要原因		○										●		●					
7	制定对策	○			○	○		○			○	○	○	○			○	○	○	○

续表

序号	活动程序	1	2	3	4	5	6	7	8	9	10	11	12	13	14	15	16	17	18	19
		分层法	调查表	排列图	头脑风暴法	亲和图	因果图	树图	关联图	水平对比法	流程图	PDPC法	简易图表	直方图	散布图	控制图	优选法	正交试验设计法	矩阵图	箭条图
8	实施对策																			
9	检查效果	●	○	●						○			●	○		○				
10	制定巩固措施		○								○		●			○				
11	总结和打算	○	○							○			●							

注：1. ★适用于自定目标课题；☆适用于指令性目标课题；●表示经常用；○表示可用。
2. 简易图表包括折线图、柱状图、饼分图、甘特图、雷达图。

（一）选择课题

1. 选题来源

QC 小组活动课题的来源一般有三个方面：

一是指令性课题，即上级部门根据实际工作中存在的迫切需要解决的问题（如航天发射场设备质量特性的远程监控问题），作为一项必须限期完成的任务，以行政指令的形式向 QC 小组下达的课题。此类课题作为指令性任务下达到 QC 小组，就是上级部门认为该小组有解决此课题的能力，而且在资金、活动时间、需与外部的协调等方面都会得到领导的大力支持。因此小组在接到指令性课题后，应全力以赴，完成上级下达的任务，把问题解决。

二是指导性课题，是由组织顶层部门根据其实现发展战略、方针目标、使命愿景、装备文化等的需要，把其中的一些难点具体化为若干课题，并予以公布，供各 QC 小组选择，由小组根据自身优势和条件选择力所能及的课题开展活动（如部门发展规划、质量文化建设等），这是一种上下结合的选题方式。

三是自选性课题，指令性课题和指导性课题毕竟是少数，大多数的 QC 小组需要由小组自己来选择课题，即由小组成员在工作中发现的存在并需要改进的问题（如技术问题、管理问题），并通过集思广益、树立问题意识和改进意识等方法，提出适合 QC 小组解决的研究课题。

2. 命题原则

QC 小组课题选择应把握四个原则：

一是课题宜小不宜大。尤其是没有经验可循的时候，应尽量选择能解决具体问题的课题。所谓小，就是指目前存在的影响质量、工作效率或是造成消耗高的具体问题作为研究课题。例如：降低×××不合格率；缩短×××操作辅助工时；降低×××的成本等。所谓大，就是指课题所包含的内容庞大复杂，这种综合性课题需要达到的目标很多，涉及面很广，需要许多部门通力协作才能完成的研究课题。如通过 ISO 9001 或 GB/T 19001 标准的认证、×××工程奖等。课题选得小，一方面易于弄清现状，找出问题的症结，目标单一、针对性强，绝大部分的改进对策都能由小组成员自己来实施，因而能更好地发挥小组成员的创造性；另一方面课题涉及的面窄，易于在较短的时间内取得改进效果，而且小课题都是小组成员身边存在的问题，经过小组努力，取得的成果也是小组受益，因而能更好地发挥成员的积极性和创造性，更能增强成员的自信心和成就感。纵观国内外 QC 小组活动的课题，没有选择大课题的现象，此外，由于 QC 小组成果的发表时间要求在 15 分钟以内，因此对成果报告的篇幅就有了客观上的制约，而大课题不可能在这么短的时间内对小组所做的努力、克服的困难、科学的结论等方面做出详细的表达。

二是课题名称应直观易懂、切忌抽象。应直接以目的命题，如“提高××装备检校时间”“缩短火箭试验准备时间”“研制×××设备”等；建议采用三段式命题法：

××○○○△△

其中：××一般为动词，像“提高”“降低”“增加”“减少”“排除”“改善”等；○○○一般为要解决问题的对象，像任务、设备、工作、产品、过程、作业等的名称；△△一般为要解决的问题，像质量、效率、成本、故障、消耗等。

三是要做到采用数据，可以简洁、明了、充分地说明选题的目的和必要性。

四是避免使用口号作为课题的名称。课题名称应是能直观反映课题现状的，即问题严重到什么程度、差距有多大，能以特性值明确表达，这样才能制定明确的目标，有的放矢地进行改进。改进后有没有达到预定的要求，可以进行对比，以明确改进的有效性。例如，提高××装备检校质量，降低××装备试验成本，缩短××装备试验准备时间等。而有时小组为了让大家印象深刻和说明课题性质的重要程度，把课题“拔高”抽象起来，并加一些形容词或口号，例如“适应装备性能，提升航天任务能力”“标准在我心中，质量在我手中”等口号性的课题名称。这种口号式的课题名称大而空，缺乏基于具体内容的可比性，在小组活动过程中，难以把握具体方向，很难设定明确的目标，同时也就不能指定针对性很强的有效对策，这样会使小组成员产生困惑，无法充分发挥小组成员的潜能。

3. 课题类型

课题分为问题解决型和创新型两种。问题解决型课题主要解决目前岗位、现场、管理等存在的质量问题，如降低消耗、安全生产、提高效率和提高过程能力等，这类课题与小组的任务直接关联，能给小组带来直接的效果，因此，能得到上级部门的直接关注，从而给小组活动创造更好的外部环境；创新型课题是运用新的思维方式、创新的方法，开发新产品（新项目）、新方法，实现预期目标。对于航天装备运用和保障来讲，更多的 QC 小组采用问题解决型课题。

（二）现状调查

现状调查，旨在掌握要解决的问题的影响和严重程度。选题前，通过现状调查找出选题依据，选题后，通过现状调查找出影响课题的关键问题；并且，现状调查获得的信息，也可以作为设定目标的依据。现状调查在整个 QC 小组活动程序中起承上启下的作用，应注意：①用数据说话。用数据说话准确、可靠、具有客观性和可比性，容易使人信服。②对数据进行整理、分类和分层分析，找出影响课题的主要问题。③要调查当前或不久前的情况，不能调查远离当前时间的较早时间段的信息，避免调研的信息不能反映当前现状。现状调查主要包含两个基本任务：一是把握问题的现状；二是找出问题的症结。

一是把握问题的现状。QC 小组在课题选定后，必须弄清楚问题的严重程度，为此要对问题的现状进行全面、彻底的调查。只有将问题的现状彻底把握，才能制定小组的活动目标，以及明确从何处着手来解决问题。把握问题的现状可以从两个途径进行：一个途径是从统计报表中进行调查，一般情况下，装备都有完整的统计报表系统，如产量的统计表、效率的统计表、安全生产的统计表、物资消耗的统计表、单位成本的统计表等。我们可以从这些统计报表中获取所需要的数据资料，以此来把握问题的现状，弄清问题的严重程度。另一个途径是到现场进行实地调查，在某些情况下，从统计报表中还不能真正反映问题的全部情况，如某生产过程产生不合格品，从不合格品统计报表中得到的不合格品数据，只是不可修复的不合格品数据，把可修复的不合格品去除了，因此，该不合格品数据，就不能真实反映该过程的全面情况。要弄清该过程问题，就要求小组成员走出办公室，深入问题现场，实看、实测、实查、实量、实算，获得一手材料，掌握真实情况。

二是找出问题的症结。毛泽东同志在《矛盾论》中明确指出："任何一个过程如果有多数矛盾存在的话，其中必定有一种是主要的，起着领导、决定的作用，其他则处于次要和服从的地位。因此，研究任何过程，如果是存在着两个以上矛盾的复杂过程的话，就要全力找出它的主要矛盾，抓住了主要矛盾，一切问题就迎刃而解了。"我们所要解决的问题，往往是一个综合性的问题。比如要解决某零部件的不合格品率高的问题，而该零部件从原材料投入到生产出成品要经过许多道工序，每道工序都有可能产生不合格品，但并不是每道工序产生的不合格品一样多，有的工序可能产生较多的不合格品，有的工序则几乎不产生不合格品，而每道工序所产生不合格品的原因也是各不相同的，如果笼统地针对"某零部件不合格品率高"来分析原因，不但针对性差，而且往往会无从着手。为此，要解决该问题，就应首先找出它的主要矛盾。就要对每道工序所产生的不合格品进行统计，找出其中产生不合格品多的工序，把产生不合格品多的工序的问题解决了，则整个产品的不合格品率就会大幅下降。因此，不合格品多的工序存在的问题，就是某零部件不合格率高的主要问题，也就是问题的症结。找出问题症结的方法有分层法、排列图、调查表、简易图表、直方图、控制图、散布图、流程图和水平对比法等，其中最常用而且最行之有效的方法是分层法。分层法是按一定的标志，把收集到的大量有关某一特定主题的统计数据加以归类、整理和汇总的一种方法。一般情况下，可以按照操作人员、机器设备、作业方法、原材料、时间、测量检查、环境和缺陷等内容进行分层与分析，如果分层后的数据仍带有综合性，可以进行再分层，这样一层一层分析下去，直到找出问题的具体症结。同时，分层法也可与其他方法结合使用，如分层排列图、分层直方图、分层控制图等。

（三）设定目标

设定目标，旨在确认要把问题解决到什么程度，并用具体的目标值表示出来，为检查QC小组活动的效果提供依据。要注意以下几个问题。

1. 目标要与课题相对应

一般一个QC小组活动课题只设定1个目标，最多为2个，如果一个课题设定2个以上的目标，则必然分别以2个以上目标为中心进行活动，使解决问题的过程复杂化，而且往往会造成整个成果的逻辑性混乱。课题所要解决的问题应在目标中得到体现，如课题"降低设备误操作率"，设定目标就要明确现在是多少，降低到多少。

2. 目标要明确表示

设定的目标要尽可能量化，便于测量和检查。比如："改善服务质量，达到顾客满意"

就不明确，改善到什么程度、顾客满意到什么程度，都应有量化的目标。只有设定的目标是定量目标，通过活动或改进后与之比较，才能明确是否已经达到既定目的。

3. 设定的目标要有依据和可行性

设定目标在现状调查的基础上，还要用事实、数据说明设定这个目标值的理由，进行目标可行性论证，可从课题的重要性、领导重视程度、小组成员素质和决心、历史曾经达到过的最好水平，以及现状与目标之间的差距等方面进行翔实具体的论证分析。

4. 目标设定要具有一定水平

一方面，目标设定要有一定的挑战性，要通过小组的奋力攀登才能达到，这样才能更好地调动小组全体成员的积极性和创造性，鼓舞小组的士气；另一方面，目标应是通过小组努力可以达到的，如果把目标定得过高，虽很有挑战性，但小组千方百计、努力攻关，仍达不到目标要求，便会挫伤小组成员的积极性，因此，许多小组常把目标设定在对问题解决程度的预先估算之上。

（四）目标可行性论证

目标可行性论证只存在于指令性目标课题中，而在自定目标课题中没有这一步骤。小组应对指令性目标进行可行性论证，目标可行性论证结果，可以作为小组选题的依据，也可以作为设定目标的依据。一方面，可通过与国内外同行业已达到先进水平的企业进行横向对比，在设备条件、人员条件、环境条件等内容都差不多的情况下，进行相关数据的可行性论证，进而推断出设定目标可行性概略情况；另一方面，可依据历史最好水平，在把握现状的前提下，进行定量分析与判断，找出完成设定目标可能存在的困难和具体问题，并论证解决问题的具体效果及程度，进一步测算出完成设定目标的概率。

（五）分析原因

分析原因旨在明确是什么造成的这个问题。要解决问题，就要分析影响问题的原因都有哪些。

首先，要明确分析原因的主体对象。一般来说，当课题要解决的问题是很具体的问题时，需针对课题所要解决的问题来分析原因。例如，课题是要解决某装备零部件铸塑时顶部充不满的问题，由于顶部充不满是一个很具体的铸塑缺陷，小组通过现状调查弄清问题的严重程度，并设定目标后，就可以针对"顶部充不满"这个具体问题来分析原因。但许多课题，虽然是一个比较明确的质量问题，却仍带有一定的综合性，此时要梳理出具体的问题，并针对若干个具体问题进行原因分析，提升分析原因的针对性。

其次，原因分析常用的工具有三种，分别是因果图、系统图和关联图。因果图是表示质量特性波动与其潜在原因的关系，即表达和分析因果关系的一种图表，又称为石川图或鱼骨刺图，因果图通常是在明确问题的前提下，通过设定原因类别，按照每个原因类别一层一层地展开分析，直至分析到可以直接采取对策的程度，一般一个因果图只能对应一个问题进行分析，最多分析到第四层；系统图是表示某个主题与其组成要素之间关系的一种树枝状的图，在原因分析中通常采用侧向型系统图，其分析思路与因果图一致，将要分析的问题放在主题的位置，然后从主要类别、组成要素、子要素、子子要素一层一层进行展开分析，一直分析出非常明确的原因，与因果图一样，一个系统图只能对一个问题进行分析，但没有层级的密度限制，可以分析到更多层级；关联图是表达关系复杂、原因之间相互关联的单一问题或多个问题的图形，有时影响质量问题的原因是多种多样的、错综复杂的，此时关联图的作用就凸显出来，它既可用于对原因之间互相影响、缠绕在一起的单个问题原因分析，也可以对原因之间互相缠绕、某原因影响下多个问题相互纠缠的情况进行原因分析，便于理出头绪。

要关注原因分析中的主要问题。分析原因时要注意以下几个问题：

（1）要有针对性。分析原因要针对通过现状调查得出的主要问题进行。

（2）分析过程要展示问题的全貌。分析原因时，无论用何种工具，必须客观全面地进行分析，要从各种角度把所有影响因素找出来、分析到，并纳入分析工具中，尽量避免遗漏。

（3）分析原因要透彻。原因分析要一层一层展开直到分析到末端原因，即针对每个方面的原因都展开分析，直到找出可直接采取对策的具体因素，末端原因必须是非常具体、可以确认并能够直接采取对策的原因。

（4）分析原因工具选用要恰当，因果图和系统图都是对单一问题进行原因分析时使用，而且原因之间不能有交叉影响，对原因之间互相缠绕或者多个问题纠缠的情况要应用关联图进行原因分析。

（六）确定主要原因

在原因分析时，为避免遗漏真正有影响的原因，而要求展示原因的全貌，把只要有可能影响的原因都分析出来，这样就会出现很多的原因，其中部分原因确实对问题造成了影响，也有许多原因，虽然有可能对问题造成影响，但实际状态很好，没有产生异常，如果对所有原因制定对策并加以改进，就必然会造成人力、物力、财力上的很大浪费，延长了解决问题的时间，因此，确定主要原因要对诸多原因进行分析、鉴别，找出对问题影响较大的主要原因，为制定针对性对策提供依据。

确定主要原因按如下步骤进行：

一是收集末端因素。所谓末端因素就是最后一层原因，是问题的根源。对分析出来的所有末端因素进行逐条确认，小组成员必须亲自到现场观察、调研、测量、试验，以收集到的客观事实为依据，用数据说明该因素对问题的影响程度，然后按影响程度的大小来确定其是否为要因。常用的确认方法有：①现场验证。即到现场通过试验取得数据来证明。②现场测试、测量。即到现场通过测试、测量，用取得的数据与标准进行比较，视其符合程度来证明。③调查、分析。在对于人的调查、分析方面，有些因素不能用试验或测量的方法来取得数据，则可设计调查表，到现场进行调查分析，以取得数据。

二是以客观事实为依据，剔除末端因素中因自然灾害、编制体制等不可抗拒的因素，不可抗拒因素由于无法进行定性和定量分析，在制定改进对策后，成效甚微，因此，要在众多末段原因中删减不可抗拒的原因。

三是逐条确认末端因素，找出真正影响问题的最主要因素，原因分析中梳理出的是原因的全貌，其中有的是末端原因，有的是中间环节，中间环节虽然影响着问题，但它还受其他原因的影响，而末端原因只影响问题，这才是根本原因，也就是说，对问题造成影响的真正原因，必然在末段原因中，因此，要把全部末段原因收集起来，以便逐条识别、确认。

四是摒弃不正确的确定主要原因的方法，在日常确定主要原因的实际过程中，部分小组对用数据说话的认识不够或还不善于用数据说话，而应用一些不正确的方法来判定主要原因，从而使所确定的主要原因证据不足，不够全面客观，这类方法通常建立在个人对事物的主观印象或经验的基础上，如“少数服从多数法”“0、1 打分法”和“经验分析论证法”等。

（七）制定对策

制定对策旨在针对每条经确定的主要原因制定出拟解决的措施和方法。制定对策的四个步骤如下。

1. 提出对策

针对每条原因，必然会有各种各样的解决方法，比如就方案的实效而言，有的方案是临时性的解决办法，有的是永久性的改进方案。为此，要让小组成员根据相应知识、有关经验及各种信息，开动脑筋，相互启发、补充，多角度提出尽可能多的改进方法，以供选择确定。

2. 研究确定所采取的对策

QC 小组成员针对每条主要原因，都充分提出各种对策之后，就需要对每种对策进行综合评价，进而相互比较，选出最令人满意的对策，作为准备实施的对策，通常对每种对策的综合评价可从有效性、可实施性、经济性、可靠性、时间性等方面进行，一般得分最高者，即可作为最佳对策付诸实施。

3. 制定对策计划

最佳对策确定后，对策的目标是什么、如何实现这个对策、采用哪些具体措施才能达到目标均是在制定对策计划时，必须考虑的问题。因此，要结合主要原因的判别标准进行对策目标的定量设定，同时注重对概略对策和具体措施的研究分析，以使制订的对策计划能更好地指导实施，并取得良好效果。

4. 编制对策表

针对每条要因，确定了对策，设定了目标和计划，就可以编制对策表了，QC 小组活动中的对策表是对所有影响问题的主要原因进行的对策计划，该计划必须指导改进实施。因此，为确保对策清楚、目标明确、责任落实，同时保证对策表在实施过程中可以明确地指导小组成员如何去操作，就应按“5W1H”原则来制定对策表，即 What（对策）、Why（目标）、Who（负责人）、Where（地点）、When（时间）、How（措施），在编制对策表的过程中应避免一些抽象、含糊的词语，如减少、争取、尽量、随时等。

（八）实施对策

实施对策旨在按照对策表列出的改进措施计划加以落实。实施对策的四个基本要求如下。

1. 按对策表的要求逐一实施

由于所确定的主要原因的性质是各不相同的，而每条对策都是针对不同的主要原因制定的改进方案，通过改进方案的实施，使所针对的要因达到受控状态。因此，必须一个对策、一个对策地实施，以显示其针对性和逻辑性。如果不是针对性地一个对策、一个对策地实施，就会使对策与实施脱节，造成逻辑上的混乱。

2. 每条对策的实施，要按照对策表中的措施逐条进行

在制定对策时，针对确定的最佳对策，策划实现该对策的具体措施。因此，QC 小组成员应严格按照对策表列出的改进措施计划实施改进措施，实施内容应与对策一一对应，确保具体措施的落实。此外，在实施过程中，要对具体实施时间、参加人员、活动地点、具体实施步骤、使用的设备、遇到的问题、解决问题的过程、花多少费用等都要记录清楚，以便为最后编写成果报告提供依据。

3. 每条措施在实施完成后要立即确认其结果

每条对策实施完毕，要再次收集数据，与对策表中所设定的目标进行比较，以检查对策是否已彻底实施并达到了要求，如果已达到目标要求，说明此项改进对策已有效地改变了该要因的现状，使其达到受控状态，从而不会再对问题造成影响，这时该对策才可以说已经实施完毕。每条对策实施完成后，立即确认结果十分重要，目前有许多成果并没有逐条确认对策结果，而是在效果检查阶段，直接检查课题的总效果，如果达到了课题设定的目标，则皆大欢喜；如果没有达到课题设定的目标，需重新检查活动的各个阶段是何处出现问题，到底是原来确定的主要原因尚未得到很好解决，还是有其他主要原因没有分析出来，从而增大了查找问题的难度。

4. 如果确认没有达到对策表中所设定的目标，要评价措施的有效性，必要时要修正所采取的措施

当对策在实施后进行确认时，没有达到预定的要求，说明制定的措施不得力，使该要因尚未达到理想状态，就必须重新检查每条措施是否已彻底实施，为达到目标要求，必要时要修正措施的内容。

（九）检查效果

检查效果旨在收集数据，用于检查所取得的效果。检查效果包括两个方面的内容。

1. 检查实施效果

所有对策全部实施完成并按要求改进后再经过一段时间试运行，对试运行的产品进行检查、把实施对策后的数据与实施对策前的现状及小组活动目标进行比较，明确改善的程度，看是否达到了预定的目标。但 QC 小组在解决课题时，并不是一帆风顺的，在全部对策实施完成后，如未达到预定的课题目标则重新回到原因分析步骤，再循环一次，一步一步往回检查，以便找出未实现课题目标的原因，然后再针对性地制定相应对策，直至实现小组制定的课题目标，而后进入巩固阶段。对比时常用一些工具，以其简明的图形，一目了然地展示出对策实施前的水平、小组设定的目标以及对策实施后所达到的水平，使人一看就知道是否已达到了小组设定的课题目标，常用方法有简易图表、水平对比法、排列图、直方图、控制图、调查表等。

2. 计算经济效益

解决了问题，取得成果后，凡是能计算经济效益的，就要正确计算小组活动产生的经济效益，以明确小组所做的具体贡献和自身价值，并鼓舞小组成员的士气，更好地调动小组成员的积极性。计算时间一般不应超过活动期（包括巩固期），巩固期的长短应根据实际需要来确定，只要能说明 QC 小组取得的成果经过这段时间的实践，数据表明是稳定保持的就可以。QC 小组在改进过程中必然投入一定的费用，这些投入都要纳入效益计算中。

因此，QC 小组本次活动课题所带来的直接经济效益是产生的收益减去本课题活动中的活动成本，并且实施效果和经济效益均应经过有关部门确认。值得注意的是计算经济效益时一定要实事求是，不要拔高夸大或加长计算的年限，更不要把还没有确立的费用作为小组取得的效益来计算，之所以造成上述一些不符合实际进行经济效益计算的现象，主要是因为有的组织和部门，还没有真正理解 QC 小组活动的宗旨，片面认为只要创造经济效益就好，谁的成果创造经济效益大，谁的成果水平就高，就能评为优秀 QC 小组。为此，要树立“不要以经济效益的高低来衡量 QC 小组成果水平以及评选优秀 QC 小组”的理念，同时要关注社会效益方面的产出，这样也有利于鼓舞小组成员的士气，调动他们的积极性。

（十）制定巩固措施

制定巩固措施旨在把效果保持下去，防止问题再发生。具体措施如下。

1. 把已被实践证明了的有效措施纳入有关标准，并进行标准修订

把对策表中通过实施已证明了的有效措施，如变更的工作方法、操作标准、变更的有关参数、图纸、资料、规章制度等，初步纳入有关标准，至少应纳入作业指导书、操作规程和管理规章制度中，由于 QC 小组没有修订标准的权利，为此，必须按照规定程序向标准主管部门申报，由主管部门认可、批准后执行。

2. 经修订并被批准的新标准必须正确执行

已被解决的问题，几个月后又再次发生，这种现象时有发生，其主要原因是巩固措施没有被严格执行。为此，小组成员要在巩固期及其以后的时间内经常到现场确认，查看是否按新的方法操作和是否执行了新的标准、办法、制度，并做好记录。

3. 巩固期内要及时收集数据，以确认效果是否能维持在良好的水准上

通常把巩固期收集的数据用简单的图形进行表示，可以直观形象地反映成果的巩固状况。

例 1：

某 QC 小组将某航天装备零部件废品率从 10.0%降低到 2.1%，实现小组制定的低于 3.0%的目标后，其巩固期的情况见图 8-8。

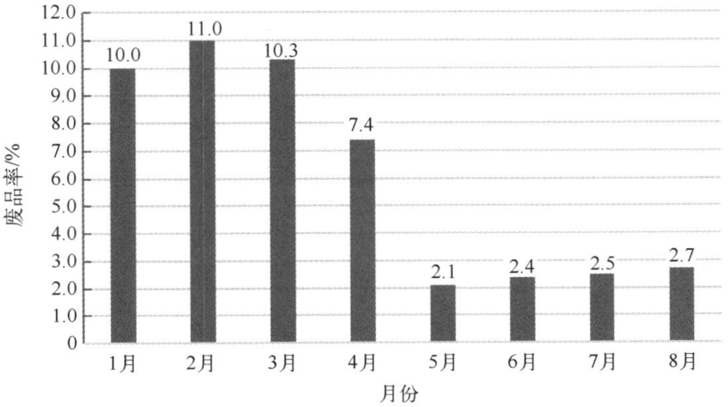

图 8-8　某航天装备零部件废品率情况

（十一）总结及打算

该程序旨在对本次QC小组活动得到的经验体会做出指导性的结论，并对今后的活动提出设想。小组成果完成后，小组成员要认真回顾活动的全过程，成功与不足之处是什么，哪些地方做得是满意的，哪些地方还不够完善。肯定成功的经验，以利于今后更好地开展活动，接受失误教训，以使今后的活动少走弯路。

总结及打算一般围绕以下内容进行认真总结。

1. 专业技术层面

总结通过此次活动，哪些专业知识及经验得到了掌握，而哪些专业知识和技能还欠缺，除了解决本课题外还解决了哪些相关问题，还需要抓住哪些没有解决的问题等，都需要小组成员在一起认真总结。

2. 管理技术方面

在解决问题的全过程中，QC小组活动程序上是否按照科学的PDCA程序进行，解决问题的思路是否已做到一环紧扣一环，具有很好的逻辑性。在各阶段需决策之处，是否都能以客观的事实为依据，并用数据说话，具有科学性。在工具应用上，是否能够运用得当，哪些是成功的，尚有哪些不足之处需要改进。

3. 综合素质方面

认真总结通过活动所取得的无形效果，如质量意识是否提高（含安全、环保、成本、效率等意识）、问题意识和改进意识是否加强、分析问题与解决问题的能力是否提高、参与意识和团队精神是否树立或增强、工作干劲和热情是否高涨、QC知识是否掌握得精准自如等内容，通过综合素质的自我评价，使小组成员明确自身的进步，从而更好地调动小组成员质量改进的积极性和创造性。

4. 提出下一次活动要解决的课题

主要从原来的次要问题或者其余可供选择的问题中选择适合小组解决的问题，把它作为下一次活动的课题，以便使QC小组活动持续地开展下去，使质量上升到一个新的水平。

思　考　题

1. 开展技术成熟度评价的注意事项有哪些？
2. 如何用流程图表示顾客满意度评价流程？
3. 分析制造成熟度评价与技术成熟度评价之间的差异。
4. 如何形成QC小组活动成果？

第三篇　全寿命管理篇

航天装备建设与使用是一项系统工程，全寿命各阶段的质量都不容忽视。装备质量在论证时确定、研制时赋予、生产时保证、试验时验证、使用时体现、维修时恢复、退役报废时经验总结与归档。

坚持系统管理的思想，贯通航天装备全寿命质量管理要求，压实质量责任主体，明确质量管控要点，增强军地质量管理合力，强化全寿命过程衔接、全业务流程管控、全类型组织管理，实现航天装备质量管理能力整体跃升。

第九章　航天装备论证质量管理

装备论证是装备全寿命管理的首要环节，装备论证质量管理是提高装备质量的前提和基础。航天装备技术先进、系统复杂、价值昂贵，是一个国家高技术水平的反映，航天装备论证质量管理对装备质量有决定性影响，对加强装备论证质量管理具有重要意义。本章主要介绍航天装备论证质量管理的内涵与任务、主要内容与要求等，旨在为航天装备论证过程中的质量管理提供理论支持和实践指导。

第一节　航天装备论证质量管理的内涵与任务

航天装备论证质量是航天装备全寿命质量管理工作的源头，是装备质量形成的前提，对后续各阶段的装备质量有至关重要的影响。航天装备研制、生产和使用中出现的各种质量问题，都不同程度地与论证质量有关。

一、航天装备论证质量管理的内涵

（一）航天装备论证

航天装备论证是指以航天装备建设与发展为主要研究对象，以国家军事战略方针为指导，以科学技术和经济发展水平为基础，以现有装备的质量、规模等为背景，用科学理论及方法通过逻辑推理的形式进行的系统分析和设计过程；一般包括航天装备发展宏观论证、装备型号论证、装备预研项目论证和装备专题论证等。

航天装备发展宏观论证是从全局上对航天装备体系建设的长远发展作出的分析、设计和评估，是为制定航天装备发展战略、航天装备建设规划计划、航天装备体制进行的论证研究，为航天装备体系建设的长远发展和顶层设计提供决策依据，包括航天装备发展战略论证、航天装备建设规划计划论证、航天装备体制论证及有关政策法规论证等内容。航天装备型号论证是为发展新型航天装备研制、仿制，以及为改进提高现役航天装备的任务使用性能进行的论证和研究，包括装备研制立项综合论证和装备研制总要求综合论证。航天装备预研项目论证是为确定航天装备预先研究发展战略、选题指南、规划计划所进行的论证研究。航天装备专题论证是对于航天装备工程建设、装备与技术引进等所做的专题性论证研究，为航天装备建设中的重大决策问题提供科学依据。

（二）航天装备论证质量管理

航天装备论证质量管理是指在航天装备论证质量方面的组织与控制活动，具体是指通过确定航天装备论证质量方针、任务、目标和职责，建立完善的航天装备论证质量管理体系，并通过质量策划、质量控制、质量保证和质量改进等手段所实施的全部管理活动。其本质是运用现代科学管理手段，充分发挥组织管理和专业技术人员的作用，合理地利用人力、财力、物力资源等，为实现航天装备论证的高质量、低消耗而进行的全部管理活动。

二、航天装备论证质量管理的任务

装备论证质量管理的任务是保证论证科学、合理与可行，论证结果满足装备使用需求。航天装备管理单位要按照职责分工组织论证质量管理工作，提出论证质量要求。航天装备总体论证单位落实质量要求，对论证结果质量负责。

论证质量由论证工作质量和论证成果（报告）质量两部分构成。论证工作质量主要指论证过程的规范性；论证成果（报告）质量主要指论证结论的科学性，两者密切相关，规范的、高质量的论证工作，才会有高质量的论证成果（报告）。

要规范论证过程的工作，就要建立以过程模式为基础的质量管理体系，成立航天装备论证质量管理机构，规定论证单位质量职责，提供论证资料（人力、设施、设备、工作环境和信息），特别要严控各环节的论证成果评审。

论证的成果是论证工作最终所完成任务的表现形式，包括论证报告和相关的论证文件。论证报告是指按照规定的格式编写的反映装备论证成果的书面材料，主要包括初步方案、定量定性要求、结论建议、措施途径、对策方法等。相关的论证文件包括调研分析、理论计算、建模仿真、试验评估、演示验证等报告。论证成果是评价论证工作成效、论证水平的重要依据之一。

论证报告是一种软科学范畴的产品，通常以数据、信息、文字、图像等形式体现。论证成果（报告）的质量特性用论证的前瞻性、符合性、正确性、科学性、先进性、可行性等指标来表征。前瞻性指论证报告能够预见航天装备未来的发展趋势，符合性是指论证过程或论证报告符合使用单位要求的程度，正确性是指论证分析与判断的正确程度，科学性是指论证报告符合装备建设与发展规律的程度，先进性是指与国内外同类装备性能指标相比所达到的水平以及技术成熟度，可行性包括经费可行性、研制技术和生产周期可行性等指标。

鉴于航天装备论证类型的多样性和论证内容的复杂性，确定某一具体的论证项目的质量时，还需要根据具体航天装备的特点和使用要求分析。由于影响论证质量的环节和因素有很多，质量的可控性比实物产品的加工生产要低得多，所以对论证报告质量的评价，不像实物产品那样可以用测量检验或组织鉴定的方法得出结论，而是需要依托专家评审、上级审查和后续实践的验证得出结论。

三、航天装备论证质量管理的意义

随着我国航天事业的发展，航天装备获得了迅猛发展，航天装备政治敏感性高、技术复杂、价格昂贵，航天装备论证的质量在一定意义上决定着航天装备发展的先进性、科学性、体系性。因此，在航天装备论证阶段实施质量管理工作具有重要意义。

（一）航天装备论证质量管理是搞好航天装备全寿命管理的第一环节

航天装备论证质量管理是航天装备全寿命管理的第一环节，也是航天装备论证阶段科研管理的核心内容。可以说，在论证阶段所进行的其他任何管理，最终都是围绕论证质量的提高而进行的。如果论证阶段质量得不到保证，各项要求不明确、不具体，论证报告不科学、不合理，起点方向一旦错误，以后的任何阶段的效益都无从谈起。

（二）航天装备论证质量管理是提高航天装备论证成果质量的重要保证

论证成果的质量，是论证人员的知识才能、设备物资条件和管理水平的综合反映，它受多种因素的影响，甚至包括许多未知因素，能否成功，具有一定风险。对于这种探索性的工作是应该允许失败和反复的，但是不能把由于疏忽、责任心不强和管理不善造成的质量问题通通归咎于“探索无止，失败难免”。

从论证实践中可以看到，有的由于论证人员素质不高，论证结论误差大，有的由于论证手段落后，无法开展复杂和系统的论证工作；有的在论证程序安排上不按科学规律办事，造成反复和失败，而这些问题的出现大多是由于管理不善、论证和管理人员缺乏质量意识、责任心不强和素质不高。由此可见，只有加强管理，消除影响质量的各种因素，才能保证论证质量。

（三）航天装备论证质量管理是提高航天装备军事经济效益的重要手段

对论证工作实行质量管理，将减少不必要的失败和反复，并且提高工作效率，必然可节省大量人力、物力和资金。同时，由于论证成果质量提高，有利于使其尽快转化为生产力并及时推广应用，从而提高航天装备的军事效益和经济效益。

第二节　航天装备论证质量的影响因素与质量管理的主要内容

分析航天装备论证质量的影响因素和要求，是开展航天装备论证质量管理工作的基础。在航天装备论证质量管理中，影响航天装备论证质量的因素主要包括论证信息、论证方法、论证人员等核心要素；航天装备论证质量管理内容主要包括制定论证规范、确定装备质量要求、需求识别与风险控制、方案优选与评审。

一、航天装备论证质量的影响因素

航天装备论证工作烦琐、内容较多，其质量受各类因素的影响，其中，论证信息、论证方法、设备设施、工作环境、论证人员是影响航天装备论证质量的重要因素。

（一）论证信息

在航天装备论证工作中，涉及的信息很多，信息的质量、数量将影响到航天装备论证质量。在军事需求分析时，需要掌握的信息包括：国家、军队在一定时期的方针政策；国家经济、科技水平与航天工业生产能力，国家资源、地理条件、自然环境、太空环境；军事战略与装备运用原则；航天装备发展原则、发展目标、重点和总体水平；未来任务的特点、作战理论、作战样式、作战需求，国内外同类航天装备的现状与发展趋势；论证任务与要求，以往完成类似论证任务的经验、人才、手段、方法、设备及其他现实情况，等等。只有信息可靠，论据充分、准确，才能保证论证结果的科学性。论证单位必须加强论证信息资源的管理，搞好信息保障服务，创造一切有利条件，及时提供信息，使论证中的各项工作都有充分依据。同时，各论证单位应根据论证任务的需要，建立信息管理系统，并按规定收集、储存、传递和处理信息。

（二）论证方法

论证方法是在完成论证任务过程中，获取论据的手段及将论题与论据联系起来的分析推理工具。广义上讲，凡是可以用来解决各种论证问题的定性或定量分析方法，并在论证实践中被认为是行之有效的，都可以称之为论证方法。如系统分析方法、预测分析方法、运筹分析方法、技术经济方法、决策分析方法、逻辑分析方法等。在航天装备论证中，运用科学、系统的论证理论和方法不仅可提高装备论证质量，也可提高装备论证的整体水平和效果。

（三）设备设施

设备设施是指论证中所应具备的仪器设备和设施基础，如论证系统、试验设备、仿真设备、分析工具、计算机设备等各种论证手段，论证设备设施建设状况，直接或间接地影响着论证工作是否能够顺利地进行，也影响着论证质量的高低。

（四）工作环境

工作环境是指工作场所的条件，通常包括论证工作赖以开展的硬环境和软环境，如工作条件（包括温度、湿度、噪声、洁净度、人机工效等）、社会和心理等因素。所谓硬环境主要是指办公环境和实验室环境（硬件和软件）和相关支持性服务等。这些都要适应论证工作和质量管理的需要，以保证论证工作的质量和效率。所谓软环境，是指针对有关论证工作所提供的政策与法规、标准、信息以及学术氛围、团队精神和领导与论证人员之间的关系是否和谐等。

（五）论证人员

论证过程中，论证人员是最活跃的因素，论证人员所具有的正确分析、科学推断等论证思路与方法，对取得正确的论证结果起着非常重要的作用。论证质量的高低直接取决于论证人员的综合素质（包括文化素质、科研攻关能力、分析问题的思路和方法、专业技术水平、论证水平、论证工作经历等）。论证工作涉及的专业领域多，参与的人员多，包括相关的技术分析人员、军事分析人员、经济分析人员等。论证人员必须具有良好的政治素质和广博的专业知识，必须站在有利于装备发展的角度来组织论证，而不能在论证过程中仅考虑己方的利益，同时必须在业务（军事、技术、装备等）方面具有较强的逻辑思维与系统分析能力、创新精神与改革气魄、政策水平与科学态度等，并掌握科学齐套论证研究的分析方法，具备良好的文字、语言表达能力等。在新形势下，航天装备高技术含量高、构成复杂，对论证和相应人员的素质要求更高，因此，务必更加注重论证人才培养，使其能胜任论证工作。

二、航天装备论证质量管理的主要内容

航天装备论证质量管理与航天装备论证过程紧密结合，主要内容包括制定论证规范、确定装备质量要求、需求识别与风险控制、方案优选与评审等。

（一）制定论证规范

航天装备论证总体单位应编制并执行论证工作程序和规范，实施论证过程的质量管理。

（二）确定装备质量要求

航天装备论证总体单位应根据论证任务需求，综合分析航天任务需求和国内外航天技术发展趋势等，统筹考虑航天装备性能（包含功能特性和可靠性、维修性、保障性、测试性、安全性、环境适应性等通用质量特性）、研制进度和费用，提出相互协调的装备性能的定性定量要求、质量保证要求和保障要求。

航天装备技术高度密集，包含多种嵌入式软件、专用软件，应当根据软件的任务、重要程度和复杂性等因素对软件进行分级，论证提出相应的软件质量要求。

（三）需求识别与风险控制

航天装备论证总体单位应征求装备上级管理机构和装备研制、生产、试验、使用、维修等单位的意见，确认各种需求和约束条件，并在论证结果中落实。应对论证结果进行风险分析，提出规避、降低或者控制风险的措施。装备研制总体技术方案通常优先选用成熟技术，对采用的新技术和关键技术，应当经过试验或者验证。

（四）方案优选与评审

航天装备论证总体单位需要拟制多种备选的装备研制总体技术方案，并提出优选方案，组织装备管理人员和业内专家对方案进行评审，围绕议程、评审人员、评审要求等加强质量管控；及时分析论证存在的不足和薄弱环节，优化完善论证程序、方法和保障条件等，持续提升论证质量。

第三节 航天装备论证质量管理的要求

研究航天装备论证质量管理的要求，有利于针对性地加强论证质量，提出提升论证质量的有效举措和办法。

航天装备论证质量管理的基本要求：贯彻全面质量管理的思想，坚持全员参与和全过程控制，以预防为主，全面提高论证质量。坚持装备的任务适用性牵引，采用科学的论证思想方法和技术，坚持持续改进。

航天装备论证属于软科学研究范畴，航天装备论证质量管理的要求主要包括军事需求分析充分、可行性分析论述透彻、论证方案指标科学可行、论证文件质量符合要求等方面。

一、军事需求分析充分

军事需求分析又称必要性分析，需求分析充分是指所提出的决策依据充分，能为装备研制的必要性分析提供充足的论据，并能真正反映使用要求。需求分析具有层次性，不同的论证项目应根据研究问题的层次和要求确定自己的重点内容。以装备研制立项综合论证需求分析为例，它应包括以下五项内容：

（1）分析我军面临的现实与潜在的威胁对象，以及对我国构成和可能构成的军事威胁，论述未来任务对发展该型航天装备的需求程度；

（2）论述该型航天装备在装备体系中的地位、作用、可能担负的任务以及与其他现有装备的关系；

（3）分析现有航天装备的任务、训练、科研试验能力，指出其在形成军事实力、总体能力、完成航天任务等方面存在的问题和与现实军事需求的差距；

（4）针对航天装备承担的任务，分析现有装备改进和新研制该型装备的利弊关系，说明发展该型航天装备的必要性；

（5）对比分析国外同类航天装备及新装备、新技术的现状、发展趋势和特点，论述发展新型装备的必要性。

二、可行性分析透彻

论证中可行性分析主要包括经济可行性、技术可行性、研制周期可行性和生产可行性。

（一）经济可行性

经济可行性分析主要包括三个方面内容：

（1）寿命周期费用估算。根据已有装备寿命周期费用估算的经验数据，对新研装备寿命周期各阶段和各环节所需的费用进行预测和估算。具体的费用估算方法可根据论证项目特点、已有的经验、资料积累情况和有关要求、参考有关的规定确定。

（2）寿命周期投资预测。根据历年经费投入的情况，对新研装备寿命周期投资进行预测。

（3）综合权衡。将寿命周期内可能消耗的经费与可能获得的经费进行比较，提出经济可行性分析意见。

（二）技术可行性

技术可行性分析主要包括：在现有装备基础上改进的可行性分析、与国外合作研制或引进国外同类装备的可行性分析、仿制可行性分析、自行研制可行性分析、关键技术（主要系统、重大配套设备）项目攻关情况分析、技术可行性评价等。通过对各相关方案的技术可行性比较（包括模拟试验的结果、新研制及全系统进度、新技术和新系统在全系统中的比例等的比较），优化提出技术可行性较好的方案。

（三）研制周期可行性

根据装备的研制时间要求，从投资强度、研制工作、研制能力等方面进一步分析新研装备的研制周期的可行性，并提出确保研制周期应采取的措施和要求。

（四）生产可行性

生产可行性分析主要包括以下三方面内容。

（1）国内航天工业生产达到的水平，包括设备、设施情况，生产线配置情况等；

（2）主要关键技术和相关高新技术实现工业化的可能性；

（3）其他相关要素，如各种原材料、配套件、外购件等的来源和供应情况等。

三、论证方案指标科学可行

提出的指标合理，依据正确，指标先进可行，相互协调，实用价值高；要求明确，且有验证考核的方法，具有可操作性等。论证文件本身的编写质量达到规定的要求。例如：观点明确，结论清楚，语言表达准确，文字差错率低，分析问题具有逻辑性。

四、论证文件内容符合标准

论证成果主要是通过论证文件的形式来体现的。在国家军用标准中，对每一种论证类型论证文件的编写都有明确规定和要求，在论证过程中必须认真贯彻这些标准。

论证文件是完成论证任务和形成论证成果的主要标志，主要从两个方面衡量论证文件的编写质量：

（1）论证文件配套齐全。论证文件包括论证报告、论证专题报告和其他论证文件。论证报告是对论证结论的详细说明，其内容根据论证类型确定。论证专题报告是为说明某方面的问题而写的，当新研装备复杂，且涉及专业面广时，除论证报告外，通常还需要编写若干个专题报告，专题报告按之一、之二……进行编号，专题报告内容针对性强，问题阐述详细。其他论证文件是指论证工作过程中形成的具有保存价值的文件材料，如调研报告、计算分析材料、实验材料等，内容视具体情况确定。

（2）内容符合要求。在有关论证标准中都明确规定论证报告的编写内容。论证完毕，应按相关规定撰写论证报告，其他论证项目也是如此。

第四节　航天装备论证质量管理需要关注的问题

在航天装备论证质量管理过程中，需要关注以下问题：建立论证质量管理体制和监督机制、完善论证工作质量管理法规制度、培养高素质论证质量管理人才、加强论证质量管理手段建设、采用先进的论证方法、加强论证过程控制等。

一、建立论证质量管理体制和监督机制

建立完善的装备论证质量管理体制是实现装备论证质量管理的基本保障，只有建立了比较完善的装备论证质量管理体制，才能确保装备论证质量管理的顺利实施。有效的监督机制是质量管理体系建设的重要组成部分，也是对质量管理体系的基本要求。所谓有效的监督机制，就是要求质量监督实行集中统一领导、分层管理、分级负责的原则，做到方针原则统一，工作目标明确、指导思想正确，做到各级各类人员的职责权限明确、分工合理、组织机构健全、接口关系清楚、工作关系协调，从而形成与装备论证质量建设相适应的质量监督工作运行机制，保证质量监督工作的有效运行。

在论证质量管理文件中，各级各类人员的质量职责和权限、装备论证各主要阶段和关键环节的质量监督内容、质量监督工作的主要作业活动以及应提供的资源等，均应以法规、规范、程序、标准和细则的形式进行明确，提出要求，通过建立规章制度，使论证质量管理工作真正纳入依法运行的轨道。在每一个阶段的检查中，发现论证质量问题都应及时报告，以便及时采取纠正或预防措施。

二、完善论证工作质量管理法规制度

加强论证质量管理需要有一整套论证质量管理法规、制度来保证。实践证明，制定各

种论证工作的法规、制度、规范、标准和规定、细则等来规范和指导论证工作，使之制度化、规范化，是提高论证质量管理水平的必由之路。

论证质量法规制度建设的内容包括：组织各级各类人员认真学习有关质量工作的政策、法规和标准，组织开展论证质量政策和立法研究，积极探索论证质量管理新模式新机制，逐步建立、完善结构合理、层次清楚、满足装备论证质量建设需要的航天装备论证质量管理法规制度和标准体系。

三、培养高素质论证质量管理人才

从事航天装备论证质量管理的人员必须具备强烈的质量意识，应经过院校或者专业训练机构培训，具有扎实的科学技术知识和专业技能，熟悉装备论证工作，具有较强的组织管理能力，能较好地完成装备论证质量管理工作。人才培养是一项长期的任务，应建立与完善论证质量专业培训基地，规范培训教材和发证制度，有组织有计划地开展不同类型和不同层次的质量知识培训，逐步实现资格认可和持证上岗制度，使论证质量培训工作规范化和制度化，为推动装备论证水平提供强固的人才实力支撑。

四、加强论证质量管理手段建设

随着论证工作的深入开展和计算机技术的飞速发展，虽然在装备论证质量管理中积累了许多有益的经验，但与未来需求还有较大差距。应不断深化系统分析理论的研究与应用，智能化技术的引入通过建模和仿真等技术手段，不断发掘和开发、运用各类先进技术，丰富论证质量管理手段。

从质量管理的角度讲，还应考虑论证质量管理技术机构及设施建设，主要包括为实施论证质量监督而设置的试验、检验、评价、认证、分析、培训等机构。论证质量管理技术机构及设施建设由论证质量管理主管部门统筹规划实施。

五、采用先进的论证方法

方法是解决各种问题或做某种事情所采用的手段、思路或程序等，贯穿人类活动历史的方方面面。人们在社会实践活动中，都在寻求科学的方法。

航天装备论证是一项复杂的科研工作，涉及许多新技术问题，要想达到较高的水平，提出有价值的决策咨询方案，同样需要灵活地掌握和运用科学的论证方法。在解决论证问题的过程中，应认真学习有关方法，并及时研究和总结经验，不断提出和运用新的方法。只有这样，才能实现论证工作和相关基础研究的不断发展、完善和创新。科学技术的发展是无止境的，装备技术在发展，所运用的论证方法也在发展，在现代科学方法研究中，许多新的方法不断被发现，对这些新的方法如何有针对性地选择和运用，是论证基础研究中需要解剖的重要问题。为适应新时期装备论证发展的需要，在已有研究成果的基础上，应站在新的高度和层次，从新时期论证工作需要出发，进行深化研究，运用更多的新方法解决复杂的装备论证问题。目前，在多目标决策、装备效能评估、主要性能指标评定、装备寿命周期费用预测、系统分析和系统仿真等方面仍有待提高。

六、加强论证过程控制

论证报告是软科学成果，不能像对待实物产品那样测量检验，只能在论证报告形成的过程中采用抽取若干关键节点进行审查、评审等方法进行把关，发现问题并及时修改纠正。例如，有的论证单位实行“三稿、三审”方法取得了控制论证报告质量的良好效果。“三稿”就是在论证报告形成过程中，课题组写出论证报告大纲（提纲或初稿）、送审稿和上报稿。在完成每一稿的时候课题组内部首先要反复讨论、校对、修改，然后交给有关领导审查或组织专家评审，提出评审结论；课题组根据专家提出的评审意见，进行修改，修改情况经质量管理部门跟踪确认后，送交相关部门，即完成“产品”交付；对审查后提出的反馈意见，课题组还要再次修改。如此多次循环，确保论证报告质量和水平满足要求。

论证报告的过程质量主要是通过建立标准化审查和评审制度进行控制的。标准化审查和评审的主要内容包括论证目标是否明确、论证所采用的方法是否先进、论证依据是否充分、论证结论是否正确、论证成果能否检验或检查考核等。

思　考　题

1. 简述航天装备论证质量的影响因素。
2. 简述航天装备论证质量管理的意义。
3. 试分析航天装备论证质量管理的主要内容。
4. 简述提高航天装备论证质量的途径。

第十章　航天装备研制质量管理

为了获得性能先进、质量优良、价格合理、配套齐全、满足使用要求的装备，需要开展航天装备研制生产工作。航天装备研制生产阶段是航天装备质量形成、保证交付用户高质量装备的关键阶段。本章主要阐述航天装备研制质量管理的内涵与任务、主要内容、要求，以及质量监督工作等。

第一节　航天装备研制质量管理的内涵与任务

对使用方而言，航天装备研制生产质量管理通过质量监督实现。航天装备研制生产质量监督是在航天装备研制生产质量特性的基础上，明确质量管理要点，确定研制生产过程质量控制的主要环节，主要包括研制招投标与合同质量管理、方案阶段质量监督、工程研制阶段质量监督。

一、航天装备研制质量管理内涵

航天装备研制质量管理是航天装备研制阶段围绕质量开展的一系列管理活动。研制过程的主要产品是符合要求的装备，体现为确保实现目标的一套技术规定和程序。研制过程形成的质量是产品质量的决定因素：适应性是在装备执行任务需要研究的基础上得出的，对这种需要分析的恰当程度就是需求分析质量；根据需求分析结果，经过构思转化为初步的装备方案，方案对预期适用性的满足程度，称为构思质量；通过具体设计，将确定的构思成果转化为一套技术图样和文件，其恰当程度称为规格质量。

由此可以看出，装备的各种质量参数实际上都靠研制设计来确定，装备的结构形式、成品、元器件等靠研制设计来选择；装备的检验、试验方法和标准要靠研制设计来确定，生产性、检验性，以及可靠性、维修性和保障性水平也在研制中解决。所以说，装备的符合性质量和使用质量在很大程度上是由研制质量决定的。因此，研制质量是决定产品质量的决定环节；抓好研制质量，就抓住了产品质量的关键环节，否则产品先天不足，必然后患无穷。

航天装备质量不仅取决于设计工程质量，还取决于设计工作质量。在衡量装备符合性质量时，可以根据装备的图样、工艺等技术文件，通过定量的检测方法来获得，而对设计质量的衡量与评价困难得多，无法直接了解设计结果满足用户需求的程度，一般寻找间接评价标准衡量。对产品设计过程的研究与分析表明，产品的设计过程有五个因素在起作用，即人、设备、方法、材料和环境。产品的设计质量的好坏，决定于设计过程中这五个因素质量的好坏，即设计工程的质量。在这些因素中，人的因素是最活跃、起关键作用的因素。因为只有有了高素质的人员，才会正确使用先进的方法和设备，合理选材和创造好的环境；另外，设计过程是一个创造性的工作过程，五个因素协调作用取决于人的工作质量，而人员素质的提高取决于管理者的工作质量。因此，产品设计质量取决于设计工程质量，而工程质量又取决于工作质量。

二、航天装备研制质量管理的任务

航天装备研制程序是对航天装备研制的阶段划分、工作内容和管理职责所做出的规范。航天装备研制质量管理每个阶段的主要工作对应每个阶段的研制任务。研制的程序与任务是装备研制特点和规律的反映，是开展装备研制工作的依据，通常以文件形式颁发。不同类型航天装备研制程序有所区别，质量管理的重点也有所区别。下面以卫星为例，论述卫星研制各阶段的程序与任务。

研制方案设计阶段，主要进行根据《立项综合论证报告》，开展方案阶段的工作。组织型号研制队伍；提出产品保证大纲，进行可靠性顶层策划，编制标准化大纲；进行总体方案设计；提出初步环境试验方案和条件；进行分系统方案设计；对卫星工程各大系统提出接口技术要求；根据需要提出卫星任务完成后的处置方案；提出系统及分系统地面测试方案和地面电气及机械支持设备；明确关键技术的技术途径，进行关键技术攻关；对采用的新技术应用进行必要的试验验证；进行方案阶段的设计评审和工艺总方案评审；总体向分系统提出《初样研制任务书》，配合卫星用户部门编制《研制总要求》，编写《方案阶段研制总结报告》，上报国家主管部门审批；进行由集团公司和卫星用户联合组织的方案阶段工作评审。

初样阶段，根据批复的《研制总要求》，方案阶段的总体方案设计和总体向分系统下达的《初样研制任务书》，开展初样阶段工作。修改和完善型号研制计划流程和研制技术流程；编制可靠性设计准则，开展可靠性设计分析活动，初步评估产品可靠性；修订并实施产品保证大纲和标准化大纲；进行总体、分系统和单机初样设计、生产；对采用的新技术进行充分验证；设计、生产、调试地面电气设备、地面机械支持设备；进行初样产品各种试验；确定飞行试验方案；总体向分系统下达《正样研制任务书》；协调卫星总体和卫星工程其他各大系统的接口关系；编写《初样阶段研制总结报告》和《产品质量保证报告》；进行由集团公司和用户联合组织的初样阶段工作评审。

正样阶段，在初样研制的基础上，根据《研制总要求》和总体向分系统下达的《正样研制任务书》，开展正样阶段的工作。修改和完善型号研制技术流程和研制计划流程；完善可靠性设计准则；深入开展可靠性设计分析活动；评估产品可靠性；实施产品保证大纲和标准化大纲；进行总体、分系统和单机正样设计，以及正样生产；对采用的新技术应用进行充分的验证；进行正样产品各种试验；编制卫星有关技术文件，如《发射场实施大纲》和《飞行试验大纲》；编写《正样阶段研制总结报告》和《产品质量报告》；进行由集团公司和卫星用户联合组织的正样阶段工作评审。

发射和在轨测试阶段，根据《发射场实施大纲》《飞行试验大纲》和《飞行程序》《故障预案》等有关技术文件，进行发射和在轨测试阶段工作。

第二节　航天装备研制质量管理的主要内容

航天装备研制质量控制应在一定的重点环节重点实施，这些重点环节：一是研制招投标与合同质量管理，二是方案阶段质量监督，三是工程研制阶段质量监督。

一、研制招投标与合同质量管理

（一）招投标质量管理

装备研制项目招标是指为执行国家装备发展规划和采购研制计划，委托方以其拟定的采购研制合同内容、要求等为标的，邀请有承包意愿的单位进行投标，择优选取研制方的活动。

确保招标书的质量。在研制项目科学论证的基础上编制招标书，招标书内容完整、方案科学，科研进度合理，成果技术指标明确，投标报标的构成细目及制定原则清楚。

严格投标资格审查。投标方必须具有相关方审批的研制许可证、已承担的研制任务进展和研制成果质量水平证明材料，技术人员和管理人员，技术水平和装备设备等。

正确选择招标方式。常见的招标方式有公开招标、邀请招标等方式。

审查投标方案质量。主要审查研制项目投标方案的先进性论述、分析技术能力、已完成的研究成果，将其与投标书进行对比审查。

按照国家法律法规进行管理。招标过程中严格按照国家法律法规和装备发展规划等相关规定，凡是在开标前泄露标底或投标书内容的，以及违反其他有关招投标规定的招投标行为无效，对泄露内容人员从重处理。

（二）评标质量管理

制定适用科学的评价标准和规范。需要投标方对标书内容和标底进行分解，并分别判定出具体的评价准则规范，评价指标应全面具体可操作性强。

成立权威公正的评审组织。招标方和投标方人员不能参加评标组。评标组是招标方的咨询机构，应根据评价标准和规范客观、公正、科学地评价投标书，提出评价报告。

认真进行评价报告梳理总结。评标组应对各投标方的投标书做出科学合理的、客观公正的和全面具体的明确评价，对投标方的技术、经济和风险情况进行合理分析，给出中标意见。

把好定标质量关。招标方应根据评标组的评价报告，有目的地分别找有关投标方进行议标谈判，最后全面衡量，择优定标，若均无法满足规定要求，此次招标为废标。

（三）研制合同质量要求

研制合同指的是装备主管部门授权的相关机构与确定的装备研制部门以书面形式订立的承制装备的权利、义务关系的协议。

装备研制合同中质量保证要求应符合以下原则：合同中质量保证要求符合装备采购条

例及相关法规、标准的规定要求；合同中要求承制单位开展的质量保证活动应是明确、具体、可验证的；合同中的质量保证要求，应保证双方理解一致；质量要求兼顾经济性、合理性；与承制单位签订研制合同时，应对承制单位与分承制单位签订的合同质量要求进行规定。

二、方案阶段质量监督

方案阶段是根据《装备研制要求》，对通过投标选定的装备研制单位的装备研制多种设计方案进行论证和证明并选择最优方案的过程。一般有方案设计、技术攻关、原理样机试制试验、评审，在关键技术已解决、研制方案切实可行的基础上，编制《研制任务书》，编写研制方案论证报告，报装备使用单位和主管单位批准后作为后期工作依据。

（一）方案阶段研制任务

1. 方案阶段研制工作内容

在方案阶段，研制单位应根据装备研制合同进行研制方案论证、验证，内容包括：编制研制技术流程；进行总体方案设计，尽可能选用技术成熟的公用平台；提出初步环境试验方案和条件；确定各分系统技术指标，并进行分系统方案设计；拟定地面试验和飞行试验初步方案，提出信息处理方案；对卫星工程其他各大系统提出接口技术要求；根据需要，提出卫星任务完成后的处置方案；提出系统及分系统地面测试方案和地面电气及机械支持设备；明确关键技术的技术途径，进行关键技术攻关；编制产品配套表；提出《初样研制任务书》。

2. 方案阶段研制工作程序

方案阶段主要进行的工作是进行装备研制方案设计、验证工作，其主要工作程序有：根据选择的最佳方案，进行装备系统的方案设计；进行关键技术攻关和新部件、分系统试制和试验；根据装备特点和需要，进行模拟样机或原理性样机的研制或试验；进行方案设计评审；上报审批《研制任务书》。

（二）方案阶段质量监督工作任务

方案阶段质量监督工作任务主要有：

（1）关键技术攻关监督。装备科研管理部门组织装备科研院所和军代表，监督承制单位对装备设计方案采用的新技术、新材料、新工艺进行论证、试验、鉴定，并组织审批。

（2）研制总要求监督。装备科研部门组织开展装备研制总要求综合论证、制定和审查工作。装备科研院所、军代表监督承制单位根据研制总要求制定装备质量保证大纲、标准化大纲和分系统、装备研制任务书等文件。

（3）单机、分系统监督。相关装备科研院所、军代表需了解和掌握初步设计和原理样机的研制情况、关键技术问题解决情况，参加相关试验和评审工作，提出意见和建议。

（4）总体方案监督。装备部门组织总体方案转阶段审查工作，对研制方案的可行性和合理性提出意见。

三、工程研制阶段质量监督

工程研制阶段是实现工程样机设计并将设计图样和技术文件转化为产品实物的阶段。设计是否满足研制总要求和合同要求、产品是否满足设计要求，都要通过工程研制阶段来验证。

(一) 工程研制阶段主要任务

工程研制阶段主要任务是研制单位根据下达的《研制任务书》和签订的研制合同进行装备的设计、研制、评审、试验、验证等工作。

1. 初样机研制工作

方案阶段完成后，研制单位根据方案评审中专家给出的意见和建议进行认真分析研究，制定改进措施，包括：按研制合同和《研制任务书》对分配给各分系统或子系统的参数、指标制定详细设计规范，各项目工程设计理论计算、原理性试验结果和设计指标满足分配指标要求，配套分系统各项指标、质量控制措施、技术性能满足使用要求，选用的新技术新材料鉴定结果明确、实用有效、技术资料齐全，主要性能指标满足合同和《研制任务书》要求。

2. 详细设计工作

详细设计工作包含完成全套工程图样的设计、产品设计规范和其他技术文件的编制；技术文件齐全、准确，为样机试制的生产技术准备、采购等工作提供依据；形成软件产品规范、厂家鉴定测评。

3. 样机试制

初样机试制可以完成样机制造工作，验证设计，包括：按工程设计文件进行零件制造、部件装配、主机总装和调试以及性能测试，初样机配套试验和模拟试验；强度、疲劳、兼容性试验，功能试验，环境试验；可靠性试验，样机安全评价。

(二) 工程研制阶段质量监督任务

(1) 合同签订前，组织或参加对研制单位质量管理体系的审查。合同签订后，对研制单位质量管理体系进行经常性监督检查。

(2) 监督研制单位按规定对合同草案进行评审。

(3) 监督研制单位根据合同和《研制任务书》相关要求，结合装备特点制订质量计划，划分研制阶段，明确时间节点要求，分阶段控制监督。

(4) 监督研制单位根据相关标准，结合装备特点，制定设计、试验规范。

(5) 监督研制单位按有关设计规范进行设计，设计输出满足设计要求，组织设计验证工作。

(6) 监督研制单位对研制装备进行功能特性分析，确定关键件、重要件，编制相关项目明细表，审查承制单位开展故障模式影响分析和故障树分析。

(7) 监督研制单位对新技术、新器材、新工艺的应用进行论证、试验、鉴定。

(8) 参与初步设计和详细设计审查，审查设计图样和技术文件是否符合研制总要求和标准规范要求。

（9）审查试验大纲，监督研制单位按照试验规范对总体、系统和分系统进行性能鉴定试验、环境试验、可靠性试验及其他试验。

第三节　航天装备研制质量管理要求

相对于通用装备，航天装备具有技术密集、同一类型装备生产数量少、专业领域强等特点，航天装备的上述特点对航天装备研制质量管理提出新要求。

一、承制方研制质量管理

研制质量管理主体是装备承制单位，装备使用方质量工作主要是对装备承制单位研制工作活动开展质量监督。承制方需要进行的质量管理工作如下：

（1）建立健全质量保证体系。研制单位应根据所承制型号任务的特点，进而以满足使用方质量保证要求为目的，建立与行政指挥体系、设计体系相匹配的质量保证体系。

（2）遵守研制程序，按阶段控制质量。研制过程需要划分阶段，建立明确而明显的界限，规定开始条件、结束标志、应进行的工作和各工作之间的关系，将质量总目标分解为各阶段控制的子目标，便于检查、分析、评价。

（3）制作设计规范。设计是确立装备固有质量的过程，也是开展全过程质量控制的关键环节。设计工作决定了装备固有质量，后期工作均是立足在设计基础上开展的。设计过程产出的图纸资料是生产的依据、检验检查的标准。

（4）实施可信性管理，周密编制并严格执行可靠性大纲、维修性大纲和测试性大纲等，正确制定预防性维修大纲和维修方案。

（5）实施综合性保障工程。制定并执行综合性保障工作计划，正确制定保障方案和计划。

（6）实施分级、分阶段的质量评审。根据系统、分系统整体机功能级别和管理级别，在研制过程转换阶段的关键时刻，运用早期报警原理，发挥专家和集体智慧，及早发现和消除设计缺陷，优先采用成熟技术和通用化、系列化、组合化产品，避免出现大的反复。

（7）加强对承制方的质量监控。严格把好外购和外部协件的质量关，进行筛选。对使用的元器件进行功能和重要性分析，在分清主次的基础上，明确质量控制重点。

（8）开展工艺评审。在工艺设计完成之后，进行生产试制之前，开展工艺评审，及早发现和消除工艺设计的缺陷，加速工艺文件的完善、成熟，避免由工艺设计不周到导致施工反复。

（9）制定试验规范。试验是检查和验证原理设计、工程设计、工艺制造等能否满足研制任务书和合同要求的重要手段，需严格按照有关标准和规范实施。

（10）严格执行有关条令、条例和规定。根据具体研制任务规划设计相关标准的实施，建立相关审查制度。

二、用户单位质量管理

用户单位质量管理的目的是促使装备研制单位按照研制合同和任务书及相关法规

标准要求，开展装备研制工作，能够及时发现问题、解决问题，提出相关意见和建议。

（1）提高装备固有质量水平。装备质量是由论证阶段孕育、设计过程产生、生产过程形成、使用过程体现的，因此，装备质量首先是设计出来的，设计质量是决定装备质量的首要环节。

（2）保证装备研制一次成功。为有效避免因设计问题导致装备研制过程反复，保证装备研制工作的一次成功，军方必须从源头抓起，进行贯穿全过程、分阶段的质量控制，促使研制单位确保设计、试制、试验质量均处于可控状态。

（3）降低装备全寿命周期费用。对国内外装备研制全寿命的分析表明，在装备论证阶段，费用为项目总研制费用的 1/10 以下，而这个阶段决定了装备全寿命费用的 4/10 左右。

三、航天装备研制质量管理重点要求

坚持“质量第一”方针；坚持“三化”原则，即通用化、系列化、集成化；坚持“三不”原则，即不合格的原材料不投产、不合格的零件不装配、不合格的产品不出厂。

（一）健全质量协同机制

在航天装备研制过程中，装备使用单位和装备承制单位应明确质量权责，承研承制单位应该是装备质量的责任主体，装备使用单位提出装备质量要求，负责质量监管，针对甲、乙双方权责界定不清、约束力不强、普遍存在质量特性描述不准确、质量评判依据和检验验收规格不完备、约束管理条款不严格等问题，加强完善协同机制。

（二）高标准严要求

装备承制单位是装备研制质量责任主体，对承担航天装备研制过程的质量实施管理和监督。总承单位要高标准严格落实研制总要求中的质量要求，分承单位完成质量要求逐级传递和分解落实，以合同明确相关质量责任、违约处罚要求等。做好质量要求与研制流程的深度融合，确保质量控制点纳入流程、把关到位。装备承制单位深化装备通用质量特性设计、分析与验证，推进基于模型的系统工程（MBSE）正向设计模式，使用故障模式影响分析（FMEA）、故障树分析（FTA）等方法，准确识别单点故障模式和单点环节，采取有效措施，确保装备固有质量与可靠性。加强软件开发过程管控，确保软件研制要求全面、准确、规范执行，测试验证完备。组织跨学科、跨行业、跨单位的专家开展设计与验证审查，进行技术风险交底和风险把关，强化对关键技术验证充分性和技术风险控制措施有效性审查确认。

（三）加强技术状态管理

为了有秩序地控制研制技术状态项目，控制更改，减少风险，控制费用，确保工作相容性及可工作性，在研制生产过程中，清楚地了解“要设计什么，正在设计什么，已经设计什么，要生产什么，正在生产什么，已经生产什么”等问题，必须使用技术状态管理。

1. 基本概念

技术状态是指在技术文件中明确规定的，并通过产品实现的功能特性和物理特性。功能特性一般在论证与确认阶段开始建立，以确定和控制系统级要求，通常包含在系统规范内。这些特性是与承包商论证与确认阶段工作的合同技术依据。技术状态管理是应用技术手段和管理手段对产品技术状态进行标志、控制、审核和纪实的活动。技术状态管理是一组工程实践：以标识并用文件表示技术状态项目的功能和物理特征；通过审核技术状态以鉴定装备对规范或其他合同要求的符合性；通过控制机制控制对技术状态项目及其有关文件的更改；通过记录日报告提供有效管理技术状态所需的信息。简单地说，技术状态管理是对设计文件以及依据它生产出的装备的管理。与技术状态相关的几个概念有功能基线、分配基线、产品基线。

功能基线通常包含在系统规范中，一般在论证与确认阶段开始建立，目的是确定和控制系统级要求。这些基线是与承包商论证和确认合同的技术依据。

分配基线作为确定项目技术状态和性能要求的依据，应对每个技术状态项目建立分配基线，通常在全尺寸研制阶段开始形成，以确定和控制每个技术状态项目的性能要求。该基线要求作为承包商全尺寸研制阶段工作合同的技术依据，作为按订货单进行研制、试验的每个技术状态项目详细设计的依据。

产品基线对每个技术状态项目建立装备基线，通常在生产阶段初期、首件有效时形成。形成基线的设计作为承包商生产阶段工作的合同技术依据，也作为按订货单制造，交付每个技术状态项目装备的依据。

按时间阶段建立基线，以及这些基线技术状态控制是实施大纲合适的技术状态管理的关键。技术状态管理实质上是基线管理。选择技术状态项目要求增加管理的可观性，并强调对有关项目的管理。技术状态项目通常是系统的重要部分，技术复杂，并且经常需要在设计中采用新的、先进的技术。

2. 技术状态管理过程

技术状态管理过程由四个主要部分组成，即技术状态标识、技术状态审核、技术状态控制、技术状态状况纪实（技术状态统计）。

技术状态标识是一种文件，用来标明对所购买装备的要求。系统和研制规范内的性能要求，提供了确认承包商检验设计的适宜性的合同依据。装备规范内详细设计要求为验收生产的项目及确定装备保障系统提供了依据。

技术状态审核用来确认承包商的技术状态项目研制工作（功能技术状态审核）、系统技术状态项目研制工作（正式鉴定评审）被满意地完成，以及确认承包商形成了准确、合适的技术文件（物理技术状态审核）。

技术状态控制是要求在决定批准或不批准更改之前，保证了解任何更改对合同控制技术状态标识文件的全部影响。

技术状态状况纪实（技术状态统计）是要求跟踪上述各项活动的结果。必须跟踪现有批准的规范、图样等，以保证使用准确的文件。必须跟踪在技术状态审核时发现有差异的项目，以保证在交付的产品内得到纠正。必须跟踪在研究中的更改，以保证在实施期间不产生在采用更改技术状态时对装备的使用与保障有影响的问题。必须跟踪现场的单元件，以便确定有多少是需要保障或修改零部件的技术状态。

四、注重可靠性、维修性、保障性管理

在装备研制生产中进行可靠性、维修性和保障性管理，就是要使装备在功能、性能、寿命、可靠性、维修性、保障性等设计参数在目标和制约条件之间，系统分析、综合优优、取得装备最佳的效能和寿命周期费用。

（一）可靠性、维修性、装备综合保障性工程

1. 可靠性工程

可靠性工程是指为了达到可靠性要求而进行的有关设计、试验和生产等一系列工作。可靠性工程的工作重点是：

（1）明确了解用户对装备可靠性的要求，装备使用、维修、储存期间的自然环境以及保证装备能很好地完成任务的保障资源。

（2）控制由于装备硬件、软件和人的因素造成对装备可靠性的影响，预计设计缺陷，选择适当的元器件和原材料以及减少生产过程中的波动等。

（3）采用可靠性增长技术使优良的设计成熟起来。

（4）采用规范化的工程途径开展有效的可靠性工程活动。

2. 维修性工程

为使装备具有良好的维修性，需要从论证开始就进行装备的维修性分析、设计、试验、评定等各种工程活动，这些工程活动就构成了维修性工程。维修性工程活动还包括维修性要求的论证与确定，以及使用阶段维修性数据的收集、处理与反馈等内容。维修性工程的重点在于装备的研制（或改进、改型）过程，在于装备的设计、分析与验证。

3. 装备综合保障工程

装备的“综合保障工程”是国外20世纪60年代中期为实现装备保障要求所提出的概念。装备综合保障工程是指通过建立保障系统，使装备获得及时、有效、经常的保障，以满足平时战备完好性和战时使用要求的措施和工程方法。其主要内容包括：

（1）在装备设计中综合考虑保障问题。

（2）制定与设计战备完好性目标及相互最佳关系的保障要求。

（3）获得装备所需的保障。

（4）在使用阶段以最低费用与人力提供所需的保障。

装备综合保障工程从战技指标论证开始，贯穿于方案、工程研制、生产与部署使用各阶段的全过程，但其主要活动是在部署使用以前的各阶段进行。

（二）装备研制过程中可靠性、维修性、保障性管理工作

装备的可靠性、维修性、保障性都是由设计赋予的重要质量特性。现代武器装备的发展日益复杂，可靠性、维修性、保障性设计，对提高航天装备的战备完好性和任务成功性、减少维修人力和保障费用等都起着至关重要的作用，是装备重要的战术技术指标。为此，法规性文件和国家军用标准均规定了装备研制阶段可靠性、维修性和保障性的设计与管理、试验与评价等方面的要求和工作项目。

在装备研制过程中，进行可靠性、维修性和保障性论证、分析和设计，满足战术技术指标的要求，是研制单位的一项重要工作。装备质量的高低，受到研制经费、周期及使用环境等诸多因素的制约。装备设计就要在功能、性能、寿命、可靠性、维修性、保障性诸设计参数之间，在目标与制约条件之间，采用优化设计技术，进行系统分析，同步设计，综合择优，选择和确定装备技术参数的最佳组合，以取得装备最佳的效能和寿命周期费用。

用户在研制过程中的各个阶段，要监督研制单位完成相应的可靠性、维修性、安全性及保障性设计工作。监督研制单位实施可靠性与环境应力筛选试验、失效模式及影响分析（FMKA），充分利用试验和分析的信息，改进设计和工艺，提高装备的可靠性、维修性。在论证和方案阶段，要了解可靠性、维修性及保障性论证的情况，对其可行性提出意见或建议。在工程研制阶段，要监督研制单位制定可靠性、维修性大纲和设计准则，进行可靠性、维修性和保障性设计，并在参加评审时提出意见和建议；参加有关的验证工作，审查验证结论。在装备定型阶段，要严格审查可靠性、维修性和保障性是否达到了规定要求，把好设计定型质量关。

第四节　军代表在航天装备研制过程中的质量监督

军代表在航天装备研制生产过程中的质量监督方法主要有装备或样机实现过程质量监督、装备实物质量监督，以及装备承制单位质量管理系统监督等。

装备实现过程质量监督包括预先研究、型号研制、装备生产和装备维修过程质量监督。航天装备质量监督坚持军工产品质量第一。坚持“三不”（不合格的原材料不投产，不合格的零部件不装配，不合格的产品不出厂）、“三不放过”（故障原因找不出不放过，责任查不清不放过，解决措施不落实不放过），坚持依法科学监督、注重客观证据、突出重点、系统管理、防检结合等原则。软件装备质量监督还应坚持有利于提高软件工程化管理能力、有利于保证软件质量、有利于软件质量保证能力持续提高等原则。

根据装备承制单位列入“两项清单”情况、采购项目的合同类型及装备的重要程度等实际情况，分别按照“体系监督+过程监督+产品验收”“体系监督+产品验收”“过程监督+产品验收”“产品验收”四种模式实施质量监督。航天装备质量监督方法一般包括参加重要节点评审、调查了解、文件审签、参与工作和现场检查等。在监督过程中，军代表协调和利用装备使用单位跟研跟产人员等技术力量，对装备研制生产过程进行监督。军代表依据有关国家军用标准和合同监管协议等文件，按照合同监管实施方案，对合同履行过程实施质量监督；必要时，依据合同监管实施方案细化编制质量监督细则。监督中发现风险和问题应当按要求填写《合同履行风险告知单》和《合同履行问题整改通知单》，向上级机关和装备项目管理中心报告，并督促承制单位整改。

装备技术服务合同质量监督由军代表会同装备使用单位实施。装备在现场安装测试阶段的质量监督，由军代表组织、装备使用单位具体实施；火箭等装备在发射场由使用单位组织开展的试验（测试）等活动，质量监督由使用单位负责、军代表等单位配合。

（一）预先研究过程质量监督

参加演示验证项目预研过程质量管控活动，监督装备承制单位制定预先研究过程质量管控实施计划并有效执行，主要开展以下监督工作：跟踪掌握关键技术攻关情况；参加重大试验验证活动；参与重要研究阶段和重要技术节点的评审，对装备质量目标实现情况提出意见；参加装备功能性能测试；监督重大技术质量问题整改。

监督装备承制单位拟制项目验收要求、验收规范，报送相关业务单位或其他委托方机构审批（确认）后会签。军代表参加相关业务处或其他委托方机构组织的项目验收或结题验收有关活动，对装备质量情况提出意见和建议。

（二）型号研制过程质量监督

1. 军代表在型号研制项目论证阶段开展监督工作

（1）了解掌握新研制装备的主要使命任务、使用性能（含主要战术技术指标）、初步总体方案、研制周期和途径等研制立项综合论证的主要内容。

（2）了解考察承制单位对新上项目的研制能力及解决有关技术问题的主要措施和途径，并按要求及时上报有关情况。

（3）根据相关业务单位要求，参与装备研制立项综合论证的有关工作，并参加论证评审会，对研制型号的战术技术指标、初步总体方案和主要配套产品的可行性、研制周期等提出意见和建议。

2. 军代表在型号研制项目方案阶段开展监督工作

（1）了解和掌握作战使用要求、研制总体方案、系统和设备及软件方案、保障方案、研制经费预算和装备成本概算等装备研制总要求的综合论证内容。

（2）根据相关业务单位要求，参与总体方案的论证、审查和评审工作，提出意见和建议。

（3）根据相关业务单位要求，参与装备研制总要求的综合论证、审查和评审，提出意见和建议。

（4）根据研制装备的复杂程度和合同订立部门要求，参加研制方案军方预先审查，提出意见和建议。

（5）了解和掌握初步设计、原理样机的研制情况、关键技术问题的解决情况，参加原理样机的试验和评审工作，提出意见和建议。

3. 军代表在型号研制项目工程研制阶段开展监督工作

（1）监督装备承制单位落实装备战术技术指标、装备技术体制和可靠性、维修性、保障性、安全性、测试性、环境适应性等质量要求。

（2）参加装备承制单位组织的设计、工艺和质量评审，提出意见。

（3）监督装备承制单位制定型号研制质量保证大纲等研制过程有关文件，按照要求对有关文件进行审查会签。

（4）监督装备承制单位按照军用软件管理的相关规定，加强需求管理、策划与跟踪、文档编制、测试、质量保证、配置管理等工作，落实软件研制过程工程化管理要求。

（5）督促装备承制单位编制装备规范并审查会签，报送相关业务单位审批。

(6) 参加并监督承制单位按照审批的装备规范，对定型样机进行性能试验、环境试验、可靠性试验及其他必要的试验，并对试验结果进行评价。

(7) 督促装备承制单位严格按照“双五条”归零要求分析处理研制过程质量问题，及时上报严重、重大质量问题。

(8) 对装备承制单位转阶段评审条件进行审查，对装备承制单位向相关业务单位上报转入定型（鉴定）阶段的申请提出书面意见和建议，参加装备承制单位转阶段评审有关工作。

4. 军代表依据项目管理中心或其他任务委托单位确认的装备规范，对研制样机进行出厂检验

主要内容包括：装备齐套性检查，装备主要功能检查和性能测试，环境适应性、电磁兼容性和可靠性等相关试验，软件技术状态和版本确认，性能鉴定试验资料审查。

5. 军代表根据研制样机出厂检验情况，出具样机检验报告

军代表参加装备承制单位组织的厂级鉴定，审查装备是否进行了全面检查测试试验，是否满足规定的战术技术性能要求和使用要求，软件是否纳入配置管理，鉴定文件内容是否符合规定要求，研制过程中有关问题是否得到解决。

（三）装备生产过程质量监督

1. 军代表在装备生产准备阶段主要开展以下监督工作，外协加工、外协件的质量监督参照执行

(1) 督促装备承制单位根据装备特点和合同特殊要求，编制或修订产品质量保证大纲，并检查质量保证大纲的执行情况，确保大纲内容和要求得到全面、有效的落实。

(2) 检查设计文件是否齐全、正确，生产设施与设备配备是否齐全，人员配备是否合理，检查工艺准备是否充分，外购器材供应是否满足生产要求。

2. 军代表监督装备承制单位严格外购器材管理工作

(1) 督促装备承制单位从合格供方名录中选择供应单位采购适用的外购器材。

(2) 督促装备承制单位做好影响装备性能、新研制、代用、有特殊要求、供货来源不能保证和质量不稳定、长期库存的外购器材的质量控制。

(3) 督促装备承制单位按照外购器材入库检验规程的要求进行入库检验，必要时军代表对装备承制单位的入库检验结论进行验证。

(4) 定期开展外购器材保管质量检查。

(5) 监督装备承制单位按照有关要求开展外购器材代用并履行相关手续。

3. 军代表在装备承制单位工序管理环节开展监督工作

审查装备承制单位生产现场各工序使用的设计文件、工艺文件、质量控制文件，现场环境控制，基础设施控制，首件检验，关键工序控制，特种工艺控制，工序控制点的控制等。

4. 军代表在装备承制单位产品标识管理环节开展监督工作

(1) 抽查装备承制单位的批次管理记录，掌握其执行产品标识程序和批次管理制度的情况。

（2）结合工序质量监督、零部件质量检验，检查随工流程卡、装备实物、质量记录和标识是否一致，并按规定随工件流转；识别标记是否按规定执行，有无错批、混批及错标、漏标等现象发生。

（3）检查软件的版本标识是否符合有关规定的要求。

军代表督促装备承制单位开展计量测试工作，确保满足相关要求，并结合工序质量监督和检验、试验工作，检查以下内容：

（1）计量器具和试验设备的周期检定、现场使用、校准记录和相应的标识情况。

（2）工艺装置、自动检测设备的软件及程序验证、复检记录、完好性。

（3）自制的检测设备是否经过鉴定和批准后才投入使用。

5. 军代表在装备承制单位不合格品管控环节开展监督工作

（1）检查装备承制单位不合格品审理组织是否健全，是否按要求履行规定的职责，能否独立行使职权，并对不合格品审理人员的资格进行确认。

（2）定期检查不合格品管理措施的有效性。

（3）督促装备承制单位定期对不合格品情况进行分析，掌握装备质量趋势和质量工作中的薄弱环节，并采取有效纠正措施。

（4）按职责权限和程序受理装备承制单位的让步申请，上报装备项目管理中心、相关业务单位裁决处理。

6. 军代表督促装备承制单位做好质量记录控制工作

（1）制定并执行质量记录的收集、标识、编目、归档、储存、保管、查阅和处理的制度。

（2）与装备质量直接有关的记录，应能清楚地证明装备是否符合规定的要求。

（3）质量记录应保持系统性、完整性、正确性、可追溯性，记录文字正规、清晰，易于识别和检索。

（4）质量记录的保存时间应满足使用单位和相关法律、法规的要求，与装备的寿命周期相适应。

思 考 题

1. 军代表在航天装备研制生产过程中的质量监督方法主要有装备或样机实现过程质量监督、装备实物质量监督，以及装备承制单位____________监督等。

2. 技术状态管理过程由四个主要部分组成，即____________、技术状态审核、技术状态控制、技术状态状况纪实。

3. 研制过程质量管理主体是____________。

4. 如何理解航天装备研制生产质量特性？

5. 航天装备研制过程质量管理要点有哪些？

6. 航天装备研制生产过程质量控制的主要环节有哪些？

7. 技术状态管理的主要内涵是什么？

8. 军代表在航天装备研制生产过程中如何进行质量监督？

9. 案例题

1992 年 3 月 22 日，发射“澳星”的长征二号 E 火箭点火后没有起飞，火箭发动机进行了紧急关机。后续发射人员和科技人员及时处理，避免了更严重的后果。事后经仔细检查，发现我国这次“澳星”发射失利的原因是点火线路发生故障，其中一个程序配电器中多出了一个仅 0.15 毫克的铝质多余物。

案例思考题：请结合航天装备研制质量管理理论对上述案例进行分析。

第十一章　航天装备试验质量管理

航天装备具有高技术、高价值、在轨维护难等特点，根据航天装备试验标准体系，需在论证立项、工程研制、鉴定定型、生产部署和使用维护全寿命周期进行一系列试验，以检验评估技术方案是否合理、设计思想和设计方法是否正确，验证装备是否达到预期战术技术指标，检验装备能否有效履行批复的使命任务、是否具备相应的作战和科研试验能力，也为改进完善装备质量提供客观依据。航天装备试验质量管控效能，不仅影响装备试验任务的顺利进行，还可能发生重大安全事故、造成巨大经济损失、拖延型号研制进度，甚至造成不良政治影响。

第一节　航天装备试验质量管理的内涵与特点

一、航天装备试验质量管理的内涵

航天装备试验质量管理，就是在试验活动中为达到或满足试验质量要求，对试验质量形成的过程和因素，进行计划、组织、指挥、协调和控制的活动。其基本任务是执行国家和军队的质量方针和政策，确定质量目标，提出质量要求，对试验质量的形成、发挥、保持、恢复和改善等过程实施控制。进一步讲，就是要制定装备试验质量方针和质量目标，通过质量策划、质量控制、质量保证，以及其他质量管理活动，确保质量方针、目标的实施和实现。由此可见，试验质量管理就是全面质量管理的理念和方法，在装备试验活动中的综合实施和体现。

装备试验质量管理的基本任务是从试验工作的总体出发，把试验工作的各个部门、各个单位、各个环节严密地组织起来，建立相应的组织机构，明确职责、任务和权限，确定试验方式和内容，制定工作标准和评估验收方法。其具体内容包括：拟制提高试验工作质量的规划；对影响试验质量的各种技术和活动确立控制计划和标准；建立与健全质量控制机构和责任制度；搞好质量控制所必需的基础设施建设；对试验工作、试验设施、设备进行全面的质量控制；对各项关键试验设施设备进行可靠性分析，提出科学准确的评估意见；对不符合计划、程序和要求的问题能够及时发现，并采取纠正措施予以处置。

装备试验质量管理遵循的基本原则：一是必须贯彻质量第一的方针，坚持标准，严格鉴定；二是明确质量职责，建立岗位责任制，赏罚严明；三是坚持以预防为主，始终将预防、发现和纠正缺陷作为试验质量工作的重点，完善和发挥质量管理体系和质量信息系统的保障作用；四是积极采用科学的方法和手段，优化配置资源，有效控制试验的全系统、全过程，达到和满足试验质量要求，持续改进试验质量水平；五是贯彻国家标准、军用标准和相关质量法规条例，积极采用国内外先进质量管理理念、标准、方法和工具；六是不断提高各级各类参试人员的质量意识，搞好质量培训，逐步建立一支既懂业务又懂质量管理的专业化队伍。

二、装备试验质量管理的特点

1. 军事性强

装备试验是直接为军事斗争服务的，军事性是装备试验的根本属性，因而也是装备试验质量管理的本质属性和特点。装备主要用于任务和训练，装备试验质量管理，应从实战要求出发，使装备试验质量管理的方针制定、目标建立、组织实施、过程监控、持续改进，必须实施带有军事性的严格管理，使装备试验的质量与使用要求相一致，否则难以保证装备的作战使用性能。可以说，试验质量管理是一场没有硝烟的前置性军事性行为。

2. 保密性强

装备试验的对象通常都是新研制的装备，既是保卫国家安全的威慑力量，又是克敌制胜的利器，特别是导弹、卫星等战略军事装备，更是显示一个国家军事科技实力的综合水平、一个军队武装力量强弱的重要标志，这些处于重大项目中的装备或新型装备，都具有严格的保密性。因此，装备试验质量管理也具有高度的保密性，参与装备试验质量管理的单位、人员及一切相关资料，都必须时刻注意保守国家和军事秘密。

3. 标准要求高

军事装备是一个国家军事力量的重要组成部分，是决定战争胜负的重要因素。装备试验品种繁多、科技含量高，很多为高危产品，其杀伤能力强，有的还具有强辐射等性能。在装备试验或测试中，如果操作不慎就会危及人们的生命或国家财产安全，如在火箭、卫星等航天器的试验中，均涉及大量易燃、易爆材料，而且在航天器飞行中还具有不可维修性等特点。军事装备如果存在质量问题，在训练和任务中，不仅会造成自毁性非战斗减员，还可能造成任务的失利。因此，装备试验对质量管理的标准提出了更高的要求，对装备试验中的质量，必须严格要求，严格把关，不能有丝毫的疏漏。

4. 对象复杂

装备试验涉及地面装备试验、航天器试验等，品种繁多，采样多，环节多，专业涉及广泛，高新科技应用密集，试验环境条件复杂，测试难度较大，很多装备试验周期长，参试单位和人员众多。如火箭试验，其品种包括各类火箭、推进剂、雷达、无人机以及指挥装备和通信保障装备试验等；其专业涉及弹道学、光学、电磁学、通信、电子、自动控制、液压传动，以及化学、物理学、概率论、数理统计学等。由此可见，装备试验质量管理对象极其复杂，装备试验质量管理是一项技术与管理相结合的综合性系统工程，它要求装备试验质量管理人员不仅要具有丰富的质量管理经验，还必须掌握被试装备相关技术方面的多种知识。

5. 管理难度大

装备试验不仅军事性强、保密性强、标准要求高，对象十分复杂，而且装备试验是对装备进行的全面考核，既要考核装备的作战使用性能，又要鉴定其维修、保养、贮存等性能，还要对作战编配提供依据，通过综合试验考核，做出科学的结论。特别是卫星、飞船等，装备系统庞大、构成复杂、测试设备多、周期长、参试单位多、参试人员多，“万人一杆枪”，所有参试单位、人员和设备要密切协同，高度配合，力争试验“一次成功”。由于保密等，部分单位长期处于封闭半封闭状态，质量管理虽然积累了丰富的经验，但标准化建设水平不高，还没有与国际标准完全接轨，有的已接轨但是成熟度较低，因此参试单位和人员之间质量管理水准参差不齐，使得质量管理的沟通、联动和评估，较难形成共识和统一的操作平台。这些都给装备试验质量管理，造成了很大的困难。

第二节 航天装备试验质量管理的要求

航天装备试验质量管理是一项长期的探索和实践过程，必须在学习借鉴国内外领域相关先进管理经验和做法的基础上，科学总结提炼形成具有我军特色的试验质量管理理念和法规制度。坚持和发展这些理念制度对于进一步提高装备试验质量工作具有重要意义。

1. 加强法规建设，依法科学管理

质量法规制度是质量管理的依据和指导，是实现依法管理的基础。在《军队装备条例》《军队装备试验鉴定规定》《装备试验质量监督要求》等的基础上，制定试验阶段质量管理要求、试验任务检查考评细则等质量控制文件和法规；建立装备交接、技术安全挂名销账、测试状态检查、数据判读比对、阶段质量评审、重大问题请示汇报制度、质量报告制度等；质量管理评价等装备试验质量管理制度；完善“准入”“阶段放行”等质量管理标准；坚持行政指挥与首席两个系统的质量安全岗位责任制、试验任务装备挂证制度、“双想”活动、“三定、四检查、五不准”等要求。

2. 坚持以人为本，强化质量意识

坚持“以人为本”的原则，围绕成功率抓质量，依靠“两头”（领导者和执行者）促质量，紧盯“三员”（设计人员、生产安装人员、操作人员）保质量，按层次分解和突出质量责任。同时，对管理中出现的问题，敢于暴露、敢于承认，对确保质量、确保试验成功的有功人员予以奖励表彰，对出现质量问题的严肃处分、毫不留情；牢固树立“质量是装备试验的生命”“坚持质量第一、安全第一”“严上加严、细之又细、慎之又慎”“成败系于毫发、质量重若生命”等质量意识；从装备试验高安全、高可靠、高质量的要求出发，深入开展形式多样的质量教育活动，并充分利用实践中的典型事例，不断强化质量意识，使之深入人心。

3. 强调技术管理，确保问题归零

技术管理工作的质量，直接影响装备试验任务的成败，对影响任务全局的重大技术问题及时组织协调，对各系统的要求及系统间技术状态、接口关系的协调统一，组织开展充分的综合测试、合练演练等。对于涉及试验成败的关键技术环节，组织专家进行复核复算，进行严格的评审，防患未然，对测试、试验中发生的质量问题采取“逆向思维”的方法，通过严格执行“双五条”归零标准，解决暴露的质量问题，使任务得以顺利进行。更重要的是，举一反三、追溯源头，形成“全面覆盖、预防为主、事前控制、常抓不懈”的质量管理机制，不惜任务进度推迟，也要对装备质量隐患一追到底，并加以彻底解决，从根本上保证试验的圆满成功。

4. 严格按程序组织指挥，狠抓试验正规化

在试验任务指挥部的统一指挥下，按照质量控制小组的有关要求，各部门和系统积极配合，大力协同，做好质量管理工作。装备试验质量包含了试验任务各项工作的质量。装备出厂前，研制部门严格把关，严格评审，坚决杜绝带问题出厂；试验装备进入发射场后，严格按工艺流程规定的内容，高质量地完成，专门成立质量评审小组，对出现的每个问题刨根问底，必须按“双五条”彻底归零才能转阶段，严格执行工作制度。为避免误操作和状态设置错误，抓住典型案例，进行质量意识和操作安全教育，反复操作训练，确保各项操作精确无误。应坚持“规范程序、简化形式，区分层次、明确责任，讲求实效，过程质量控制与阶段质量评审相结合，做好过程质量控制，落实问题归零处理，坚持质量第一，进度服从质量”的原则，搞好装备试验的质量监控和评审，确保质量管理效率。

5. 坚持标准化、制度化，规范质量管理行为

在装备试验的质量建设过程中，始终坚持“行为规范、规范行为”的质量要求和做法。行为规范，就是标准化。在装备试验过程中，建立健全相关标准，使质量管理与保证工作在型号标准化工作的支持下，有法可依、有章可循、有证可查。在管理和技术工作方面，要求全体人员按照标准进行每一项工作，目的就是确保每一个人的工作质量，进而保证装备的质量。抓好培训教育工作，制订质量管理培训计划，建立培训体系，开展多层次、多类型、多形式的质量管理培训工作，主要包括质量知识培训和质量专业培训。其中，质量知识培训针对各单位不直接从事质量管控工作的普通工作人员和少数中高层管理人员。目的是提高各层次参试人员的质量意识，了解质量管理内容，自觉履行各岗位的质量管理职责，并随着岗位、职称等职责的变化，培训内容也要不断深化。质量专业培训针对各单位从事（专职或兼职）与质量管控有关工作的人员和中高级管理人员。包括各基层单位在质量管理体系建设中的内审员、外审员、质管办质量管理骨干、质量检验员、计量人员、军用标准化管理人员、最高管理者或最高管理者代表等。

6. 建立完善质量体系，保证质量管理顺利进行

装备试验系统庞大、任务复杂、环节很多，有的周期还很长，必须引进国际先进的质量管理模式和方法，建立质量管理体系，并在实践中持续改进，不断强化体系的适宜性和有效性，才能高质量地完成装备试验任务的需要。因此，质量管理重点关注以下方面：一是明确质量职责和权限。应明确规定各部门及各级各类人员的质量职责和权限，以做到质量工作人人有责；二是健全组织结构。建立完善与质量管理体系相适应的组织系统与机制，设立质量管理专职机构，明确规定各级机构的隶属关系和联系方法，以指导和协调各部门、各环节的质量管理活动；三是配备资源和人员，为了实施质量方针并达到质量目标，提供必需的资源，其中包括人才资源、试验设备、仪器仪表和计算机软件等；四是制定工作计划和程序。为保证质量方针与目标的实现，制定质量工作计划和程序，明确工作内容、做什么、谁来做、时间要求、验收标准等；五是编写修订质量管理体系文件。质量管理体系文件是指导开展质量活动的法规，是体系审核和认证的基本依据，确保全面性、系统性、科学性、先进性、可操作性和经济合理性等特点；六是持续改进。质量管理体系建立之后，在实践中狠抓落实，做好质量自审、年审和外审，不断进行修订和改进，持续增强质量管理体系的适宜性和有效性。同时，实施质量管理体系第三方认证，确保装备试验质量管理的有序、有效开展，加强质量管理的规范化。

第三节　航天装备试验策划质量管理

在航天装备研制早期，根据产品研制阶段划分，对产品全寿命周期试验进行系统策划，确保试验项目能够充分验证设计方案的正确性、设计参数的合理性和准确性、产品通用质量特性以及鉴定产品技术指标。试验策划统筹考虑了试验分类、质量管控要点和质量管理内容等方面，是保证试验顺利有效开展的先决条件，也是保证试验圆满完成的基础。

一、航天装备试验分类

航天装备研制过程中的试验是多层次的，呈金字塔状，从单项的元器件、原材料、仪器设备的试验，到各组件、分系统试验、全系统地面试验直至飞行试验，试验数量由多到少，而试验规模由小到大、由局部到整体。

根据航天装备工作特点，航天装备试验有不同的分类方法和类型。按试验场区，分为地面试验和飞行试验两大类，如图 11-1 所示；按装备全寿命周期不同阶段，分为立项论证阶段试验、工程研制阶段试验、鉴定定型阶段试验、生产部署和使用维护阶段试验等；按军代表质量监督要求，分为预先研究演示验证过程试验、研制过程试验、生产和维修过程试验、单独签订合同的装备试验等。

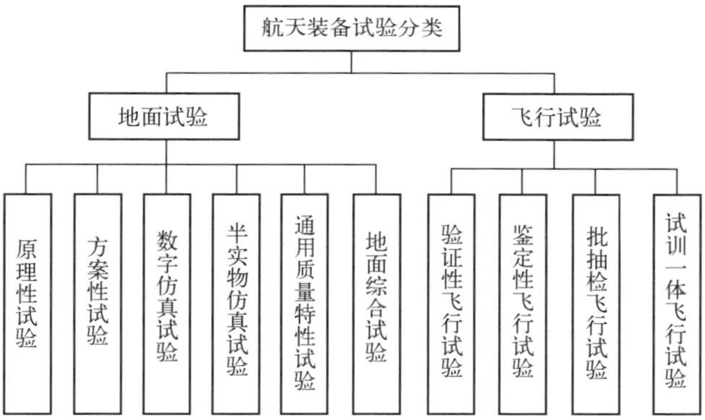

图 11-1　航天装备试验以场区分类示意

（一）按试验场区划分

1. 地面试验

地面试验是飞行试验的先导，是检验设计和工艺质量的重要手段，通过模拟飞行中可能遇到的各种环境情况，进行充分的试验，使问题及早暴露并解决在飞行试验之前，使设计方案不断完善，工艺质量不断改进，质量与可靠性不断提高，这对保证飞行试验成功是一项十分重要的措施，地面试验可根据不同试验性质分为以下几种：

（1）原理性试验。目的是进行原理性探索和验证。

（2）方案性试验。目的是考核设计方案是否合理、可行。

（3）数字仿真试验。目的是考核装备性能参数指标。

（4）半实物仿真试验。目的是考核装备性能参数指标以及各系统之间是否匹配、协调。

（5）通用质量特性试验。目的是考核装备通用质量特性（包括可靠性、维修性、保障性、测试性、安全性、环境适应性）是否满足要求。

（6）地面综合试验。主要包括系统联调试验、系统公路运输试验、靶场合练；天地一体大闭环试验；系统鉴定定型地面试验；批生产型号首次检测交付验收试验、售后服务性试验、重大预研试验、军贸型号的对外验收交付等；两个及以上分系统同时参加的试验；发文明确的等同于飞行试验管理的外场大型地面试验。

2. 飞行试验

飞行试验是地面试验的继续，为了真实地、全面地检验航天装备性能、可靠性是否满足研制任务书或合同的要求，研制的航天装备不经过多次飞行试验考核，不允许列装定型和交付使用。飞行试验可根据不同试验目的分为以下几种：

（1）验证性飞行试验。主要包括预研性质的背景项目飞行试验和演示验证飞行试验、方案飞行试验、竞标飞行试验等，目的是检验设计方案的正确性、产品质量的可靠性、各系统间的协调性。

（2）鉴定性飞行试验。主要包括工程研制型号的遥测弹飞行试验、鉴定定型飞行试验等，目的是考核各项战术技术指标，诸如射程、精度、可靠性等是否达到任务书或合同的要求，也考核各参试系统间的协调性以及操作使用性能等。

（3）批抽检飞行试验。指批生产型号的批抽检飞行试验，目的是按航天装备验收技术条件，检验批生产装备的质量稳定性和质量一致性。

（4）试训一体飞行试验。指结合演习演训开展的飞行试验，其中军工企业为装备使用单位训练发射任务提供技术支持、开展售后服务。

（二）按装备全寿命周期不同阶段划分

航天装备在研制的各个阶段进行着各种试验，检查验证设计质量、工艺质量，以提高装备质量与可靠性，根据航天装备的研制工作特点，各个研制阶段主要有以下试验：

（1）立项论证阶段。原理性试验、对比性试验等。

（2）工程研制阶段。装备交付验收试验、环境试验、模态试验、静力试验、性能试验、（分）系统综合试验、系统匹配试验、动力系统试验、全系统振动试验、可靠性增长试验、电磁兼容试验、靶场合练、验证性飞行试验等。

（3）鉴定定型阶段。单机或分系统性能鉴定试验、运输试验、发射流程试验、可靠性试验、安全性试验、电磁兼容试验、工作寿命试验、环境适应性试验，以及性能鉴定和作战试验结合的飞行试验等。

（4）生产部署和使用维护阶段。批抽检飞行试验、在役考核等。

二、航天装备试验策划质量管控要点

航天装备试验是一个过程，必须有计划、有步骤地进行，明确先做哪些工作，后做哪些工作，以实现全过程的管理、分阶段的控制。其质量管控要点为试验承担单位能力、试验组织机构及职责、试验技术文件、策划文件评审、试验项目、试验装备技术状态、试验准备状态检查、试验场地设备设施等资源保障、试验质量专项检查、“双想”评审、试验数据及故障分析等。

为有效管控试验全过程的质量，需严格按照规定做好试验各阶段的评审工作。坚持预防为主，做到一切操作、测试、动作等都以评审后的文字规定为依据，严格按程序办事。试验评审主要包括如下方面：试验策划评审、试验任务书评审、试验方案评审、试验大纲评审、被试品验收评审、安全预案评审、试验现场软件更改方案评审、试验总结评审等。评审后需指定专人跟踪闭环评审意见落实情况，确保评审工作达到预期的效果。

对于直接影响下一阶段任务完成，特别是直接影响试验成败的关键项、薄弱环节、接口、质量控制重点可能会出现的试验风险进行预想，并逐条提出风险控制措施，要保证有关措施易执行、风险低、效率高。

三、航天装备试验技术文件质量管理

试验技术文件是组织试验工作的依据，直接影响试验的成败，主要包括试验任务书、试验总案、试验大纲、测试检查细则等。这些文件试验前必须经过会签或评审才能付诸实施。

（一）试验总案

试验总案是编制试验大纲的基础和依据，首先要满足试验任务书的要求，其次试验总案要合理、可行，具备可操作性，以保证试验有效开展。试验总案应经过充分协调以及评审确认。

试验总案内容包括：任务来源，试验时间、地点，试验名称、性质与目的，试验装备技术状态，测试系统技术状态，试验项目及方法，试验参加单位及分工要求，安全分析与措施，质量要求与措施，试验风险分析，试验结果评定准则，其他要求等。

（二）试验任务书

试验任务书是型号试验工作的基本输入，是试验工作的依据，主要用于明确试验目的试验条件、被试品技术状态、接口关系分工、数据处理要求等。试验任务书内容要准确、完整、可行，并经过充分的协调和审查确认，应组织试验任务提出单位、试验任务承担单位、装备使用单位三方进行评审。

试验任务书内容包括：试验名称、性质与目的，试验内容与条件，试验装备的技术条件，试验装备的技术状态，测试系统的技术状态，质量保证要求，试验任务分工和技术保障内容，试验进度要求和组织措施，保密要求等。

（三）试验大纲

试验大纲根据试验任务书、试验总案编制，用于指导试验的准备工作及判定试验的成功或失败。试验大纲必须按规定程序逐级审批，大型试验一般由试验任务提出单位或试验承担单位组织评审，经审批或评审过的试验大纲也是试验组织管理的依据，各参试单位均应严格执行，不得因本单位的局部问题影响试验大纲的执行。如果执行中试验大纲的内容确定要更改，应经过充分论证并事先经试验参试各方认可。

试验大纲内容包括：任务来源，试验时间、地点，试验名称、性质与目的，试验内容、条件、方式、方法，试验装备技术状态，测试系统技术状态，测试项目、设备、与要求，试验程序，试验参加单位及分工要求，试验项目重大问题的预案与处置原则，安全分析与措施，质量要求与措施，技术难点及关键试验项目的技术保障措施，试验风险分析，试验结果评定准则，试验使用技术文件清单，其他要求等。

（四）测试检查细则

测试检查细则是试验任务提出单位对参试装备技术状态进行现场测试检查的内容、方法、要求所做的规定。通过测试检查判别参试装备的技术状态是否符合技术文件要求。

测试检查细则一般依据设计技术文件、图纸等资料编制而成；通过测试检查保证装备不带隐患参加试验。测试检查细则还应包括设备之间、系统之间，弹（箭）上与地面设备之间的协调，接口衔接处检查等。测试检查细则，要经过严格的三级审签。重要的问题要有总设计师主持协调或审批，以保证文件的编制质量。

承担试验任务的单位，要根据任务提出单位提出的测试检查细则编制操作规程，操作规程规定了各个参试人员在试验中的操作内容、操作时机、测试参数合格判据及注意事项等。操作规程要完全符合测试检查细则所规定的内容，并便于操作人员使用。

操作规程除经试验单位严格的三级审签外，还需要任务提出单位的主管人员会签，以保证其编制质量。对于航天装备飞行试验可根据其特点，编制操作规程。试验过程中操作人员应严格按照操作规程进行操作，不准随意改动操作规程。

航天装备的大型试验十分复杂，影响成败的因素有很多，如装备质量问题、操作不当，以及周围环境或气候条件等。另外，航天装备通常带有高能、易燃、易爆等物质，试验过程中存在着诸多安全隐患，容易发生安全事故。大型试验前应组织参试单位广泛开展事故预想，根据可能出现的各种故障、意外事件等编制故障处置与应急预案，应重点考虑在最紧急的情况下，如发动机即将点火、装备即将起飞时出现危及试验成败问题时的紧急措施，以尽可能挽救失败或降低可能造成的损失。故障处置与应急预案，必须组织装备设计人员、试验操作人员等进行充分讨论确定。一旦出现类似问题，试验指挥员可以马上按照预案进行紧急处置。

第四节　航天装备试验要素质量管理

航天装备试验质量管理必须重视要素的管控，只有把装备试验质量各个要素管控好，才能确保试验过程各个环节控制得有效。航天装备试验要素包括被试品技术状态、参试人员、测试测量设施设备、试验环境、技术文件、陪试品等方面，对试验要素进行控制，使之快速有效地服务和保障试验过程，高质量完成试验任务。

一、被试品技术状态控制

（1）目标内容。被试品的质量控制目标是保证被试品技术状态在试验前能够满足试验要求，预防和避免被试品问题给试验带来不利影响。主要控制内容是被试品技术状态与技术文件要求的一致性，随机配套的备件、附件、软件的齐套性。

（2）控制依据。被试品质量控制的依据是试验大纲或试验任务书、试验管理规定、试验程序文件，并且确保文件现行有效。

（3）被试品齐套、验收及确认。被试品齐套过程中确保技术文件齐全和有效，被试品实物、数量、软件版本等符合装备配套要求。被试品需要按照试验大纲或试验任务书要求完成验收工作，通常由试验组织实施部门提出，由质量部门按照各型装备的评审及评价程序组织开展，应按照试验大纲或试验任务书要求逐一确认装备的技术符合性，并在参试装备的质量证明文件上签署是否同意参加试验的意见。

（4）技术状态文件。承制单位应策划各技术状态项在项目各阶段所需编制的技术状态文件种类，形成技术状态文件成套性要求并纳入技术状态管理计划；按装备的寿命周期阶段递进、技术工作深化而逐步完备具体的技术状态文件；应确定并执行技术状态文件的发放范围和程序。

（5）技术状态纪实。承制单位应在涉及技术状态的相关信息产生起开展记录，并保持或保留成文信息；应统计分析技术状态相关信息，评价技术状态管理的绩效；在合同协议、任务书、技术状态管理计划中确定与技术状态相关的报告类别和文件资料发送要求。

二、参试人员保障要求

确定试验保障所需人员的数量和专业技术水平，完成试验岗位分配，确定岗位工作任务与岗位职责，做好人员培训工作，确保参试人员能够顺利完成试验实施工作，关键试验岗位应实行双岗制。

三、测试测量设施设备保障要求

测试测量设施设备包括固定测试设施、移动测量设备、工具软件等，是航天装备各类试验必备的物质条件，从试验装置和测量设备获得数据的质量决定了试验结果的可信度。对试验测试测量设施设备实施控制管理是航天装备试验质量管理的重要内容。

（一）试验前控制要求

（1）根据被试品的试验大纲或试验任务书中检测项目、参数及技术指标，合理选用、配备测试测量设施设备，所选用、配备的试验设备的测试能力，包括功能、量程、准确度、分辨率、稳定性等应满足被测参数的预期使用要求。

（2）选定的测试测量设施设备，应经过计量确认合格，并在有效期内。

（3）试验前应对测试测量设施设备按照测试要求进行调试，在必要且条件允许的情况下，应对测试测量设施设备同被试品进行预试验。如发现有不满足测试要求的测试测量设施设备，应进行检查和修复，并重新计量确认合格后（或者更换其他计量确认合格的测试测量设施设备），再次进行调试直到满足测试要求。

（4）当计算机软件用于试验和测量时，使用前需确认其具有满足预期用途的能力，必要时需同试验设备和测量设备一起校准/检定确认。

（5）当测试测量设施设备包含与被试品进行数据通信的计算机主机时，需对计算机主机进行密级确认和杀毒处理，满足被试品的保密要求和防护要求。

（6）根据测试测量设施设备的运输、贮存、防护和安装要求，配备相应辅助材料。有特殊要求的，还需设计和加工专门的工装。

（二）试验中控制要求

（1）测试测量设施设备的使用环境必须满足其技术说明书的要求。

（2）测试测量设施设备需由经技术培训并考核合格的人员进行操作。

（3）按照测试要求，进行测试测量设施设备与被试品的安装和固定，布置测量线缆试验辅助设施，完成测量系统的现场调试和状态确认，状态确认合格后方能进行试验。

（4）试验过程中，及时关注测试测量设施设备的工作状态，确保工作正常。试验间歇期间，对测试测量设施设备进行检查和维护保养。

（5）若发现测试测量设施设备出现工作异常和故障，应立即报告试验组织单位并对测量结果的有效性进行评价。该测试测量设施设备需要检查和修复，并重新计量确认合格后方能再使用，或者更换其他计量确认合格的测试测量设施设备进行试验。

（6）测试测量设施设备在长周期试验期间到达校准/检定的周期，需重新计量确认合格后才能使用，或者更换其他计量确认合格的测试测量设施设备进行试验。

（三）试验后管理

（1）测试测量设施设备拆卸后，按照清单进行清点，按照维护保养要求进行现场清理，按照存储和运输要求进行包装和转运。

（2）测试测量设施设备入库前，检查设备及附件是否齐全、功能是否正常。

四、试验环境保障要求

符合要求的试验环境是试验工作开展的基础条件，试验前除了需要明确试验场地和相关设施要求，如用电、用水、用气、照明、通风、空调、除湿等基础设施与固定设备要求，还需要明确试验场所气象条件、交通条件等方面的要求。对含有火工品的试验或其他具有危险性的试验，应明确相应的环境安全保障要求。

五、技术文件要求

要确定技术文件是保证试验顺利开展的基础和依据，首先要确定技术文件清单，并形成试验使用文件汇总表，其次是试验操作相关硬件和软件的技术手册与技术资料。试验前对试验技术文件进行检查或审查，确保文件资料齐全、文件内容规范，能够指导试验顺利实施。

六、陪试品保障要求

根据试验任务要求，规划陪试产品需求，形成陪试品清单，并在试验大纲或试验任务书等文件中明确陪试品试验实施方案，试验前对陪试品技术状态进行检查、确保功能状态完好。

第五节 航天装备试验过程质量管理

航天装备试验过程质量管理是指采取一系列的管理手段来保证试验按照试验大纲要求顺利开展的管理活动。试验过程管理主要包括技术活动和组织管理活动，其中：技术活动是根据试验任务书要求制定试验大纲、试验程序和操作规程，研制或选择试验设备和测试装置，校正测试装置，收集和处理数据，编制试验报告等；组织管理活动则是综合上述技术活动并进行及时保障和监督管理，使之快速有效地实现试验目的的活动过程。

一、试验准备阶段质量管理

试验准备阶段一般针对具体的试验，开展的主要工作为确定试验方法、试验程序、参试产品技术状态、质量保证要求和技术安全等，此时的工作项目是试验大纲、被试品状态、试验资源保障的确认。

（一）试验大纲确认

试验大纲是型号试验工作的基本输入，是保证试验顺利开展的依据，主要用于明确试验目的、试验条件、参试产品技术状态、试验方法、数据处理及合格判据、试验保障措施等内容。试验大纲内容要准确、完整、合理、可行，并经过充分的协调和审查确认，以保证试验有效开展。

试验大纲确认要点包括试验文件是否齐全并经过参试各方会签且现行有效；试验大纲是否按有关要求通过评审，评审意见是否已落实；试验大纲是否经过装备使用单位会签；系统试验一般需要编制测试细则，其内容是否满足试验大纲的要求；涉及发动机、战斗部、火工品、高压设备等危险作业的试验，是否单独编制安全性分析报告。

（二）被试品状态确认

被试品是试验工作开展的主体对象，通过试验对其指标满足情况和系统匹配性进行考核，发现设计薄弱环节并进行改进，确保使用的可靠性。被试品技术状态的正确与否直接影响到试验的有效性，试验前需要对其进行全面、细致的确认，以确保“文实一致、文文相符”。

被试品状态确认要点包括试验全系统状态确认情况，是否满足“结构模装到位、软件调试到位、总装测试到位”的要求；被试品技术状态与装备图样、试验大纲是否相符；被试品是否符合装备配套表要求、是否齐套；被试品质量证明文件是否齐全，并与实物相符；被试品是否通过了质量评审。

（三）试验资源保障确认

试验资源保障是试验正常开展的基础，是以试验任务为牵引，全面、准确、及时地提供保障试验顺利开展所需的人员、设备、使用文件、环境条件等支撑要素，并能根据试验的需求变化进行调整。

试验资源保障需要确认要点包括参试设备使用期限和校准期限是否满足试验要求；各

岗位职责是否明确，特殊岗位人员资格是否符合要求；是否制定了故障处置与应急预案，预案是否合理、有效；试验使用文件资料是否齐全、协调、有效；试验当天现场自然环境条件、保障条件是否满足试验要求；技术保障、安全及保密措施情况。

二、试验实施阶段质量管理

试验实施阶段是试验按照试验大纲规定的既定程序开展试验的过程，应做到试验过程可控、试验状态变更受控、异常情况处理得当、撤场工作有序。此时的工作项目包括：试验过程控制、试验状态更改控制、异常情况处置及撤场工作。

（一）试验过程控制

试验准备阶段工作完成后，试验应严格按试验大纲、试验程序、实施细则和操作规程实施。当试验涉及系统较多、操作流程较为复杂时，应设置试验现场指挥、明确岗位及人员、编制试验口令表并按照口令操作；预先进行试验合练、冷操作或降额试验，确保试验流程、试验口令正确无误且参试人员熟练掌握后，方可转入正式试验，必要时由试验组织部门组织召开试验前状态审查会议。

试验过程控制应遵循以下原则：①试验前应进行充分的技术状态交底，做到各方状态明确、要求清楚、理解一致；②各试验人员应按照“五定”（定人员、定岗位、定职责、定协同关系、定仪器设备）上岗，关键岗位应实行操作人员、监护人员的“双岗”或“三岗”制；③被试品及其专用工具、测试设备严格按照试验大纲要求进行布置，并经过质量监督现场确认；④试验时对关键试验装备、关键环节应设置工作状态监视，相关记录需填写完整，并签字留名；⑤准确采集试验数据，做好原始记录，保证数据的完整性和真实性；⑥有重复性或系列试验组成的试验，在前项试验结束后，应及时组织结果分析，发现问题及时处理，不应带着没有结论的问题转入下一项试验；⑦每项试验完毕后，必须对现场试验残骸进行收集和检查，并做好记录；⑧试验人员应严格遵守试验现场的管理以及质量、安全、保密等方面的规定。

（二）试验状态更改控制

试验状态更改控制是指在实施过程中需要变更试验装备技术状态、试验项目或改变试验内容时，而下发试验状态偏离单的过程。试验状态偏离单应履行审批手续，对用户关注的试验需征得用户同意后，方可按照调整后的项目和内容进行。待试验完成后，试验状态偏离单随试验报告归档，并及时对试验大纲进行更改，完成闭环。

试验状态更改应遵循以下原则：①更改原因充分；②更改影响域分析全面、正确；③更改已履行审批，并经过相关方会签确认，符合技术状态更改相关文件要求。

（三）异常情况处置

试验中出现异常现象和故障时，应按故障预案的规定及时中止试验，保护现场，并立即报告试验负责人和质量监督人员。现场试验负责人组织故障分析工作，按照航天装备质量问题“五条归零标准”进行归零，即“定位准确、机理清楚、同题复现、措施有效、举一反三”，在找出原因、查清责任、落实纠正措施并报上级领导批准之后，方可继续进行试验。

（四）撤场工作

按照试验大纲完成试验内容或因故不能继续进行试验时，由试验组织部门组织撤场工作。

试验撤场工作需要确认要点包括：①核查是否明确了专人确认试验数据的完整性，并办理交接；②核查试验期间产生的文件是否齐全完整；③核查试验残骸是否明确处理意见；④核查试验所带装备品种、数量是否齐套，安全装车；⑤核查未使用或重复使用的装备的质量证明文件是否齐全完整。

三、试验总结阶段质量管理

试验总结阶段是对照试验大纲的要求，对试验过程的实施情况进行全面分析，对试验取得的效果进行评价和总结的过程，工作内容包括试验数据处理分析、试验结果分析与确认、遗留问题整改归零、试验报告拟制、试验数据管理等。

（一）试验数据处理分析

在装备研制过程中需要开展大量的高性能计算、仿真试验、虚拟试验以及真实试验等工作，伴随这些工作，将产生大量的试验数据。无论是仿真试验、虚拟试验，还是真实试验产生的数据，都能够客观地、真实地反映装备在各种环境下的技术指标与综合性能，是装备研制过程中的重要依据，有效管理和利用这些数据意义重大。

试验输出的是数据。应保证试验数据的准确性和完整性，以对装备质量做出正确判断与决策。在实际中，往往存在着对试验取得的数据处理不当，而造成数据不可信的问题，应对试验数据的采集、预处理、分析及管理等多个方面进行控制。

1. 试验数据处理依据

试验数据处理主要依据文件包括试验大纲及实施方案、试验数据处理要求与方法、试验数据评价要求、其他相关标准及要求等。

2. 试验数据采集与质量检查

试验数据采集是整个试验过程中的重要环节，通常情况下，应该在试验大纲或实施方案中明确试验数据采集要求；对于大型系统级试验，还需要制定详细的试验数据采集方案，确保能够获取完整、有效的试验数据。试验数据采集要求包括：①明确试验数据采集目的；②明确试验数据采集手段，如光学测量、无线电测量、站测、设备专测等；③明确数据采集过程信息，规范数据采集记录表和记录方法，包括采集设备、采集软件、采集接口、数据类型、数据格式等；④明确试验数据采集责任人。

试验数据正式采集前需进行预采集，确保采集系统正常工作。实际采集过程中应对测量数据进行各项检查，如发现异常现象及时采取措施进行处理，才能保证后续数据采集的有效性。同时，试验数据采集结束后，还需对数据质量进行检查，具体内容包括：①试验数据记录是否完整、规范；②试验数据的时间信息是否完整；③试验数据记录的有效起、止时间是否符合要求；④试验数据记录是否有丢失、乱散等异常现象。

3. 试验数据预处理

试验数据的预处理就是把测量数据处理成所需要的形式之前，对原始信号进行的某些检验和加工。通过各种检验将信号正确地加以分类，以确定数据处理的内容和所需的设备。通过预加工，为数据处理提供真实的和品质好的原始数据，以保证数据处理结果的正确性。试验数据预处理内容包括试验数据检验、试验数据整理、异常数据判断、异常数据处理、测量不确定度评定等。

4. 试验数据分析

试验过程产生的数据种类繁多，不同类型的数据又有不同的表征方法，相应的处理方式和分析方法也不相同。通常情况下，试验数据分析包括常规分析和数据挖掘两方面工作。

常规分析主要依据试验大纲等文件规定的数据处理方法或者相关标准要求进行，对装备指标满足情况进行评定。其中数据包络分析是常规分析中的一项重要内容，即将待分析装备数据与对应的数据包络范围进行比对，判定分析装备数据是否在包络范围内（包括装备性能数据包络分析、装备工艺数据包络分析，以及同批次装备或同一装备各阶段的实际测试性能指标和关键过程测得的可量化参数一致性分析等），得到待分析装备数据包络情况，评估装备是否具备满足指标或装备使用单位要求的能力；同时还可结合包络分析情况对装备指标要求或工艺参数等进行完善。

数据挖掘则是从数据集合中提取出隐藏在数据中的有用信息（可以是规则、概念、规律及模式等），可以帮助决策者分析历史数据及当前数据，并从中发现隐藏的关系或模式，进而预测未来可能发生的行为。数据挖掘是统计学、计算机科学、工程数学等学科交叉的综合应用，需要根据具体对象选择相应的分析模型和算法，常用的模型和算法有统计方法（包括贝叶斯推理、回归分析、方差分析等）、关联规则法、聚类分析法、决策树方法和神经网络算法等多种方法。

此外，针对试验火工品还需开展残骸分析。在开展试验火工品残骸分析前需确认火工品的工作状态，通过控制端测试判断火工品发火元件是否工作，通过光测、电测等设备判断火工品是否完成预定功能。试验后火工品残骸应集中回收，由专门部门处理；若需分解残骸开展检查与分析，则应先拍照存档，编制分解大纲及安全预案并组织审查，通过审查后方可对试验火工品残骸进行分解处理。

（二）试验结果分析与确认

试验结果分析是对试验效果的评价，以最终对装备质量做出正确判断，应确保试验数据的准确性，完整性和处理、分析的准确性。

试验结果分析与确认要点包括：①试验是否达到试验大纲要求；②试验数据是否真实、有效、完整；③试验结果处理及处理方法是否正确、合理；④对试验过程中异常情况造成的影响所采取的措施是否闭环；⑤依据试验数据对设计、工艺、材料等提出的改进措施是否有效；⑥装备使用单位关注的试验，是否向用户通报试验结果。

（三）遗留问题整改归零

对试验过程中出现的问题进行跟踪管理，重点跟踪采取的措施是否闭环落实，并提供了相关证实材料。

（四）试验报告拟制

试验结束后，应及时编制试验报告，内容包括：试验依据、目标、条件、内容、要求，试验过程控制情况；试验结果分析与评价，故障分析及处理意见；试验结论，存在问题及改进意见。装备使用单位关注的试验，需要提交装备使用单位进行会签认可，必要时，还需组织会议对报告进行评审。

（五）试验数据管理

试验数据管理是指利用计算机、信息和网络等技术对试验数据进行收集、存储、加工处理和共享应用的过程，试验数据是通过仿真试验、虚拟试验或者真实试验得到的宝贵资源，尤其是真实试验数据，成本高，周期长，具有客观、真实的特点。这些试验数据既可以用于装备的性能评估，又可以用于装备新技术和新方法的探索与研究，还可以用于装备设计制造或者改进与改型之中。

当前大量的试验数据都以各类电子文档的方式进行保存及共享。各数据采集系统产生的原始数据文件格式缺之一致性，难以完成数据标准化处理；多年积累的原始数据缺乏有效管理，导致数据检索、分析不便，数据的分散存放导致数据资源难以共享，数据利用率低。迫切需要加强对试验数据的管理，主要管理要求包括：

1. 试验数据管理标准

试验数据具有数据量大、种类繁多，以及非结构化特征，传统的数据管理模式已不再适用。需要结合单位试验数据需求，分级分类制定完备使用的试验数据标准，确保试验数据规范性，便于检索应用和追根溯源。

2. 试验数据管理全周期

试验数据管理贯穿试验数据的整个寿命周期过程，通常包括各类试验原始数据的获取、集聚、保存、加工、发布共享和应用等，确保试验原始数据和过程管理全程可追溯，数据分析过程受控，分析结果科学可信。

3. 试验数据管理多维度

试验数据管理主要包括装备信息管理、试验状态信息管理和试验测试数据管理。装备信息管理包含装备批次、编号、出厂日期、故障记录、维修记录、出厂测试数据等信息；试验状态信息管理是对系统中所有与试验状态相关的信息数据进行统一管理，如试验环境、装备试验状态、试验现场照片等；试验测试数据管理包括试验过程中装备直接或间接产生的数据信息，如试验原始数据、视频数据、笔录数据、故障信息等。

思　考　题

1. 装备试验质量管理与装备质量间的关系是什么？
2. 装备试验过程装备质量管理的要点有哪些？

第十二章　航天装备使用维修质量管理

航天装备使用维修是航天装备质量体现的重要阶段，其质量管理重在保持与恢复装备质量水平和技术状态，充分发挥装备战技性能，保持、恢复和提高装备完成航天任务的能力。本章主要介绍航天装备使用维修质量管理的内涵与任务、主要内容、特点与要求，以及原则与措施，为开展相关工作奠定基础。

第一节　航天装备使用维修质量管理的内涵与任务

航天装备质量的优劣，论证设计是关键，研制生产是保证，使用是体现，维修是保持与恢复，缺一不可。航天装备使用维修是航天装备质量是否满足要求的最终检验。必须厘清航天装备使用维修质量管理的内涵，把准使用维修质量管理的任务。

一、航天装备使用维修质量管理的内涵

要搞清楚航天装备使用维修质量管理是什么、管哪些、怎么管的问题，首要是要搞清楚航天装备使用、维修及其主要活动等基本概念。

（一）航天装备使用的基本概念及内涵

“装备使用”在现有《中国人民解放军军语》（2011 年版）中这么定义，即“按照编配用途、技术规程和安全规定操作装备的活动”。与之相近的词有“装备动用”，军语中定义为“按照有关规定将装备由存储状态转为使用状态的活动”。两者相同之处在于都是发挥航天装备效能的过程和手段。不同之处在于：动用更强调装备启用的权限、计划、比例和数量等内容；使用则侧重按照装备的编配用途、技术性能、操作规程和安全要求，正确灵活使用装备。动用是使用的前提，其目的是为了使用，只要使用，不可避免就有使用过程中质量管理。可以看出，装备使用比装备动用的范围更大，包括由接装、战备储存、部署、动用、保管（储存）、保养、修理等环节，即从接收到退役、报废前的一系列活动，如图 12-1 所示。

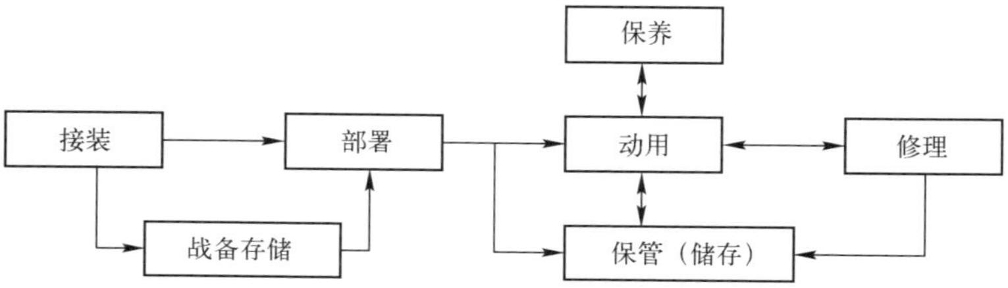

图 12-1　装备使用维修阶段组成

（二）航天装备维修的基本概念及内涵

航天装备维修是为保持、恢复航天装备良好技术状态或改善装备性能而进行维护修理的活动。航天装备维修的直接目的是保持装备处在规定状态，当状态受到破坏后，使其恢复到规定状态。现代航天装备维修还扩展到对装备进行改进以局部改善装备的性能。装备维修既包括故障检测、故障隔离、装备拆卸、零部件更换、装备安装、调试校正、零部件修复等技术性活动，也包括使用或储存条件的监测、使用或运转时间及频率的控制等管理性活动。

按照不同的划分标准，装备维修有多种分类，结合目前装备维修保障活动的普遍划分标准及未来发展趋势，航天装备维修类型按照维修活动的时机和目的可划分为修复性维修、预防性维修、预测性维修和改进性维修。其中，修复性维修是指为使故障装备、受损装备恢复规定的技术状态所进行的维修，也称故障后维修、事后维修、修理、排除故障维修。修复性维修属于非计划维修，也就是“不采取预测或防止故障发生的措施，一直继续运行直到故障发生后再修理”。一般包括：故障检测、故障隔离、装备拆卸、更换零部件、装备安装、调试校正、修复损坏零部件等活动。预防性维修是指依据规定的装备使用时间、累计工作时间或行驶里程等进行的维修，包括定时的装备维护和修理，又称时间基维修、基于时间的维修、定期维修、周期性预防维修。预测性维修是指对装备主要（或需要）部位进行定期（或连续）的状态监测和故障诊断，判定装备所处的状态，预测装备状态未来的发展趋势，依据装备的状态发展趋势和可能的故障模式，预先制定预测性维修计划，确定装备应该修理的时间、内容、方式和必需的技术及物资支持的维修策略。改进性维修是指为改善装备的技术性能或保障特性，利用成熟技术对其进行的维修。

可以看出，航天装备维修既包括使用过程中故障检测、零部件更换等活动，还包括航天装备送修后装备维修质量监督、检验验收等一系列装备管理活动。

（三）航天装备使用维修质量管理工作

航天装备使用维修质量管理是指为保持航天装备使用维修阶段的完好率、保证装备始终处于良好的技术状态、确保组织能够随时执行各项任务，航天装备使用维修单位在装备的操作使用、维护修理过程中，依据法规、标准，通过各项制度，开展的一系列质量管理和质量监督活动的统称。

从装备使用维修的主体看，航天装备使用维修质量管理主体既包括装备主管部门及人员，一线装备使用和维修保障机构等人员，也包括担任航天装备维修任务的企业或机构。其中，装备主管部门主要履行监督管理、检查考核、验收评定等职责；一线装备使用人员主要履行落实质量责任制，严格执行各项规章制度，记录航天装备使用过程中的质量信息数据；维修保障人员主要是健全维修作业规范，建立维修过程中的质量信息管理制度；航天装备维修任务的企业或机构主要履行依据计划或合同承担相应的维修任务，接受监督检查，适时派员实施伴随和应急维修保障，并为装备使用单位做好技术培训。

按照装备使用维修活动组成，航天装备使用维修质量管理可划分为操作使用、维护保养、故障修理等几个方面的质量管理。

综上所述，从一般的质量管理的内容看，航天装备使用维修质量管理主要工作应包括研究制定航天装备使用维修质量管理标准，建立使用维修质量管理责任制，建立健全各项规章制度，采取有效措施改善管理环境和条件，实施使用维修质量监控，加强使用维修质量信息管理，加强人员管理等。

二、航天装备使用维修质量管理的任务

航天装备的使用维修质量管理本质是保持和恢复装备的战技指标和技术状态，充分发挥装备效能。

（一）基本任务

航天装备使用维修质量管理的基本任务是运用科学技术和有效的方式手段，以最低资源消耗，保持和恢复航天装备良好的技术状况，保障航天任务的完成，并及时发现、报告并处置航天装备问题及缺陷。

由于航天装备维修具有高技术性、高成本的特点，主要大中修任务是通过返厂修理与承修单位维修力量现场实施的，承修单位的修理水平和维修管理能力，对于维修质量优劣有重要影响，因此，承担航天装备大中修单位为航天装备维修的质量管理负责。而日常管理和维护、本级修理的质量管理由本级单位或组织负责。

（二）具体任务

装备主管部门按照职责分工负责组织航天装备使用、维修的质量管理工作，组织制定航天装备日常管理和维护、修理制度和标准规范，组织开展装备使用管理和维修保障人员专业培训。概括起来，航天装备使用维修质量管理包括以下 4 项具体任务。

1. 建立健全航天装备使用维修质量管理制度机制

为保持航天装备使用维修质量管理效能，必须适应管理组织体系和执行相关法规政策，不断建立健全使用维修质量管理的制度机制，优化质量管理程序，提升质量管理效率。

2. 充实完善航天装备使用维修质量管理团队

考虑人员的更迭、质量管理人才成长、新型航天装备升级等因素，充分发挥以老带新、专家骨干作用，充分吸纳地方企业和机构的质量管理人员，不断充实完善军地协作、国际合作的航天装备使用维修质量管理队伍，保持航天装备使用维修质量管理团队相对稳定。

3. 研究制（修）定航天装备使用维修质量管理标准

由于航天装备在使用维修期间会面临各种各样复杂环境、应急情况等，在此期间，质量管理人员的经验也会逐渐丰富完善，因而首要的任务结合航天装备使用维修过程实践，研究制定或修订符合航天装备使用维修实际情况的质量管理标准，使之成为规范后续管理操作使用、维护保养、故障修理的指南和法规性文本。

4. 监控评估航天装备使用维修质量状态

为保持航天装备完好率等要求和技术状态，航天装备使用维修质量管理人员必须利用各类信息化智能化手段，监控航天装备使用维修进程、状态等数据信息，通过评估航天装

备使用维修的质量状态，全面掌握航天装备使用维修状态，为航天装备使用维修提供技术支撑，也为后续质量监控工作提供经验和教训。航天装备在使用维修中必须跟进形势任务发展需要，改进针对性技术方法措施，不断满足航天任务使用、维修过程中对航天装备使用、储存、应急、维修等需求。

第二节　航天装备使用维修质量管理的主要内容

新技术、新任务对航天装备使用维修质量管理提出了更高要求。航天装备使用维修质量管理必须运用现代质量管理的理论方法，落实装备使用质量管理要求，严格执行维修工艺规程，控制好人、设备、原材料、操作及检测方法、操作及检修环境等各方面因素，以保证装备使用维修质量符合要求。

一、航天装备使用操作质量管理的主要内容

航天装备使用操作质量管理是指在日常保管、各类任务期间为有效发挥装备战术技术性能，保持其良好技术状况和延长使用期限（寿命），而进行的质量管理工作。

（一）严格接装检查

组织装备岗位操作人员跟研跟产、厂所人员到装备使用单位集中培训等方式，强化接装用装的操作规范及质量管理培训；在接装时应当按照有关规定对装备进行接装检查，并对航天装备出厂检验情况、移交保障资源的完整性和完好性等进行审查；发现质量问题的装备，可以拒绝接收。

（二）提升装备使用操作维护文件的规范性、适用性

编写且不断完善装备使用操作维护文件，使其达到以下要求：一是使用操作维护文件精准管理，修改文件中使用维护要求不准确、不规范之处，如“及时更换电压异常的电池”“视情况对 UPS 进行放电”，其中的“及时”“视情况”等词语表述内容模糊，岗位人员不易把握。二是使用操作维护文件标准化，应对文件中每项使用维护工作做细致的规范化描述，采用标准作业形式，如包括标准工作顺序、标准器材设备及原材料（工作环境）、标准作业时间，用“图片+文字说明+符号提示”等形式展示出来，标明主要工作内容、工作顺序、工作要点、安全提示等；标准作业中包括质量标准，以及达到质量标准的关键操作要求等。三是关键过程必须精细化，装备使用及维修中的关键过程在作业指导书上要标注，每一步骤要求、标准、安全事项均要详细、准确。四是使用维护作业文件表格化，使用表格可以将复杂装备操作维护工作简单化，通过表格的各个要素明确操作维护各项工作的要求、动作、责任人等内容。

（三）强化装备使用操作各项规章制度落实

装备使用单位应当落实质量责任制，严格执行装备保管、动用、使用、技术准备、修理、维护等各项规章制度，确保日常管理活动、保障设备和设施等符合有关规定和要求，以及装备履历、技术状况和环境条件等记录准确、完整、规范。定期开展装备使用操作培训与训练，做到岗位人员持证上岗，操作之前有“双想”，检查评审有标准，应急情况有

预案，故障分析有报告，任务之后有总结。应当结合航天任务需要，累积使用过程中的装备质量问题数据，及时反馈装备质量缺陷并提出装备改进的意见和建议。

（四）做好技术状态管理

装备技术状态管理的基本任务是收集、处理、分析和预测装备使用情况、性能指标变化等信息，为装备科学使用和管理保障提供依据。航天装备使用前后，应当开展必要的装备技术准备工作，主要内容包括组装、拆卸、装填、卸载、检查、测试、联调、加注、加挂、状态转级，以及装备撤收、检查、入库存放等；航天装备使用期间，要做好航天装备的技术性防护和恶劣环境条件下的防护工作，定期开展装备技术状态与质量监督检查，建立装备技术状态管控、通报机制，及时掌握装备技术状态信息，同时严格按照批准的技术状态变更要求完成技术资料的修订等。

（五）加强人员的教育和管理

对所属人员进行爱装管装和质量管理教育；选拔适当的航天装备使用人员、管理监督人员、保障人员等；对管理监督、使用、保障等各类人员进行业务培训、技能培训、岗位制度法规培训；采取科学的质量管理手段，保证航天装备的合理使用，防止航天装备过早损坏和报废；对管理监督、使用、保障等各类人员队伍质量管理工作进行调查评估，发扬长处，弥补不足，提升队伍整体素质。

（六）加强信息管理

航天装备信息主要包括装备识别代码、基本性能、数量质量、调配、日常管理、维修、保障训练、战备、储备、经费、配套设施设备、退役报废、操作使用说明、履历和从事航天装备操作和管理的人员情况等信息。要积极运用信息化、智能化手段改进工作方式方法，对航天装备的质量信息及时进行登记、统计，建立统一编目数据库表；记录装备在使用过程中发生的技术故障；研制信息管理软件系统，提高信息管理能力；定期组织数据备份、病毒检测、保密检查，采取相应的安全、技术防范措施，确保系统稳定可靠。

二、航天装备维护修理质量管理的主要内容

在航天装备维修过程中，质量管理的中心任务是在最短时间内以最低资源消耗，恢复装备质量水平，运用现代管理科学理论与方法，遵照各项规章制度，对航天装备维修工作进行指导、组织、协调和控制，协调维修过程中人员、部门之间的关系以及维修力量的合理分配，对维修过程各个环节进行预测、调节、监督与评估，以期达到最佳维修效果和军事效益。主要包括维修保障质量管理组织建设、维修保障质量管理制度机制建设、航天装备维修力量建设、维修全过程质量监督管控等内容。

（一）维修保障质量管理组织建设

航天装备维修质量管理可以分为使用单位维修质量管理和承修单位维修质量管理。其中，使用单位维修质量管理主要是针对航天装备维修管理主体的维修计划，日常维护与操作人员的维修技术水平、维修工具、维修标准、按章维修等的管理，使用单位的装备维修保障部门是维修保障质量的责任主体。承修单位维修质量管理是针对航天装备交装前的维

修性设计、交装后的维修活动、维修工艺、重要维修项目的质量管理，由承修单位质量管理部门负责实施。

（二）维修保障质量管理制度机制建设

航天装备维修应按照质量管理体系要求，落实质量责任制，健全各项质量安全管理规章制度、维修作业规范等，建立维修过程中的质量信息管理制度，制定完善评估方法，及时跟踪和反馈维修质量问题。

1. 严格落实质量责任制

航天装备维修单位应当严格落实维修质量责任制，将维修质量责任分解、细化到各级各类人员，明确维修质量管理的职责与权限，建立奖惩机制，明确各专业维修工作质量检查标准、过程、时机和方法等。

2. 健全各项维修质量管理制度

航天装备维修单位应当不断健全并严格执行维修质量管理各项制度，包括维修器材入库检验制度、维修人员技能考核制度、维修质量信息记录制度、维修过程监督制度、修后检验验收制度、维修资料归档制度等，确保各项规章执行到位。

3. 建立维修质量信息管理制度

航天装备维修单位应当建立维修质量信息系统，记录、收集、分析、处理与利用航天装备维修质量信息，开发运用远程、智能、机动和运维手段，对异常现象及时定位，对重大故障及时处置；航天装备维修单位应当及时报告发现的质量问题，分析质量问题发生的原因，并按照规定采取相应的改进措施，实现维修全过程质量问题的闭环管理。

4. 制定完善维修质量评估办法

航天装备使用单位应当根据航天装备特点、使用环境、维修质量现状，制定实施质量评估办法，包括有关评估内容、程序、准则、方法和要求等内容，落实质量评估组织机构和职责，确定各类航天装备的维修质量评估指标、评估方法、评估规范、评估周期和评估内容，定期组织实施所使用管理航天装备的维修质量评估，及时掌握维修质量情况。

5. 建立维修质量问题反馈与跟踪机制

航天装备使用管理单位应当建立维修质量问题反馈制度，将维修过程中发现的质量问题，及时反馈给相关航天装备研制、生产以及承修单位，并建立质量问题跟踪机制，督促相关单位对质量问题及时采取有效纠正措施；对暴露出的航天装备质量问题，航天装备研制、生产、承理单位应当积极予以解决，按照规定做好质量问题归零整改工作。

（三）航天装备维修力量建设

航天装备维修力量是航天装备维修活动承担单位与质量责任主体，对航天装备维修质量负责，在维修质量管理中负责制定维修方案、落实维修所需资源、实施维修活动等任务。维修单位应当做好装备修理质量管理工作；送修单位根据现有条件和实际需求，组织开展装备跟修工作，对装备修理的关键环节实施技术跟踪和质量监督，及时反馈装备修后质量情况。重点内容包括：

1. 履行维修质量管理职责，确保维修质量符合要求

航天装备维修单位应按照有关法律法规与标准制度要求，在规定的业务范围内开展维修工作，保证航天装备维修材料、设备、工艺、工作过程等符合合同、技术范围和质量要求。

2. 落实维修资质管理制度，并依据计划或合同承担维修任务

有能力承担维修任务的机构应当在获得相应维修资质的前提下，依据计划或合同承担相应的航天装备维修任务。

3. 制定维修质量工作计划，实施维修质量监督管理

装备使用单位应对维修资源实施集约化管理，统筹军地维修保障能力布局、装备大中小修计划，以及维修质量管理监督要求；承修单位应当制定维修工作计划和质量工作计划，实施有效监督管理，接受航天装备使用管理部门对维修技术水平、设备能力、质量管理体系、维修人员等方面的检查考核，以及对维修过程的质量监督、维修质量的检查、试验、验收和维修效果的评定等，确保航天装备维修质量符合现有的法规标准要求，如《武器装备质量管理条例》《装备质量责任追究实施细则》等。

（四）维修全过程质量监督管控

维修过程中的质量监督管控主要内容是建立质量管理机构、完善维修质量监控体系，加强质量检验，落实责任制度等。

1. 建立质量管理机构，完善维修质量监控体系

修理机构要建立质量检查、管理和领导组织，经常开展质量教育和质量分析。严格按修理工艺规程修理，加强检查、监督，保证修理质量工作的落实。

2. 加强质量检验

正确规定质量检验的范围、内容、标准和要求，合理选择工序检验方式，落实检验制度。

3. 落实责任制度

明确各种人员职责权限和相互关系，确保修理质量的检查、监督等责任的落实。

4. 坚持返修制度

修竣装备在规定的保修期内出现质量问题，承修单位无条件负责返修，酿成严重后果的，应按照有关规定进行处罚。

5. 加强质量信息反馈

要建立健全原始质量记录，重视数据的积累，及时进行统计分析，准确掌握质量动态，随时进行质量控制。

6. 进行质量评估

航天装备使用管理单位应当根据航天装备维修特点，定期对装备维修质量进行修后故障情况、修理效率、修理消耗费用等方面内容的定性与定量评估。

第三节　航天装备使用维修质量管理的特点、影响因素与要求

航天装备使用维修质量管理具有特殊性，通过分析其特点及影响航天装备使用维修质量管理的主要因素，提出针对性的质量管理要求。

一、航天装备使用维修质量管理的特点

航天装备具有的装备分布广域、科技含量高新、任务影响深远的特点，与陆上、海上、空中装备相比，在使用阶段上，具有更新快、成本高、消耗大的新特征，同时，该阶段的质量管理与其他状态阶段相比，也具有十分鲜明的特色。

（一）使用环境复杂多样，质量管理要求差异性大

航天装备分布空间广，海、陆、空、天四维一体，呈现于整个立体空间。既有太空特有的高远位置资源，使航天器具有全球覆盖、广阔视野和无国界的独特优势；还可通过设计航天器运行轨道和多航天器组网，实现快速不间断地进行全球覆盖服务。因而具有时间、空间上的广域特性，使用环境非常复杂，对航天装备质量管理带来了不少困难。

（二）使用装备体系化程度高，装备质量管理统筹难

许多航天装备本身是一个复杂的体系，组成要素多、结构复杂、技术含量高，并逐步向多类型装备协同一体化发展，如太空中的航天器正常工作不仅取决于航天器上各系统的协调配合，而且还与整个航天系统各部分的协调配合有密切关系，如果构成航天系统的天基部分、地基部分以及空间链路中的任一环节损坏，都将影响整个系统的正常运行。

（三）使用人员素质变动较大，任务强度高，质量管理教育不间断

航天装备的设计制造是由基本固定的工作人员批量性进行。装备的使用人员受到服役限制，需要经常轮换。他们虽然经过培训，但人员的技术能力和素质有时差异很大，导致对装备的使用与管理水平存在着显著不同，将影响使用阶段的装备质量。

（四）装备使用与维修的资源质量受限

航天装备使用与维修的备件、原材料和消耗品由于订货渠道不一，供货批次参差，其本身质量就存在差别。使用与维修所需要的保障设备和保管（储存）、运输条件也处于经常变动的状态下，与固定条件极不相同，必然对装备使用的质量产生较大影响。

（五）军地质量管理高度集中统一

航天装备参试系统多、科技含量高、涵盖专业面广的特点决定了质量管理必须坚持高度集中统一的原则。如航天发射任务中装备使用单位和承研单位中设有专门的质量控制组织，它是针对任务而成立的临时性组织机构，直接对指挥部负责，一般由参与发射任务的相关单位领导、技术专家和质量管理人员共同组成，负责任务过程中的航天装备的质量控制、安全把关及重大技术问题研究处理。再者，航天装备在任务、日常使用和维护过程中出现的质量问题，装备使用单位、承研单位、维修单位均要承担质量管理责任，共同解决质量问题。

上述特点充分反映了航天装备使用维修的动态特性，不同程度地影响着航天装备性能的发挥、保持、恢复与改善，同样也反映到装备在使用维修阶段的质量上。在研究装备使用维修质量管理时，必须逐项做出仔细分析，采取措施，使装备的质量在变动的使用条件

下得到满意的结果。

二、航天装备使用维修质量的影响因素

在航天装备使用维修阶段，影响航天装备质量变化的因素很多，而且在多数情况下，航天装备质量的变化，是多种因素共同作用的结果。就总体而言，影响航天装备使用维修质量的因素可归纳为人为因素、客观因素和管理因素三类。

（一）人为因素

人为因素主要指在航天装备使用维修阶段的操作使用、储存保管、维护修理等过程中，由于相关人员的专业素质不高、责任心不强、违反规定或盲动盲干等行为而导致装备质量下降的影响因素。

1. 航天操作使用中的人为因素

航天装备操作使用人员是航天装备的直接管理者和操作者，其行为将会直接影响到航天装备的质量。主要表现为：

（1）对航天装备的物理性质和故障机理不了解或了解不够，违反客观规律使用航天装备。如机械装备通常是因为长期使用，出现部件磨损而损坏；而电子装备通常会因为长期不用导致功能下降。如果该使用的电子装备没有及时使用，就会导致其因长期不用而出现质量和技术性能下降问题的发生；而不该使用的机械装备被频繁使用，则会导致其不该磨损的部位被磨损而出现技术性能和质量水平的下降。

（2）对航天装备的使用管理规定不熟悉或违犯规定使用装备。如各类光学装备、雷达装备的储备规定和消耗标准等，都是装备使用过程中必须严格遵守的重要管理规定，一旦违犯都必然导致航天装备质量水平的下降和储备不能达到规定标准的严重后果。

（3）对航天装备性能和操作使用规程不熟悉，野蛮操作，超负荷使用，造成机件非正常损坏或非正常磨损。

2. 航天装备储存保管中的人为因素

在航天装备使用维修阶段，大部分时间都处于战备储存和使用保管状态，在储存保管过程中也有一些人为因素会直接影响到装备的质量状况，主要表现为以下几个方面：

（1）储存保管人员因业务水平不高，不能及时发现航天装备的质量问题，致使质量问题不能得到及时有效的解决，导致航天装备总体质量水平下降。

（2）储存保管人员责任心不强，不按照航天装备管理的客观规律办事或违反操作规程，影响了航天装备质量。如验收中，接收了不符合质量要求的航天装备物资或使不符合质量要求的航天装备进入库房，造成保管期间装备的总体质量水平不高；不认真进行温、湿度测量，库房温、湿度过高或过低，造成装备质量下降；因包装不善、装卸不慎、堆垛不宜、盖垫不符、长期积压等，造成航天装备损坏变质等。

3. 航天装备维护修理中的人为因素

航天装备维护修理是使航天装备保持和恢复到规定技术状态的重要手段，在装备维护修理过程中影响装备质量的人为因素主要有以下几个方面：

（1）维修人员对航天装备的结构原理不熟悉，在维护修理过程中不能正确分析、诊断装备故障，错误拆卸，造成航天装备质量的非正常下降。

（2）维修人员对所使用的维修设施、设备、工具、机具的操作使用规程不熟悉，野蛮操作，造成被修装备机件非正常损坏或早期的非正常磨损。

（3）装备维护与维修制度不落实，或维修人员责任心不强、身体疲劳等，导致精神不集中、违章作业，造成航天装备质量水平的非正常下降等。

（二）客观因素

客观因素主要是指在航天装备使用维修阶段的操作使用、储存保管、维护修理等过程中，由装备自身、环境条件、使用强度、保障条件等非人为因素导致装备质量下降的影响因素。

1. 航天装备自身因素

航天装备自身因素通常是指因航天装备设计、生产等对航天装备质量产生先天影响的因素。航天装备存在设计缺陷或制造过程中的工艺不过关或材料本身存有瑕疵等，导致航天装备在使用阶段出现质量下降的关键因素。航天装备的物理、化学性质是决定装备操作使用、储存保管、维护修理等过程质量管理和技术应用的重要因素。

2. 环境条件

装备的环境适应性是所有装备都普遍存在的基本属性，环境条件会直接影响到使用维修的装备质量管理。航天装备长期在相对恶劣的环境条件下工作或储存，必然会影响装备的质量。如太空环境中太阳耀斑产生的 X 射线、紫外线和伽马射线，会扰乱雷达、无线电设备的工作；显著的昼夜温差影响高精度器件的使用寿命；指数级增长的太空碎片可能随时威胁航天器的正常运行；在轨航天器空间维修难度大等。

3. 使用强度

使用强度也是直接影响装备质量水平的重要因素。任何装备经长期使用后都会出现故障增多、质量下降的问题。在航天装备设计、制造过程中，航天装备的性能、强度就已经由组成航天装备的零部件决定了，如果超强度使用，就很容易造成装备机件的直接损坏，从而影响装备的质量水平。

4. 保障条件

在航天装备使用维修阶段，经常会因为综合保障的某些要素同航天装备不匹配或综合保障各要素之间互不匹配的问题而直接影响航天装备维修及相关工作的正常展开。如封存时擦拭材料保障不足，就可能导致航天装备表面或工作面的灰尘擦拭不彻底；油料供应不足，就可能造成工作面油封不到位，消耗品供应不足，就会导致封存、启封标准不高；缺少必要的检测设备，就可能无法及时发现航天装备在使用阶段产生的问题进而带故障使用；维修器材和维修设备不足，就会出现即使发现航天装备存在故障，也不能及时进行技术处理，从而导致航天装备质量进一步下降，造成质量问题时有发生；装护具损坏得不到及时补充，就会出现航天装备因缺少保护而磨损加剧，最终导致质量下降等。

（三）管理因素

航天装备质量管理就是为确保航天装备性能优良、质量可靠、状态良好而进行的质量策划、质量控制、质量保证和质量改进等活动的统称。从管理的角度看，影响航天装备使用维修质量管理的因素很多，但最重要的管理因素为以下三个方面：

1. 组织方面的因素

组织是人们为了实现一定的目的，有意识地协调和活动的合作系统，它是管理者工作的地方。从管理学的角度讲，组织既是管理的职能，也是管理的基础。组织机构的设置直接决定着装备质量管理系统的基本功能，设置什么样的组织机构、怎样设置组织机构，将直接关系到航天装备使用维修质量管理系统的基本功能。科学的组织机构设置会为航天装备使用维修质量管理提供科学合理的组织功能上的保障，不合理、不科学、不能与时俱进的组织机构设置将给航天装备使用维修质量管理工作带来许多难以克服的组织功能上的障碍。

2. 人员配置方面的因素

人员配置不合理是制约装备质量管理工作的重要因素。尤其是航天装备高技术性、专业性特点，必然要求有一支会使用、懂维护、善管理的专业技术型队伍。例如，在航天装备使用过程中，通常会关注航天装备使用人员的岗位，容易忽视航天装备质量管理人员的岗位设置和作用，制约了航天装备质量的保持和发挥。

3. 法规制度与规章标准方面的因素

法规制度与规章标准是实施装备质量管理工作必须遵循的准则。长期以来，我国一代代航天人为坚持全面质量管理理念，在管理实践活动中制定了各种带有强制性义务并能保障一定权利的规定或办法，包括各项工作制度、责任制度、管理制度和奖惩制度等。

三、航天装备使用维修质量管理的要求

航天装备使用维修质量管理必须运用现代质量管理的理论方法，按照科学要求，严格按操作规程使用装备，按工艺规程维修故障装备，控制好人、设备、原材料、操作与检修方法、操作与维修环境等各方面因素，以保证使用与维修质量符合要求。

（一）航天装备操作使用质量管理的要求

组织航天装备的正确使用是装备使用阶段质量管理的重要一环，是保证各项任务顺利完成的必要途径。

1. 正确使用航天装备

正确使用航天装备有两层含义：一是按编配用途使用航天装备。航天装备有规定的编配用途，它是由航天装备本身的战术技术性能、航天任务和保障任务的需要决定的，是为特定航天任务目的服务的，只有严格按照编配用途使用航天装备，才能充分发挥每一种航天装备特定的战术、技术性能，才能有效发挥各种航天装备的整体效能。二是按航天装备的使用要求正确使用装备。航天装备的使用是有规范要求的，不按规范使用，就有可能出现问题，甚至还会造成航天装备损坏和人员伤亡。因此，应加强航天装备操作使用人员的技术使用训练，使他们熟练掌握操作技能，严格遵守操作规程，准确、规范、安全地使用

航天装备。

2. 依法操控航天装备

依法控制航天装备操作使用，就是平时对航天装备实行计划限量使用。一是要合理的控制使用比例。要根据担负的不同任务，以及装备编配数量、使用特点等，科学确定装备的使用比例，既要完成任务，又不能随意消耗装备。二是要限制某些在用航天装备使用率，特别在轨运行即将达到使用年限的装备，要限制对其满载荷使用，以防止装备发生故障和技术状况下降，给以后的使用造成不利影响。

3. 依规操作航天装备

装备能否真正发挥其应有的作用，主要取决于操作人员是否遵守操作规程和掌握操作技能。航天装备属于精密性、专业性极强的高科技装备，在生产、定型、试验鉴定阶段制定了一整套操作规程，要严格按操作规程使用装备，充分发挥其应有作用，延长航天装备使用寿命。

（二）航天装备维护修理质量管理的要求

1. 完善航天装备维修质量管理法规制度

以《武器装备质量管理条例》、GJB 9001《质量管理体系 要求》为依据，建立本单位装备维护修理质量管理的法规制度。

2. 严格航天装备维修过程管控

航天装备使用管理单位应当统筹装备维修质量管理体系建设，明确各级管理职责，落实装备维修质量管理办法和各类装备维修质量检查验收技术标准，定期组织装备维修质量检查抽查。承修单位应当做好装备修理质量管理工作，如实记录装备修理质量情况，及时报告发现的装备质量问题，提出加强修理质量管理的意见建议。送修单位应当根据现有条件和实际需求，组织开展装备跟修监修工作，对装备修理的关键环节实施技术跟踪和质量监督，及时反馈装备修后质量情况。具体过程管控要求包括持续优化质量管理体系，充分运用技术方法，狠抓维修全要素质量管控，重视标准化。

第四节　航天装备使用维修质量管理的原则与方法措施

结合航天装备使用维修质量管理的特点和影响因素，围绕航天装备使用维修质量管理的主要内容和要求，为始终保持和维持战斗力，确保航天装备完好随时可用，且在故障发生后能够快速恢复战斗力，就必须掌握航天装备使用维修质量管理的具体方法措施。

一、航天装备使用维修质量管理的原则

航天装备使用维修质量管理是装备使用单位和承修机构管理活动的重要组成部分。抓好航天装备使用维修质量管理，充分发挥航天装备的效能，不仅是完成航天装备使命的基本条件之一，而且是各级领导、各个部门以及每个航天人的基本职责。开展航天装备使用维修质量管理应遵循以下原则：

（一）全员参与

航天装备使用维修质量管理是航天装备全寿命质量管理的重要一环，与航天装备使用维修有关的全体人员都要参与装备质量管理，重视装备质量管理。首先是在人员培训方面要全员参加，通过进行各级各层次的质量管理培训，提高全员素质。其次是全体人员必须将质量管理贯彻于航天装备使用维修各项工作之中，才能真正提高装备的质量水平和装备使用维修的质量管理水平。

（二）多岗协同

在组织航天装备质量管理工作中，分层次、按系统实施质量管理，层层落实责任制，其目的是为了充分发挥各级管理机构的职能作用，调动各单位、各部门、各系统和全体人员的积极性，共同管好用好维护好装备。应以充分发挥航天装备综合使用效益为目标，按照系统的要求，科学划分管理层次，明确责任，使装备使用维修质量管理真正落到实处。

（三）系统管理

航天装备系统组成复杂，如在轨航天器是由空间段、链路段和地面段，以及维持航天装备系统运行的保障系统组成。仅有卫星系统，没有保障系统或保障系统不完善，就不能形成战斗力。航天装备质量管理的对象应是整个航天装备系统、整个航天装备体系。因此，在航天装备使用维修质量管理过程中必须坚持系统管理原则，不仅要关注主装备的质量，也要兼顾保障系统的质量，更不能忽视对整个航天装备体系的质量管理。

（四）预防为主

确保航天装备处于良好技术状态是保证使用单位随时执行各项任务的重要保障，在航天装备使用维修时发生的任何质量问题，都会直接影响到航天装备质量管理目标的有效实现。尤其是运行于轨道的航天器，维修难度更大。在航天装备使用维修质量管理过程中，应充分发挥各方面的主观能动性，采取一切可行的检测、诊断、维护等手段，及早发现航天装备使用管理过程中出现的细微变化，采取必要措施，控制装备质量变化，避免出现问题后再处理带来的被动局面。

（五）讲求实效

讲求实效就是以最小的资源消耗，获得最大的质量管理效果，这是装备质量管理所追求的重要目标。各项管理决策，都应进行军事经济效益分析。从一定意义上讲，一次做对是最大的节约，工作失误是最大的浪费。在航天装备使用维修质量管理工作中，应将预防、发现、纠正缺陷作为质量管理工作的重点。充分利用信息来评价航天装备质量，纠正和预防缺陷，保持和提高航天装备质量。

二、航天装备操作使用质量管理的方法措施

搞好航天装备操作使用质量管理必须充分发挥人的主观能动性，坚持加强领导和依靠群众相结合，严格管理和耐心教育相结合，正确使用和精心维护相结合的原则，要求各级各类人员要爱护装备，严格执行规章制度，认真落实责任制，使装备经常保持完好状态。

（一）提高人员队伍素质

人是战斗力中最重要、最活跃的第一要素。在装备操作使用质量管理中，同样如此，提高相关人员的专业素质，是抓好装备操作使用过程质量管理最关键、最重要的措施。

1. 抓好所属人员的思想教育

在装备使用过程中，要提高质量管理水平，就必须不断提高所属人员的思想认识，切实打牢装备管理、使用、保障人员的思想根基。装备质量管理工作是广泛的群众性工作，而装备质量管理是装备管理工作的核心。必须通过多种形式，广泛开展知装爱装管装教育，努力形成人人爱装备、层层抓管理、个个重质量的良好装备管理氛围。

2. 抓好人员素质建设

人是装备管理的主体，人的素质水平直接影响和制约着装备的质量和水平，没有高素质的管理人员，永远是低水平的管理。随着现代科技的发展和装备的更新，提高人员素质已成为使用单位的当务之急。在装备操作使用质量管理活动中，要抓好人员素质建设，必须把握住“四个”环节，即人员的选拔、培训、任用和保留环节。

3. 抓好人员队伍建设

在抓好人的素质水平的同时，还要重视人才队伍的整体建设，使所属人员有机结合成为一个高效整体，建成“三支”队伍，即一支坚强有力的管理监督人员队伍，一支功底扎实的装备使用人员队伍，一支能力娴熟的维护队伍。

（二）加强制度建设，确保装备质量管理落到实处

制度是使用单位实施装备质量管理过程中必须遵循的基本规范。在航天装备操作使用过程中，质量管理工作要坚持按制度、法规办事，保证装备的经常性质量管理工作落到实处。为了真正发挥现有装备的效能，不断提高现有装备的完好率，确保现有装备在执行航天任务时随时能用，要做到以下几点。

1. 落实管理制度

质量管理工作的落实，首先必须严格执行各项规章制度。坚持航天装备操作使用制度，做到航天装备的操作使用有计划、有审批、有回填，确保在航天装备操作使用过程中监督有效、保养按时、维修及时。质量管理工作要严格按照“日检查、周维护、月保养”有关内容和标准，对各种装备的维护保养工作进行规范，确保检查、维护、保养的人员、时间、内容、质量的落实，使航天装备质量管理工作走上具体化、定量化、规范化的轨道。

2. 落实质量责任制

航天装备质量工作能否落实，关键在领导层，责任在机关，重点在基层。各级装备业务机关部门，在航天装备质量管理过程中起着重要的作用。因此，要制定分级定位责任制，促使各级把好自己的关口，切实把质量工作做到位，努力提高装备的质量，确保装备完好率。

3. 因地制宜制（修）定科学的操作程序和标准

航天装备使用阶段的操作程序与标准会随着航天任务和环境发生改变，要建立量化

的目标体系，对航天装备系统质量管理目标进行分解、量化，明确各级在航天装备使用质量管理上应达到什么质量标准、评价指标是什么，从而使无形的管理变成有形的管理，使管理效果看得见、摸得着和可精确计量，增强航天装备使用质量管理的可操作性。

三、航天装备维护修理质量管理的方法措施

航天装备维修质量管理体系是达到维修质量控制目的的基础，是对实施航天装备维修质量管理的组织结构、职责、程序、过程和资源的综合。科学合理的航天装备维修质量管理体系，能够使维修质量管理各要素之间协调配合、发挥最大作用，提高整体功能。

（一）航天装备维修质量管理体系的建立

建立航天装备维修质量管理体系主要包括确定维修质量环、确立航天装备维修质量管理体系结构、制定维修质量方针和目标、编写维修质量管理体系文件及维修质量信息管理。

1. 确定维修质量环

在充分做好调查分析，摸清维修质量管理现状的基础上，确定维修质量环，为建立航天装备维修质量管理体系奠定基础。维修质量环是按照维修质量形成的客观过程将整个装备维修周期划分为不同阶段，典型航天装备维修质量环包括：签订维修合同、进厂检验、维修方案设计、维修方案审批、备件器材采购、维修资源准备、现场修理、部组件检测与返厂维修、质量验收与评估、装备交接、修后质量监督、维修记录归档等。

2. 确立航天装备维修质量管理体系结构

根据 GJB 9001C 质量管理体系、全面质量管理等思想和方法，航天装备维修质量管理体系主要由维修质量管理组织机构、质量管理程序过程和维修资源构成，如图 12-2 所示。

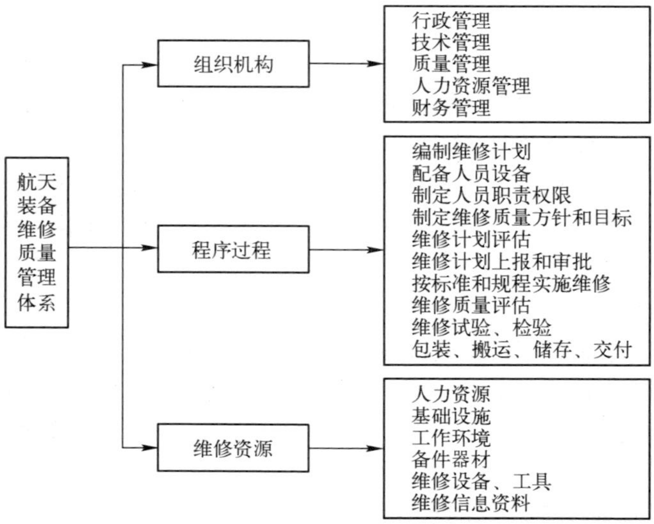

图 12-2 航天装备维修质量管理体系结构

其中，组织结构主要包括组织结构中各维修机构和部门的质量职责权限关系。职责和权限主要包括落实职责部门和各类人员的质量职能。而工作程序主要包括各项维修质量活动规定的途径，并将程序形成文件；技术状态管理主要包括技术状态标识、技术状态控制、技术状态实现和技术状态审核。资源和力量主要包括维修人员的技能、维修资料与修理设备、检验试验设备、仪器仪表、维修信息等。

3. 制定维修质量方针和目标

承修单位在制定维修质量方针时应考虑与本单位的宗旨相统一、满足航天装备使用管理单位要求和持续改进及有效性的承诺，提供制定和评审维修质量目标的框架。质量目标是质量方针的具体化，其内容应与承修单位的性质、航天装备维修特点、具体待修故障情况相适应，同时随着外部环境和自身条件的发展而变化，其中最主要的是使航天装备使用单位满意。

4. 编写维修质量管理体系文件

维修质量管理体系文件是进行质量管理、测评和监督质量保证的重要依据。航天装备维修质量管理体系文件包含三个层次，分别是质量手册、程序文件和作业指导书。其中，质量手册是规定承修单位质量管理体系的文件，包括承修单位的全部维修活动或部分维修活动。程序文件是质量手册的支持性文件，是对质量手册的进一步展开和落实，编制为可具体实施及应用的制度、标准、程序和作业指导文件。作业指导书则进一步通过标准化操作流程，确保工作质量、安全及效率等。

5. 维修质量信息管理

在航天装备维修质量管理活动中，各参与机构的工作都要及时掌握维修信息，这对于提高航天装备维修质量具有十分重要的作用。航天装备维修质量信息管理包括维修管理信息、维修质量信息、维修技术信息三个方面。其中，维修管理信息包括装备质量状态、装备性能状态、维修技术变化、维修效率和对维修价格的要求等。维修质量信息包括装备使用管理单位对维修质量的要求、装备技术质量要求、备件器材的质量情况、维修资源等的质量状况、备件器材供货信息等。维修技术信息包括有关装备维修的技术信息、新技术、新材料、新工艺应用情况等。

（二）航天装备维修质量管理体系的运行

航天装备维修质量管理体系运行过程中，应重点关注以下几个方面：

1. 最高管理者的领导作用是关键

承修单位的最高管理者是维修质量的第一责任人，只有最高管理者高度重视质量并亲自参与，才能真正发挥质量管理体系的整体效能。承修单位的各级领导应加强自身学习，树立正确的贯标观念，持之以恒地推动和开展维修质量管理体系建设工作，这是建立质量管理体系成功与否的关键。

2. 持续开展培训

承修单位应采取多种形式，分层次分阶段对维修力量进行质量管理教育和质量管理体系文件学习培训。通过培训使维修人员熟悉与自身工作相关的程序文件，明确做什么、什么时间做、怎么做、做到什么程度，明确自己在整个维修质量管理体系运行过程中的定位与角色，了解整个质量管理体系如何运作。

3. 运行中的组织协调

航天装备维修质量管理体系的运行涉及承修单位各部门和各层次的各项活动，领导者要确定各项活动的目标与要求，明确职责、权限和各自分工，使各项活动能够有序展开，对出现的矛盾问题要及时沟通协调，必要时采取措施，保证维修质量管理体系的有效运行。

4. 维修过程控制

航天装备维修力量应严格执行工艺规程和作业指导文件，维修前做好各项准备工作、熟悉工艺要求和作业方法、检查原材料和修理设备是否符合要求；修理过程中对各项参数和条件实施控制，确保各项参数控制在规定范围内，同时修理后要进行自检，保证修理的航天装备满足技术规范和标准要求。

5. 不断完善维修方案

维修方案设计对装备维修质量起着关键作用。科学设计维修方案，并将维修方案转化为维修过程的技术规范和标准要求，以最优的维修方案和最佳的备件器材完成航天装备维修，是保证维修质量、满足装备使用单位要求的首要条件。在制定方案时，应明确维修时间节点和开展步骤、参与维修力量的职责权限；装备维修中采用的新技术、新工艺、新材料应经过论证、试验和鉴定；明确维修中使用的标准规范；识别制约装备维修过程的关键因素和薄弱环节并确定相应措施；提出维修所需的保障资源；如不止一个乙方，或有外包情况，应对多个乙方的维修活动或外包过程进行质量监督。

6. 重视用户满意程度

装备使用单位是承修机构的最终用户，其满意程度是衡量维修质量管理体系有效运行情况的重要标志。承修单位要积极听取装备使用单位的意见建议，及时汇报检查维修过程的质量控制情况，为质量管理体系的改进和维修活动的提质奠定基础。

思　考　题

1. 你认为航天装备使用维修质量管理与其他阶段质量管理最大的区别在于什么？有什么特殊性？

2. 请结合所学知识，举例说明影响航天装备使用维修质量管理的客观因素。

3. 案例题

“十三五”期间，航天装备发生严重及以上质量问题 5 起，其中火箭飞行失利 3 起，卫星在轨故障 2 起。卫星装备故障率（平均单星每年发生故障次数）整体呈小幅攀升趋势；运载火箭发射任务急剧增加，发射失利时有发生；地面装备故障存在小问题数量多、类型杂的鲜明特点。

质量问题的发生，对装备建设任务、装备完好等都造成深度影响。如长征七号改进型运载火箭发射失利导致不能如期鉴定交付，严重影响航天发射任务如期推进，以及航天发射能力形成；××二号 02 星、××光学卫星在轨异常，导致卫星整星失效或效能降低，以及预定通信、侦察任务无法实施，影响战略支援保障能力；××星 SAR 天线 T/R 组件驱动放大芯片异常加电问题，导致所有 T/R 组件重新投产，整星推迟出厂 1 年以上，影响装备如期交付，滞后了航天任务能力提升。

案例思考题：

（1）从源头上探究装备故障频发的原因；

（2）透过现象分析装备管理与维修制度建设问题；

（3）从深层次上分析研究装备维修困难的体制问题；

（4）创新性地解决装备维修的组织实施问题；

（5）积极探索装备使用与维修人员的技术培训问题。

第十三章　航天装备退役报废质量管理

航天装备退役报废是按照规定标准和程序，使航天装备退出现役并进行相应处理的活动。航天装备退役报废质量事关能力生成发展、装备及其保障资源统筹配置、装备安全保密等重大问题，必须高度重视和认真做好航天装备退役报废中的质量管理工作。本章主要介绍航天装备退役报废质量管理的概念内涵、主要任务、特点要求和工作要点。

第一节　航天装备退役报废质量管理的概念内涵与任务

明确航天装备退役报废质量管理的概念内涵和主要任务，是学习航天装备退役报废质量管理的特点要求和工作要点的基础。

一、航天装备退役报废质量管理的概念内涵

（一）航天装备退役报废

航天装备退役是按照规定权限和程序，使航天装备退出服役状态的活动。

航天装备报废是按照规定权限和程序，使无法修复或无修复价值，影响使用、储存安全的航天装备退出服役状态作废品处理的活动。

航天装备退役与航天装备报废的标准不同、处理方式不同，但二者的工作性质接近、管理权限程序相近，一般都包括组织拟退役报废航天装备技术鉴定，编制航天装备退役报废计划，编制退役报废航天装备处理计划，组织退役报废航天装备保管、运输、技术处理、移交处理、留存利用、销毁处理等工作。教材不特殊说明时，将二者统称航天装备退役报废。

（二）航天装备退役报废质量

质量是客体的一组固有特性满足要求的程度。

对于航天装备退役报废工作的要求，主要包括能力接续不断线、安全保密不出事故、残余价值有效利用不浪费等方面。因此，航天装备退役报废质量可以定义为航天装备退役报废工作满足能力接续不断线、安全保密不出事故、残余价值有效利用不浪费的要求的程度。

（三）航天装备退役报废质量管理

航天装备退役报废质量管理是为了保证航天装备退役报废质量而对航天装备退役报废相关组织、成员及工作进行指挥和控制的活动。

二、航天装备退役报废质量管理任务

航天装备退役报废质量管理的任务是确保航天装备退役报废符合条件标准、审批权限、处理规程。

（一）确保航天装备退役报废符合条件标准

未达到退役报废条件标准的航天装备退役报废，会导致装备资源流失，造成巨大浪费。已达到退役报废条件的航天装备不退役，会影响任务成功率、占用相关资源和带来安全风险。因此，航天装备退役报废应符合条件标准。

航天装备退役应符合下列情形之一：达不到规定战术技术指标，型号技术落后的；已完成规定使命任务，使用单位没有继续使用要求的；航天器超寿运行、体系贡献率低且替代航天器已部署的；因其他原因不宜继续服役的。

航天装备报废应符合下列情形之一：达到总寿命规定，且没有延寿、修复、使用价值的；未达到总寿命规定，但不具有修复、使用价值的；在轨航天器存在无法离轨钝化等重大安全风险的。

因此，航天装备退役报废需要组织技术鉴定，确认航天装备退役报废符合条件标准。只有经过技术鉴定认为达到退役报废条件标准的航天装备，才能列入装备退役报废计划。

（二）确保航天装备退役报废符合审批权限

航天装备价值高，以遥感卫星系统、通信卫星系统、导航卫星系统等为代表的航天装备对航天能力起战略支撑作用。航天装备经济价值高，卫星系统的综合成本在几百万元到数十亿元不等。航天装备退役报废对航天能力和社会的安全稳定影响巨大。

因此，航天装备退役报废和退役报废航天装备处理实行严格的计划管理，严格按照规定的程序和权限报批。

（三）确保退役报废航天装备处理符合规程要求

航天装备的军事、经济价值高，容易成为不法分子非法获取的对象，给国家和军队带来安全风险、保密隐患和经济损失。

因此，必须严格退役报废航天装备的集中保管和移交、脱密、毁型、销毁中的监管，确保按计划批准的方式处理退役报废航天装备，按照相关规定明确的规程和标准对退役报废航天装备实施脱密、毁型、销毁等处理，防止退役报废航天装备处理失管带来安全隐患。

第二节　航天装备退役报废质量管理的特点与要求

相比较其他阶段装备质量管理，航天装备退役报废质量管理在管理目的、主体、对象和方法上具有独特性，对航天装备退役报废质量管理提出了特殊要求。

一、航天装备退役报废质量管理的特点

（一）不以提高退役报废装备自身质量为目的

质量管理的目的都是保证质量特性满足要求，但是航天装备退役报废工作是航天装备全寿命管理的最后一个环节，标志着装备完成了主要使命任务。装备相关方对航天装备退役报废工作的质量要求，与对前期装备工作的质量要求是有区别的。前期航天装备工作质量与装备质量具有一致性，即提高装备工作质量可以提高装备质量。而航天装备退役报废工作是使航天装备退出现役并作相关处理的活动，航天装备退役报废阶段的质量与航天装备质量不具有一致性。

（二）管理主体、对象多样

航天装备退役报废阶段质量管理主体既包括装备使用管理单位及上级机关，还包括相关纪检监察、审计、保密部门，也包括报废处置相关机构。航天装备退役报废管理的对象，主要包括实施装备退役报废工作的单位，包括退役报废装备集中保管、技术处理、留存利用、销毁、物资回收等单位，以及围绕退役报废活动的组织程序、操作规程与技术标准，还包括退役报废的装备及其全寿命期的相关质量信息等。

（三）严格按权限程序和流程标准实施管理

航天装备退役报废质量管理是一种指挥和控制活动。装备退役报废遵循严格的条件标准、审批权限、管理程序和处理要求。一般是通过明确职责权限、条件标准、工作程序、工作要求，以及加强检查监督等活动来实现航天装备退役报废质量管理。

二、航天装备退役报废质量管理的要求

航天装备退役报废质量管理是为了保证航天装备退役报废质量满足要求而实施的管理。航天装备退役报废质量要求归结起来是三个有利于，即有利于提高和保持组织的能力，有利于航天装备安全保密不出事故，有利于发挥退役报废航天装备残余价值。

（一）有利于提高和保持组织的能力

航天装备退役报废是装备现代化建设的必然要求。一是装备退役报废关系到装备储备的合理布局，如果老旧装备没有退役报废，必须有相应的储备。二是装备退役报废关系到装备保障资源配置，如果老旧装备没有退役报废，必须有配套保障人员、设施、设备、资料等资源实施使用和维修保障。三是装备退役报废关系装备研制和配发，如果老旧装备不退役报废空出编制，新型装备研制和配发则缺少必要性和紧迫性理由。四是在轨航天器的退役报废关系到地球轨道资源再利用，在地球近地轨道、同步轨道已经成为十分宝贵的太空资源，如果老旧航天器长期占用轨道资源，将影响后继航天器的部署。

有利于提高组织的能力，是航天装备退役报废质量管理的首要标准。一方面，要通过航天装备退役报废，实现航天装备及保障设施设备“腾笼换鸟”，配套仓储、维修机构职能转换，为装备型号更新换代、装备体系优化升级创造有利条件；另一方面要防止由于航天装备退役报废条件标准把握不严格时机掌握不当，导致装备青黄不接出现无装可用或功能断档的情况，影响任务完成。

（二）有利于航天装备安全保密不出事故

老旧装备长期不用闲置却没有做退役报废处理，容易导致管理松懈，出现安全隐患和失泄密问题。装备在长期储存、保管、交接、处理过程中容易发生装备事故，航天装备具有较高的军事价值和经济价值，装备技术、装备资料涉及国家安全和军事秘密，退役报废工作管理不严格，容易出现失泄密的问题。

有利于安全保密防装备事故，也是航天装备退役报废报废质量管理的重要标准。因此装备退役报废管理要严密做好装备档案资料的收集、整理，以及装备的动用、调拨、运输、交接、保管、统计、处理等工作。涉及秘密或核心技术的退役报废装备及其部件、器材，在移交前应当组织去密处理，不便于移交地方处理的装备和器材，应当组织销毁处理。

（三）有利于发挥退役报废航天装备残余价值

列入退役报废的航天装备，尽管总体上不再适用于使命任务，但利用得当仍可以发挥出重要的残余价值。是否充分发挥退役报废装备及器材的残余价值，也是航天装备退役报废工作质量管理要考虑的因素之一。一是对于战技指标下降、型号技术落后的退役装备，通常应优先留存利用。既可以改造利用、科研试验、展览展示、教学训练，也可以支援地方国防教育、防灾减灾等用途；二是对于退役报废的航天装备，其配套的标准化工具、备件、原材料等器材可以用于其他现役装备；三是对于没有留存利用价值、不需要销毁处理、已脱密且不易产生社会危害的退役报废装备，可以交地方物资回收企业回收材料，发挥再生资源或废旧物资残值。

第三节　航天装备退役报废质量管理工作要点

为了实现“三个有利于”的航天装备退役报废质量管理要求，应从严格航天装备退役报废决策机制、闭环航天装备退役报废计划机制、健全航天装备退役报废监督机制三个方面，扎实推进航天装备退役报废质量管理。

一、严格航天装备退役报废决策机制

由于装备退役报废是装备全系统全寿命管理的必要环节，是装备调配保障的重要内容，关系到装备的现代化建设、装备储备的合理布局、装备的保密、开发和研制等重大问题，关系到装备使用的安全保密和经济效益。因此，装备退役报废决策必须严格条件标准、发扬技术民主、依法依规决策，确保决策符合提高和保持组织能力的总体要求。

（一）严格以装备退役报废条件标准为决策依据

装备退役报废条件标准是装备退役报废决策的依据。装备退役报废决策必须遵循严格的条件标准。航天装备退役报废条件，除了要考虑一般装备退役报废的条件，还要突出考虑在轨航天器价值高、政治影响大、处理难度大的特点，明确在轨航天器的退役报废条件标准。

为了赋予装备退役报废条件可操作性，需要结合具体装备类型、型号，制定该类

(型)航天装备的退役报废条件的技术标准，按权限报批。并根据航天装备发展情况和标准使用中发现的问题，不断补充和修订航天装备退役报废条件标准。

（二）发扬技术民主用好技术专家提供决策咨询

装备退役报废技术鉴定是按照装备退役报废条件标准，对装备的技术状态进行检验测试和评定，判断其是否达到退役报废条件的活动。为了避免由于时间精力、专业知识等的限制导致决策失误，装备退役报废决策机构在决策前应充分发扬技术民主，组织技术专家对拟退役报废的装备进行技术鉴定，为装备退役报废决策提供技术支撑。应制定法规标准，对航天装备退役报废技术鉴定的组织、程序、相关的文件内容和格式进行规范和指导。

（三）遵循法定权限和规范程序组织审查与审批

各部门应按规定权限和规定渠道履行装备退役报废计划、退役报废装备处理计划的审查审批职责，既不能越权审查审批，也不能不作为不负责不审查不审批。

二、闭环航天装备退役报废计划机制

计划是对未来工作的预先安排。装备退役报废实行严格的计划管理，区分装备退役报废计划、退役报废装备处理计划，实行“两报两批”。装备退役报废及处理计划一经批准应严格执行。各部门在上报本年度装备退役报废计划的同时，应总结报告上年度装备退役报废计划执行情况，总结经验，发现问题，完善规章，落实奖惩，使装备退役报废计划形成闭环，不断改进装备退役报废管理，提高装备退役报废质量。

三、健全航天装备退役报废监督机制

在装备退役报废工作中应健全监督机制，防范事故问题发生。组织装备退役报废工作，应自觉接受纪检监察、审计、保密部门的检查监督。

（一）原则要求

航天装备退役报废监督机制是一项约束机制，是航天装备退役报废管理中应用最多的一项机制，并且具有全局性的特点。监督机制必须贯穿航天装备退役报废整个过程，既要随时随地起作用，又要做到精准实施，不能影响到装备退役报废的实施。建立航天装备退役报废监督机制应把握以下原则：

1. 分权制衡原则

实施监督的基础是相关部门尽可能将职能相对分开，如装备退役报废技术咨询、管理决策、处理实施、监督检查职责应由不同的部门或组织承担，并且要做到权力相互制约。

2. 群专结合原则

实施监督必须统筹不同的监督力量，在专职监督机构逐步完善的同时，注重发挥逐级监督、主管监督、群众监督的作用。

3. 标准明确原则

实施监督必须通过法规标准明确装备退役报废的条件、权限、程序、要求，便于实施主体和监督主体都知道应该做什么、不能做什么、应该怎么做、不能怎么做。

4. 全程监督原则

实施监督既要关注全程，做好航天装备退役报废前监督、退役报废中监督和退役报废装备处理监督；又要突出关键环节的监督，如装备移交、储存、销毁等。

5. 反馈激励原则

实施监督，要及时反馈监督情况，对在装备退役报废工作中作出显著成绩的单位和个人要给予表彰奖励，对在装备退役报废工作中不作为、乱作为，造成安全事故、失泄密、资产损失及其他不良后果的单位和个人，要给予批评惩处。

（二）主要监督机制

1. 装备移交监督

从批准装备退役报废到完成退役报废处理，可能需要进行一次或多次装备移交。为避免装备移交弄虚作假，造成装备失管，应建立装备移交监督机制。装备移交时，装备部门应派人进行现场监督。监交、移交、接收三方按合同规定的明细清点无误后，共同在退役报废装备移交凭证上签字，并加盖单位公章，确保交接数量型号准确、手续齐全，无任何遗留问题。

因国防教育、防灾减灾等需要提供退役报废装备的，应按规定权限报批。退役报废装备，必须进行技术处理并办理交接手续，由接收单位报当地公安部门备案。退役报废武器装备要严格建账管理，依据批准的退役报废装备处理计划或交接凭证调整账目。对于集中收储的装备，原单位凭接收单位收据核减账目。

2. 脱密处理监督

除留存利用有明确要求外，涉及秘密的退役报废装备及其部件、配套软件、涉密载体、维修设备器材、军用标识等，应在保密部门监督下进行脱密处理。

3. 销毁处理监督

除留存利用有明确要求外，装备销毁以及退役报废装备作废旧物资回收，应进行销毁处理，使其不能修复、拼装、使用。整机毁型时，应破坏主要结构、整体外观和连接关系，使其无法辨识或拼装使用。退役报废装备毁型解体前，应建立资料档案，记录装备型号、单装编号等主要信息；毁型解体时，应由经办人员、保密人员对照档案资料进行核查，核心技术和涉密部件的拆除销毁过程应全程录像；毁型解体完成后，档案资料经主管领导、保密人员和经办人员三方签字，加盖单位公章后存档。

思　考　题

1. 航天装备退役报废质量管理的目标要求是什么？
2. 如何提高航天装备退役报废决策质量？
3. 为什么要健全航天装备退役报废监督机制？有哪些监督机制？
4. 为什么说提高航天装备退役报废质量不能提高航天装备的质量？

参考文献

[1]《航天质量管理技术手册》编写组．航天质量管理技术手册［M］．北京：中国宇航出版社，2023.

[2] 承文．一次成功与系统预防——中国航天工业质量管理要略［M］．北京：中国宇航出版社，2019.

[3] 崔吉俊．航天发射试验工程［M］．北京：中国宇航出版社，2010.

[4] 戴维新．基于 ISO 9001：2015 新版质量管理体系的过程管理实战［M］．北京：机械工业出版社，2019.

[5] 国家市场监督管理总局，国家标准化管理委员会．职业健康安全管理体系 要求及使用指南：ISO 45001［S］．北京：中国标准出版社，2020.

[6] 克劳福特．项目管理成熟度模型［M］．肖艳颖，译．北京：机械工业出版社，2008.

[7] 李洪．把成功作为信仰——航天工程质量管理［M］．北京：首都经济贸易大学出版社，2019.

[8] 李自力，陈小卫，万应虎，等．人工智能技术在航天领域应用［M］．北京：国防工业出版社，2023.

[9] 梁小虹．中国航天精神辞典［M］．北京：中共中央党校出版社，2021.

[10] 廖学军．军事装备试验学［M］．北京：国防工业出版社，2015.

[11] 刘谦．质量体系完善度评价标准［M］．北京：中国铁道出版社，2017.

[12] 刘小方，谢义．装备全寿命质量管理［M］．北京：国防工业出版社，2014.

[13] 刘晓论，柴邦衡．ISO 9001：2015 质量管理体系文件［M］．北京：机械工业出版社，2021.

[14] 陆晋荣．航天发射质量工程［M］．北京：国防工业出版社，2015.

[15] 庞先德．质量管理学实战教程［M］．北京：清华大学出版社，2017.

[16] 戚维明，罗国英．质量文化建设方略［M］．北京：中国标准出版社，2011.

[17] 孙家栋．北斗二号卫星工程系统工程管理［M］．北京：国防工业出版社，2017.

[18] 孙静．质量管理学［M］．北京：高等教育出版社，2018.

[19] 谭洪华．ISO 14001 2015 新版环境管理体系详解与案例文件汇编［M］．北京：中华工商联合出版社，2016.

[20] 谭洪华．ISO 45001 职业健康安全管理体系落地+全套案例文件［M］．北京：北京燕山出版社，2020.

[21] 国务院　中央军委．武器装备质量管理条例．https://www.gov.cn/zwgk/2010-10/08/content_1717050.htm

[22] 谢克强，聂国健，胡宁．质量大数据体系与应用［M］．北京：电子工业出版社，2024.

[23] 许丽新．卫星研制项目质量管理成熟度研究［M］．北京：北京理工大学，2022.

[24] 殷世龙．武器装备研制质量管理与审核［M］．北京：国防工业出版社，2015.

[25] 张翱．论证管理与质量评价［M］．北京：海潮出版社，2005.

[26] 中国航天科技集团公司．航天质量管理方法与工具［M］．北京：中国宇航出版社，2019.

[27] 中国航天科技有限公司．通用质量特性［M］．北京：国防工业出版社，2017.

[28] 中国人民解放军总装备部．可靠性维修性保障性术语：GJB 451A-2005［S］．北京：中国标准出版社，2005.

［29］中国人民解放军总装备部．装备安全性工作通用要求：GJB 900A−2012［S］．北京：中国标准出版社，2013.
［30］中华人民共和国国家质量监督检验检疫总局，中国国家标准化管理委员会．环境管理体系 要求及使用指南：ISO 14001［S］．北京：中国标准出版社，2016.
［31］中华人民共和国国家质量监督检验检疫总局，中国国家标准化管理委员会．质量管理体系 要求：ISO 9001［S］．北京：中国标准出版社，2019.
［32］中央军委装备发展部．装备通用质量特性术语：GJB 451B−2021［S］．北京：中国标准出版社，2022.
［33］朱军，侯兴明，杨中文．装备试验质量管理［M］．北京：国防工业出版社，2017.